Zu diesem Buch

Palindrome gibt es in allen Sprachen. Eines der wohl bekanntesten ist
«Ein Neger mit Gazelle zagt im Regen nie», das Schopenhauer zugeschrieben wird. Aber auch die Wortpalindrome «Anna», «Rentner» oder
«Reliefpfeiler» geben Aufschluss darüber, um was es hier geht: Palindrome sind Wörter, Sätze, Gedichte oder einfach Strukturen, die, vorwärts
wie rückwärts betrachtet, lesbar sind und den Sinn ergeben. Dieses
Phänomen gibt es nicht nur in der Sprache oder der Poesie, sondern auch
in der Musik (z. B. bei Bach und Mozart) oder auf molekularer Ebene bei
der Doppelhelix-Struktur der DNS. Karl Günter Kröber hat sich vorge-
nommen, diese Strukturen auf die Mathematik zu übertragen. Er hat dafür ein Verfahren entwickelt, das es erlaubt, Zahlen so zusammenzustel-
len, dass sie in Strukturen «antworten». Seinen auch für Physiker und
Kristallographen aufregenden, neuen Ansatz nennt er «Strukturbildung
durch Palindromisierung» und wird ihn erstmals in diesem Buch präsentieren.

Karl Günter Kröber, 1933 geboren, studierte Mathematik und Philosophie in Jena und St. Petersburg. Er arbeitete zunächst am Institut für Philosophie der Deutschen Akademie der Wissenschaften zu Berlin, bevor
er 1970 als Professor für Wissenschaftstheorie das Institut für Theorie,
Geschichte und Organisation der Wissenschaft gründete. Bei *science* bereits von ihm erschienen: «Das Märchen vom Apfelmännchen» (Band 1:
Wege in die Unendlichkeit, rororo 60881; Band 2: Reise durch das malu-
mitische Universum, rororo 60882).

Karl Günter Kröber

Ein Esel lese nie

Mathematik der Palindrome

Rowohlt Taschenbuch Verlag

rororo science
Lektorat Angelika Mette

Originalausgabe
Veröffentlicht im Rowohlt Taschenbuch Verlag GmbH,
Reinbek bei Hamburg, Juli 2003
Copyright © 2003 by Rowohlt Taschenbuch Verlag GmbH,
Reinbek bei Hamburg
Fachliche Beratung der Reihe
Eva Ruhnau, Humanwissenschaftliches Zentrum,
Ludwig-Maximilians-Universität, München
Redaktion Annalisa Viviani
Umschlaggestaltung any.way, Barbara Hanke
Satz Palatino PostScript, PageMaker bei
Pinkuin Satz und Datentechnik, Berlin
Druck und Bindung Clausen & Bosse, Leck
Printed in Germany
ISBN 3 499 61576 2

Inhalt

Vorwort _____ 9

Einleitung: Wie im Tanz der Palindrome Muster entstehen ___ 13

Teil I: Strukturtypen _____ 35

Kapitel 1: Perioden _____ 37

Basen der Gestalt g = 2^n bei additiver Palindromisierung _____ 40

Kerne und Kernensembles _____ 50

Repetitive Sequenzen _____ 64

Origin- und Termination-Sequenzen _____ 76

Perioden ohne eigentliche repetitive Sequenzen _____ 81

Kapitel 2: Similaritäten _____ 84

Strukturtyp SIM _____ 84

Figuren _____ 87

Verborgene Similaritäten, Typ HSIM _____ 91

Kapitel 3: Fraktale _____ 107

Pascal, Sierpinski und das Gespenst von Canterville _____ 107

Strukturtyp SIER _____ 115

Verallgemeinerte Sierpinskis _____ 122

Das (g − 1)-Sierpinski _____ 124

Kapitel 4: Chaos _____ 126

Chaos in der Backstube _____ 126

Chaos mit Inseln der Ordnung _____ 131

Kapitel 5: Repetitive Sequenzen der besonderen Art ———— 135

Strukturtyp REPS ———————————————————— 135

Arten von REPS ————————————————————— 136

Kapitel 6: Miniaturen —————————————————— 146

Das *I Ging*, die Dyadik und der genetische Code ————— 146

Strukturtyp MIN —————————————————————— 149

MIN, *I Ging* und genetischer Code ————————————— 151

Kapitel 7: Interaktionen und Mischtypen ———————— 155

Singles, Mono- und Polygame ——————————————— 155

Strukturtyp INTER ————————————————————— 156

Strukturtyp MIX —————————————————————— 158

Teil 2: Beobachtungen ————————————————— 161

Kapitel 8: Die Startzahl ———————————————— 168

Mutuanten und Kommutanten ——————————————— 168

Besondere Startzahlen ——————————————————— 174

Kapitel 9: Die Basis —————————————————— 180

Basisabhängige und partiell basisunabhängige Strukturen — 180

Besondere Basen —————————————————————— 183

Das Fibonacci-Zahlensystem, Basis F_k ————————— 185

Kapitel 10: Der Modus ————————————————— 193

Singles und Cluster ———————————————————— 193

Modi mit Schleifen, Spiralen und Perioden ———————— 198

Permutationen —————————————————————— 215

Module und Rümpfe ———————————————————— 221

Zusammengesetzte Modi —————————————————— 226

Inhalt

Eine modulare Kuriosität ———————————————————— 228

Das kleine grüne Sierpinski –
Strukturen mit multipler Geschichte ———————————— 230

Teil 3: Betrachtungen ————————————————————————— 233

Kapitel 11: Zelluläre Automaten ——————————————————— 236

Zelluläre und palindromische Automaten ———————————— 236

Strukturtypen und Verhaltensklassen ——————————————— 240

Strukturtyp und Vorhersagbarkeit ———————————————— 243

Lokale Irreversibilität, der Garten Eden, Schutzmembranen,
Selbstreproduktion ———————————————————————— 248

Selbstorganisation ———————————————————————————— 254

Eine Revolution in der Wissenschaft? ——————————————— 264

Kapitel 12: DNS ————————————————————————————————— 267

Palindromstrukturen ————————————————————————— 268

Kerne und Gene ———————————————————————————————— 279

Repetitive Sequenzen ——————————————————————————— 289

OT-Muster und Telomere ———————————————————————— 297

Kapitel 13: Schlussbetrachtungen ————————————————— 301

Strukturelle Information ————————————————————— 302

Kristallstrukturen ———————————————————————————— 307

Perkolation und Supraleitfähigkeit ———————————————— 310

Die Arten des Ursprungs, Urknall ———————————————— 311

Ein Nachtrag ———————————————————————————————— 318

Anmerkungen ————————————————————————————————— 321

Daten der Grafiken ———————————————————————————— 335

Register ——————————————————————————————————————— 339

Inhalt

Vorwort

Am Anfang war das Spiel.

Nach Wörtern war zu suchen, die vorwärts oder rückwärts gelesen den gleichen Sinn ergeben. «Lagerregal» und «Reliefpfeiler» waren schon in der Schule die Favoriten. Man nennt solche Wörter «Palindrome». Auch ganze Sätze wurden gefunden und sogar Gedichte und Erzählungen konstruiert, die ebenfalls denselben Sinn haben, wenn man sie vorwärts oder rückwärts liest.

Später wandte sich der Spieltrieb Zahlen zu.

Das Faszinierende an dieser Variante des Spiels war, dass man durch Umkehrung einer Zahl und darauf folgende Addition oder Subtraktion von Zahl und Umkehrzahl hoffen durfte, früher oder später eine Zahl mit palindromischer Struktur zu erhalten. Wer auf diese Weise eher ein Palindrom fand, hatte gewonnen.

Dann geriet das Spiel in die Hände der Wissenschaftler.

Sie bestimmten die Häufigkeitsverteilungen von Palindromen in Zahlensystemen, definierten «palindromische Ordnungen», «Palindromisierungsverhalten» von Zahlen und vor allem «Palindromisierungsprozesse». Davon wird auch in diesem Buch die Rede sein.

Es handelt somit von Zahlen, doch es ist kein Mathematikbuch im strengen Sinne. Es beschreibt, welche wundersamen Strukturen entstehen, wenn Zahlen palindromisiert, die Ergebnissequenzen in bestimmter Weise angeordnet und den einzelnen Ziffern jeweilige Farben zugeordnet werden. Die Strukturen, zu denen man dabei gelangt, erinnern an andere, die in verschiedenen Bereichen der Natur vorkommen, an DNS-Strukturen, an Kristallstrukturen, an Chaos, aber auch an das berühmte Pascal'sche Dreieck in der Mathematik, an zelluläre Automaten und anderes mehr. So kommt die Frage auf, ob und wie Palindromisierungsprozesse gegebenenfalls als Modelle für natürliche Wachstums- und Evolutionsprozesse betrachtet und genutzt werden können. Wie die Frage zu beantworten ist, müssen die Leser dieses Buches für sich selbst entscheiden. Ich führe lediglich vor, was ich in mehrjähriger experimenteller Arbeit an Strukturtypen gefunden und welche Beobachtungen ich dabei gemacht habe. Der Leser muss selbst beurteilen, ob er mit den gefundenen Strukturen und den mitgeteilten Beobachtungen etwas anfangen kann – als Designer vielleicht oder als Molekularbiologe, der DNS-Strukturen analysiert, oder auch als Physiker, der es mit Gitterstrukturen zu tun hat, die sich für die Erzeugung von Supraleitfähigkeit am geeignetsten erweisen.

Das Buch konnte nur zustande kommen, weil Freunde und Kollegen mein Interesse geteilt und mich in verschiedenster Weise wirksam unterstützt haben. Herr Dr. Ch. Schmidt (Berlin) erarbeitete bereits Anfang der neunziger Jahre – Schritt für Schritt, gemäß meinen sich nichtlinear entwickelnden Bedürfnissen – ein Programm, das es ermöglichte, beliebige Startzahlen in Zahlensystemen bis zur Basis 10 nach einer beliebigen Operationsregel zu palindromisieren und das Ergebnis als einen Strukturbildungsprozess zu visualisieren. Herr U. Wolf (Mannheim) entwickelte seinerseits ein Programm, mit dem der Basisbereich bis 32 ausgedehnt werden konnte. Ein weiteres Programm, um Palindromisierungsprozesse auch in einem Zahlensystem ablaufen zu lassen, das auf der Fibonacci-Folge aufbaut, wurde schließlich von Herrn M. Zauner (Berlin) erarbeitet. Den drei Herren gebührt mein besonderer Dank; ohne ihre kollegiale Unterstützung hätte dieses Buch nicht geschrieben werden können.

Frau Irene Kaiser als meiner ersten und ständigen Kritikerin gilt mein Dank dafür, dass sie mich auf meinen Wegen durch die palindromischen Gefilde nicht nur stets verständnisvoll begleitet hat, sondern mir immer wieder Mut zugesprochen hat, weiterzumachen, wenn das Gelände auch hin und wieder unwegsam wurde.

Zu danken habe ich schließlich nicht nur einem, sondern gleich zwei Verlagen. Der Verlag Harri Deutsch war vor Jahren das Risiko eingegangen, mein erstes Buch zu dem hier vorliegenden Gegenstand *Palindrome, Perioden und Chaoten* (Thun/Frankfurt a. M. 1997) herauszubringen. Die zahlreichen und wohlmeinenden Reaktionen darauf ermutigten mich, das Thema nunmehr in einer neuartigen – und wie ich meine –, noch interessanteren Variante erneut aufzugreifen. Diesmal hat sich dankenswerterweise der Rowohlt Verlag der Sache angenommen, nachdem Frau Angelika Mette «Palindromisierung» sowohl als Spiel sympathisch wie auch als Strukturbildungsprozess wissenschaftlich interessant fand und die Aufmerksamkeit des Verlags auf das Manuskript gelenkt hat. Frau Dr. Annalisa Viviani schließlich sei für ihre einfühlsame und sachkundige Redaktion des Textes gedankt.

Berlin, im Oktober 2002 *Karl Günter Kröber*

Einleitung: Wie im Tanz
der Palindrome Muster entstehen

Palindrome

Wenn ich einem Bekannten begegne, von dem ich längere Zeit nichts gehört habe, erkundigen wir uns gewöhnlich gegenseitig über unseren Gesundheitszustand und darüber, was wir gerade treiben. Ich antworte dann immer wahrheitsgemäß, dass ich derzeit – und solange es die Gesundheit zulässt – mit Palindromisierungsprozessen befasst bin. Bei meinem Gegenüber löst das in der Regel leichtes Stirnrunzeln aus. Und dann folgt zumeist dieser Dialog:

«Du weißt doch, was ein Palindrom ist?»

«Ehrlich gesagt, gehört habe ich das Wort schon, aber …»

«Doch, du weißt es, du hast es nur vergessen.»

«So?»

«Erinnere dich bitte an deine Schulzeit. Hast du nicht auch in der Pause oder manchmal sogar während der Unterrichtsstunde heimlich mit deinem Nachbarn das Spiel gespielt, Worte oder auch ganze Sätze zu finden, die man vorwärts und rückwärts …»

«Ja, natürlich, die man vorwärts und rückwärts lesen kann und die dabei die gleichen bleiben, wie ‹Otto› oder ‹Anna› zum Beispiel. Da war auch noch ein Satz mit einem Neger.»

«‹Ein Neger mit Gazelle zagt im Regen nie.› Der Satz wird Schopenhauer zugeschrieben; ich habe ihn aber bei Schopenhauer nicht finden können, soviel ich auch seine fünfbändige Werkausgabe von vorne bis hinten und vom Ende bis zum Anfang durchgesehen habe. Der Satz ist ja auch nicht gerade ein literarisches Glanzstück. Mir gefällt da mehr ‹Ein Esel lese nie› oder ‹O Genie, der Herr ehre dein Ego›. Und das sympathischste Wortpalindrom in der deutschen Sprache ist mir das Wort ‹Rentner›.»

Kurzes Nachdenken bei meinem Gegenüber: Die palindromische Struktur der beiden Sätze und des Wortes wird überprüft. Dann die Frage:

«Und wie kommst du darauf, dich mit solchen Kuriositäten zu befassen?»

Darauf habe ich nur gewartet. Wie eine Spinne sich auf das Opfer stürzt, das sich in ihrem Netz verfangen hat, kann ich meinen Bekannten – und jetzt auch Sie, verehrte Leserin und verehrter Leser – endlich in den Bann dessen ziehen, was Palindrome sind, wo sie überall zu finden sind, was sie unter Umständen bewirken und was man mit ihrer Hilfe bewerkstelligen kann.

Palindrome gibt es in allen Sprachen. Als Wörter, als Sätze, als Gedichte, als ganze Erzählungen, kürzere oder längere und mehr oder weniger sinnvolle. Das längste Palindrom im Deutschen, das keinen Bindestrich enthält, ist wahrscheinlich das Wort «Reliefpfeiler» mit dreizehn Buchstaben. Doch wird es übertroffen vom Finnischen «Saippuakauppias» (Seifenhändler), das fünfzehn Buchstaben enthält.[1]

Berühmt ist der englische Palindromsatz «A man, a plan, a canal – Panama» oder auch «Madam, I'm Adam». Im Französischen macht sich «Oh! Cet écho!» und im Russischen z. B. «Dorog tot gorod» (Diese Stadt ist teuer) ganz gut. Nicht ohne Tiefsinn ist – wie es sich gehört – der lateinische Satz «In girum imus nocte et consumimur igni» (Wir kreisen in der Nacht und werden vom Feuer verzehrt). Die britische Zeitschrift *New Statesman* hat 1967 einen Wettbewerb ausgeschrieben, in dem der längste und verständlichste Palindromsatz gefragt war. Preisgekrönt wurde das

Palindrom «Doc note, I dissent. A fast never prevents a fatness. I diet on cod» von James Michie[2], das allerdings aus drei Sätzen besteht.

Die Eigenschaft palindromischer Sätze, gleichermaßen vorwärts oder rückwärts gelesen werden zu können, eint sie mit Zaubersprüchen, die bekanntlich einen Zauber auslösen, wenn sie von links nach rechts gelesen bzw. gesprochen werden, und die ihn wieder aufheben, wenn man sie rückwärts hersagt. Die bekannteste solcher Zauberformeln ist der lateinische Satz «Sator Arepo tenet opera rotas» (Sämann Arepo dreht mit Mühe die Räder). Leider ist mir die Wirkung dieses Satzes bisher verborgen geblieben; es muss wohl noch eine geheime Bedingung geben, die eingehalten werden muss, damit das Vorwärts- oder Rückwärtslesen des Satzes etwas bewirkt oder verhindert. Faszinierend aber ist, dass sich aus diesem Satz eine Art magisches Quadrat bilden lässt, das von links oben oder von rechts unten beginnend Zeile für Zeile oder Spalte für Spalte gelesen werden kann und dabei immer ein und denselben Satz ergibt:[3]

S A T O R

A R E P O

T E N E T

O P E R A

R O T A S.

Außerdem sind die Buchstabenfolgen in den Diagonalen jeweils palindromisch strukturiert: A A, T R T, O E E O, R P N P R, O O, T P T, A E E A und S R N R S.

Ein gutes Beispiel für ein palindromisches Gedicht bietet J. A. Lindon:

«As I was passing near the jail
I met a man, but hurried by.
His face was ghastly, grimly pale.

He had a gun: I wondered why

He had. A gun? I wondered … why,

His face was ghastly! Grimly pale,

I met a man, but hurried by,

As I was passing near the jail.»[4]

Dieses Gedicht zeichnet sich dadurch aus, dass es nur Zeile für Zeile von oben nach unten oder von unten nach oben gelesen werden kann, nicht aber Wort für Wort oder gar Buchstabe für Buchstabe. Die «palindromische Einheit», bezüglich deren das Gedicht palindromisch strukturiert ist, sind mithin nicht Buchstaben oder Wörter, sondern ganze Gedichtzeilen, die um eine Zeile in der Mitte des Gedichts herum zentriert sind. Die Symmetrieachse verläuft in diesem Fall zwischen den beiden Zeilen, die mit «He had a gun …» beginnen.

Und wer gar einen längeren Text, der palindromisch strukturiert ist, anfordert, den verweise ich auf Douglas R. Hofstadters Buch *Gödel, Escher, Bach*, in dem ein Dialog zwischen dem griechischen Helden Achilles und der Schildkröte Theo wiedergegeben ist, der um den Auftritt eines Carl Krebs herum zentriert ist.[5]

«Krebs» ist das Stichwort, das uns von der Sprache zur Musik bringt. Palindromische Strukturen gibt es nämlich auch in der Musik. Einem sog. Krebskanon liegt eine Partitur zugrunde, die gleichermaßen vorwärts wie rückwärts gespielt werden kann. Solche Umkehrungen finden wir z. B. bei Johann Sebastian Bach oder auch bei Wolfgang Amadeus Mozart.

Abbildung 1 zeigt die Partitur eines solchen Kanons aus dem *Musikalischen Opfer*, einem Werk, das Bach 1747 dem König Friedrich II. von Preußen widmete. Er wird ab dem Doppelstrich einfach rückwärts gelesen. Bach hat es so gefügt, dass dabei das Stück mit seinem Krebs identisch ist. Dem Krebs ist zum Schluss lediglich eine «clausula» zugefügt.[6]

Abb. 1: Johann Sebastian Bach,
«Musikalisches Opfer» (Auszug), Leipzig o. J.

«Krebskanon» ist das nächste Stichwort, um von der Musik zur Malerei überzugehen. Hofstadter überschreibt mit diesem Wort eines von M. C. Eschers Gemälden (s. Abb. 2).

Abb. 2: «Krebskanon» von M. C. Escher, ca. 1965

Escher selbst hat für diese Art von Gemälden die Bezeichnung «Symmetrie» bevorzugt. (s. Abb. 3 u. 4).

Palindrome also in sprachlichen Strukturen und Kunstwerken – nun gut. Kuriositäten mithin, künstliche Gebilde, manche sehr kunstvoll gefertigt, andere ziemlich primitiv gedrechselt und zusammengeschustert. Immer aber menschliche Erzeugnisse. Die kreative Willkür lässt sie sogar in die Tanzkunst eindringen. So präsentierte auf der Ausstellung des Bundesministeriums für Bildung und Forschung «Der Gen-Dschungel» Anfang Februar 2001 im Berliner Gropius-Bau eine «Intermedia Perfor-

Abb. 3: M. C. Escher, Symmetrie 1942

mance Group», die sich «Palindrome» nannte, «Tänze des Lebens». Die Namensgebung der Gruppe rührte daher, dass die Tänzer bestimmte Schritte vorwärts und zurück ausführten, wodurch palindromisch strukturierte Muster zustande kamen. Auch hier also: Palindrome als vom Menschen erzeugte Strukturen. Ohne Menschen mithin keine Palindrome?

Falsch! Das Umgekehrte ist richtig: ohne Palindrome keine Menschen!

«Wie das?», pflegt mein Gegenüber – wer auch immer es ist – an dieser Stelle gewöhnlich zu fragen.

Weil es sie auch in der Natur gibt und schon lange vor dem Menschen gegeben hat. Um sie zu finden, müssen wir uns auf die

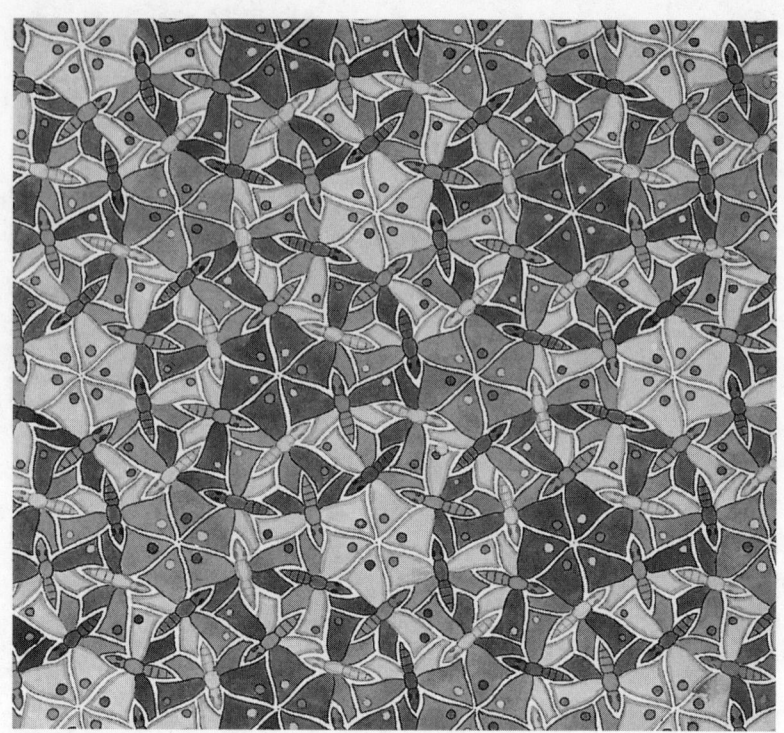

Abb. 4: M. C. Escher, Symmetrie 1963

molekulare Ebene des Lebens begeben, eben in den «Gen-Dschungel». Dort können wir auf DNS-Sequenzen genetisch aktive Abschnitte identifizieren, die palindromisch strukturiert sind. Die vier Nukleotide, die in der DNS enthalten sind und aus denen sich der genetische Code aufbaut – Adenin (A), Thymin (T), Guanin (G) und Cytosin (C) –, sind in solchen Abschnitten so angeordnet, dass der Strang von links nach rechts oder gleichermaßen von rechts nach links gelesen werden kann, wie z. B.:[7]

$$- A - T - T - G - C - | \; C - G - T - T - A -$$
$$- T - A - A - C - G - | \; G - C - A - A - T -$$

Darüber wird Teil 3 dieses Buches ausführlich Auskunft geben. Hier sei nur erwähnt, dass die Symmetrieachse einer solchen palindromischen Struktur bestimmten Restriktionsenzymen als Erkennungsstelle dient, wo sie den DNS-Strang schneiden müssen, sodass zwei identische Hälften entstehen. Ohne diese Symmetrieachse, die durch das Palindrom gegeben ist, gäbe es kein geordnetes Vererbungsgeschehen, sondern genetisches Chaos. Höheres Leben und gar Menschen hätten ohne Palindrome keine Existenzchance. Und deshalb: Ohne Palindrome gäbe es uns Menschen nicht! Ohne Palindrome fände der Tanz des Lebens nicht statt!

Ist das nicht Grund genug, Palindromen achtungsvoll zu begegnen? Sie verdienen das Interesse der Forschung nicht minder als die arme Fruchtfliege *Drosophila*, die uns schon so viele Einsichten in Struktur und Evolution des Lebens ermöglicht und ihren Peinigern nicht wenige Nobelpreise beschert hat.

Stellvertretend für Palindrome in Sprache, Kunst und Natur werden wir uns in diesem Buch jedoch mit Zahlen beschäftigen. Zahlen haben den Ruf, so ziemlich das Langweiligste zu sein, was es auf dieser Welt gibt. Hegel nannte sie «träge».[8] Aber langweilig und träge erscheinen sie nur dem, der ihnen von vornherein mit Widerwillen begegnet und mit ihnen nichts anzufangen versteht. Sie können z. B. recht amüsante und einfallsreiche Spielgefährten sein, wenn man nur die rechten Spielregeln vereinbart. Zahlen können uns viel erzählen, man muss sie nur zu befragen verstehen. Zahlen verhalten sich in jeweils bestimmter Weise, wenn sie entsprechend behandelt werden. Sie verwandeln sich, schließen sich zu Gruppen zusammen, die ein gemeinsames Verhalten an den Tag legen, und bilden Strukturen, die von faszinierender Schönheit sind und überdies an Strukturen in Natur, Kunst und Mathematik erinnern. Man muss sie nur zu beobachten verstehen! Und etwas Erfahrung im Umgang mit ihnen mitbringen oder auch erst erwerben.

Wir werden ein Verfahren kennen lernen, wie man Zahlen befragen und behandeln kann, sodass sie in Strukturen antworten, die uns ihrerseits Antworten geben auf Fragen von Molekularbiologen, Physikern, Kristallographen und möglicherweise noch von manchen Vertretern anderer Wissenschaftsdisziplinen. Dieses Verfahren nenne ich «Palindromisierung», und das Resultat, um das es letztlich bei der Befragung der Zahlen geht, soll *Strukturbildung durch Palindromisierung* heißen.

Palindromische Ordnungen und Tore in die palindromische Ungewissheit

Die erste wunderbare Eigenschaft von Zahlen im Hinblick auf Palindromstrukturen besteht darin, dass jede Zahl entweder selbst ein Palindrom ist oder, wenn sie es nicht ist, sich in ein solches verwandeln kann.

Zahlen wie 123454321, 990099 oder 101000101 sind von Haus aus Palindrome. Sie bleiben sich gleich, wenn man sie umkehrt. Geht man die Reihe der natürlichen Zahlen durch, so sieht man, dass Palindrome – beginnend mit 11, 22, 33 usw. – nicht etwa willkürlich und völlig unregelmäßig aufeinander folgen, sondern in einer relativ leicht durchschaubaren Ordnung, und dass ihre Dichteverteilung unter den natürlichen Zahlen für jeden Abschnitt der Zahlengeraden genau angegeben werden kann.[9]

Natürlich gibt es viel mehr Zahlen, die keine Palindrome sind. Jede von ihnen kann jedoch zu einem Palindrom werden, wenn sie sich bestimmten Operationen unterzieht. Der erste Schritt auf dem Weg zu einem Palindrom besteht darin, dass sich die Zahl umkehren muss bzw. dass wir sie umkehren. Sodann verknüpfen wir Zahl und Umkehrzahl, indem wir sie entweder addieren oder subtrahieren. Das ist wahrlich nicht schwer. Nehmen wir z. B. die 17. Ihre Umkehrzahl ist die 71. Addieren wir jetzt Zahl und Umkehrzahl, so erhalten wir **88**, und diese Zahl ist ein Palindrom. In diesem Fall sind wir gleich im ersten Schritt, der aus Umkehrung (Inversion) und Addition besteht, zu einem Palindrom gelangt. Bei anderen Zahlen dauert es etwas länger, bis sie das ersehnte Palindromstadium erreichen. Die 69 etwa muss die Operation «Umkehren und Addieren» viermal über sich ergehen lassen, ehe sie zu einem Palindrom wird: 69 + 96 = 165, 165 + 561 = 726, 726 + 627 = 1453, 1453 + 3541 = **4994**.

Die Anzahl der Operationen, die eine Zahl benötigt, um ein Palindrom zu werden, soll die *palindromische Ordnung* dieser Zahl heißen. Die 17 hat also die palindromische Ordnung 1, die 69 die palindromische Ordnung 4. Ein Palindrom hat in dieser Redeweise selbstverständlich die Ordnung null.

Kann aber wirklich jede beliebige Zahl auf diese Weise zu einem Palindrom werden? Und zwar in endlich vielen Schritten? Oder gibt es auch Zahlen, die auf diese Weise nie auf ein Palindrom führen? Die Betonung liegt auf den Worten *«auf diese Weise»*, denn es zeigt sich, dass bei fortlaufender Inversion und Addition von Zahl und Umkehrzahl *nicht jede* Zahl ein Palindrom hervorbringt.

Die erste unter den natürlichen Zahlen, die sich hartnäckig weigert, sich zu einem Palindrom zu bekennen, ist die 196. Man kann sie, soviel man will, umkehren und addieren, sie belohnt unsere Mühe nicht mit einem Palindrom. Dieses Verhalten der 196 ist den Mathematikern schon seit langem suspekt. Erstmals hatte D. Lehmer 1938 beklagt, dass er nach 73 Inversionen und Additionen noch immer kein Palindrom gefunden hatte. Daraufhin hatte er die Aufgabe gestellt, entweder zu beweisen oder zu widerlegen, dass jede natürliche Zahl bei Inversion und Addition von Zahl und Umkehrzahl nach *k* Schritten zu einem Palindrom führt.[10] In der Folgezeit sind regelrechte Wettkämpfe ausgetragen worden, auf wie viele Operationen die 196 geprüft wurde. Und längst haben auch schon Computer der jeweiligen Spitzenklasse in dieser Hinsicht ihr Bestes gegeben.[11] Doch alle Bemühungen sind bisher ohne Erfolg geblieben: Niemand konnte beweisen, dass die 196 – und sei es drei Schritte vor der Unendlichkeit – auf ein Palindrom führt. Und niemand konnte das Gegenteil beweisen, dass sie nämlich niemals auf ein Palindrom führt. Vielleicht kann auch weder das eine noch das andere jemals *bewiesen* werden. Das Problem wäre dann ein nicht entscheidbares.

Nun schau mal einer an! Kaum haben wir begonnen, mit Zahlen zu spielen und weiter nichts mit ihnen anzustellen, als sie umzukehren und zu addieren, und schon stehen wir vor einem Problem, vor dem es jedem Mathematiker entsetzlich graut: eine Aussage, die sich weder beweisen noch widerlegen lässt, ja von der wahrscheinlich nicht einmal bewiesen werden kann, dass sie nicht beweisbar ist. Dabei braucht es uns aber vor Prozessen, die solche Resultate zeitigen, gar nicht bange zu sein, denn im Grunde genommen ist jeder von uns ständig von Prozessen umgeben und besteht selbst aus solchen, von denen sich nicht sagen lässt, was sie in soundso vielen Schritten, Zyklen oder Generationen usw. hervorbringen. Wer kann schon sagen, was sich an der Stelle unseres Universums, an der er jetzt gerade steht oder sitzt und diese Zeilen liest, in zweihundert oder fünfhundert Jahren befinden oder ereignen wird? Es gibt nur eine einzige Möglichkeit, dieses zu erfahren, nämlich sich in zweihundert oder fünfhundert Jahren an ebendiese Stelle zu begeben und nachzuschauen, was sich daselbst befindet oder ereignet. Genauso ist das mit der 196: Wer wissen möchte, ob nach der fünftausendsten oder fünfmillionsten Inversion und Addition ein Palindrom steht oder nicht, hat keine andere Möglichkeit, dies zu erfahren, als die fünftausend oder fünf Millionen Schritte wirklich auszuführen und sich dergestalt zu vergewissern, ob da ein Palindrom ist oder nicht.

Und dennoch gelingt der Widerspenstigen Zähmung! Wenn auch mit einem Trick. Wir sind ja nicht verpflichtet, die Zahlen immer nur umzukehren und zu *addieren*. Wir könnten sie ja ab und zu auch einmal oder auch mehrmals der Abwechslung halber umkehren und *subtrahieren*. Versuchen wir's doch gleich einmal, indem wir nach der Inversion abwechselnd einmal addieren und dann subtrahieren (bei der Subtraktion soll immer die kleinere Zahl von der größeren subtrahiert werden): $196 + 691 = 887$, $887 - 788 = 099$, $099 + 990 = 1089$, $| 1089 - 9801 | = 8712$, $8712 + 2178 = 10890$, $10890 - 09801 = 01089$, $01089 + 98010 = \mathbf{99099}$. Ein Palindrom! Schon nach dem siebten Schritt erscheint ein Palindrom. Und damit ist unsere Aussage, dass *jede* Zahl entweder selbst ein Palindrom ist oder sich in ein solches verwandeln kann, gerettet. Wir müssen nur die Folge von Additionen und Subtraktionen geeignet wählen!

Es gibt noch eine andere faszinierende Eigenschaft von Zahlen im Hinblick auf Palindromstrukturen. Als ich sie das erste Mal bemerkte, kamen mir die Zahlen vor wie Ameisen, die aus verschiedener Richtung ihrem Bau zuströmen und durch ein enges Loch in ihm verschwinden, oder wie Bienen, die von allen Seiten her ihrem Stock zufliegen und durch ein Schlupfloch in ihn hineingelangen, oder wie Menschen, die sich auf ein Bauwerk zubewegen, auf ein Theater, einen Bahnhof oder ein Stadion, und es durch eine mehr oder weniger enge Tür oder ein mehr oder weniger weites Tor betreten.

Worum geht es? Es geht um eine Art kollektiven Verhaltens der Zahlen, wenn wir sie fortlaufend umkehren und addieren. Diejenigen unter ihnen, die bei diesem Verfahren nicht – wie die 196 – ohne Palindrom ins Unendliche enteilen, sondern eine endliche palindromische Ordnung vorweisen können, müssen ihren Weg der Inversion und Addition ja nicht abbrechen, nachdem sie zum Palindrom geworden sind. Setzen sie ihn über das Palindrom hinaus fort, so kann es aber passieren, dass nach abermals sound-so vielen Schritten ein zweites Palindrom sich einstellt, vielleicht nach einiger Zeit noch ein drittes, gar ein viertes usw. Ein ganz einfaches Beispiel ist die 10, die im ersten Schritt zur 11 wird, im zweiten zur 22, dann zur 44 und zur 88; sie hat demzufolge die palindromischen Ordnungen 1, 2, 3 und 4. Würden wir sie über die 88 hinaus umkehren und addieren, so könnten wir nach entsprechend vielen Schritten noch weitere Ordnungen – 10, 11, 17, 27 und 34 – entdecken. An der Marke 34 steht das Palindrom 678 736 545 637 876. Wenn wir auch dieses Palindrom hinter uns lassen, bewegen wir uns auf einem Terrain, das an die Wegstre-cke der 196 erinnert: Wir können umkehren und addieren, soviel wir wollen, es begegnet uns kein Palindrom mehr. Nach diesem letzten Palindrom beginnt die palindromische Ungewissheit: Kommt noch eines, vielleicht drei Schritte vor der Unendlichkeit, oder kommt keines? Unentscheidbar!

Ein solches Palindrom, nach dem die palindromische Unge-wissheit beginnt, nennen wir ein *Tor in die palindromische Un-gewissheit*. Und die palindromischen Ordnungen, die vor ihm aufeinander folgen, sollen einfach erste, zweite, dritte usw. palindromische Ordnung heißen. Wir könnten auch alle Ord-nungen, die nach der ersten folgen, als «verborgene palindromi-sche Ordnungen» bezeichnen.

Was hat es aber mit «kollektivem Verhalten» auf sich, und war-um die Redeweise von einem «Tor» in die palindromische Unge-wissheit?

Lassen Sie uns das am obigen Beispiel mit der 10 betrachten. Alle Zahlen, die aus ihr durch Inversion und Addition von Zahl und Umkehrzahl entstehen, gehen einen gemeinsamen Weg mit ihr bis zum Tor in die palindromische Ungewissheit: die 11, die

22, die 44, die 88, die 176 usw. Bei Umkehrung und Addition führt aber auch die 20 auf die 22, die 40 auf die 44, die 80 auf die 88 und die 97 auf die 176; auch diese Zahlen streben mithin dem gemeinsamen Tor in die palindromische Ungewissheit entgegen. Wir könnten auch sagen: Alle diese Zahlen zeigen das gleiche *Palindromisierungsverhalten*.

Mehr noch: Alle Zahlen, die aus den schon genannten dadurch hervorgehen, dass z. B. ihre erste Ziffer um 1 erhöht wird, während die letzte Ziffer gegenläufig um 1 vermindert wird, oder umgekehrt, zeigen ebenfalls das gleiche Palindromisierungsverhalten. Zum Beispiel gehen aus der 44 auf diese Weise die Zahlen 35, 26 und 17 hervor, aus der 176 die 275, 374, 473, 572, 671 und 770. Und so weiter. Zahlen, die auf diese Weise auseinander hervorgehen, sollen *Mutuanten* heißen (von lat. *mutuus* = gegeneinander). Es ist leicht zu bemerken, dass alle Mutuanten im ersten Schritt der Inversion und Addition zum gleichen Ergebnis führen; von da an aber gehen sie den Weg von einem Palindrom zum nächsten gemeinsam und münden schließlich alle in das letzte, in das Tor in die palindromische Ungewissheit. Dem Tor 678736 545637878 streben mithin außer den zweistelligen Zahlen 10, 20, 40, 80 und 97 auch alle deren Mutuanten zu.

Es ist also keinesfalls so, dass jede Zahl ein Einsiedlerdasein führt, einsam und mutterseelenallein sich umkehrt und addiert, dabei von einem Palindrom zum nächsten wandert und irgendwann in der palindromischen Ungewissheit aufgeht. Die Zahlen schließen sich vielmehr zu Gruppen zusammen, die ein gleiches Palindromisierungsverhalten offenbaren und gemeinsam ein und demselben Tor in die palindromische Ungewissheit zustreben. Für die zweistelligen natürlichen Zahlen gibt es nur fünf solche Tore, nämlich neben dem schon genannten Palindrom 678 736 545 637 876 die 47 33 78 77 87 33 74, die 88 132 000 231 88, die 36 545 63 und die 4998 525 8994. Den dreistelligen natürlichen

Zahlen stehen bereits 46 Tore zur Verfügung, durch die sie in die palindromische Ungewissheit eingehen können.[12] Wovon es abhängt, auf wie viel Torpalindrome die n-stelligen natürlichen Zahlen führen, ist bislang nicht bekannt. Vielleicht gibt es auch gar keine ableitbare und beweisbare regelmäßige Abhängigkeit zwischen n und der jeweiligen Zahl von Torpalindromen. Überhaupt scheint es, dass das Palindromisierungsgeschehen weniger durch *Beweise*, das traditionelle und zweifellos mächtigste Instrument mathematischen Denkens, aufgehellt werden kann als durch *Erfahrung*. Palindromisierung wäre dann ein Verfahren, das eher in eine *experimentelle Mathematik* gehört als in eine, die im klassischen Zeitalter der Algebraisierung groß geworden ist.

Palindromisierung

Der Begriff «Palindromisierung» ist ein Schlüsselbegriff für das Folgende und bedarf deshalb einer Erläuterung.

Es ist ein Stück trockene Kost, das in den folgenden Passagen geboten wird. Sie ist jedoch notwendig, weil es in jeder Wissenschaft ohne Begriffserklärungen und Definitionen nun einmal nicht geht.

Mit «Palindromisierung» bezeichnen wir das Verfahren, bei dem eine Zahl invertiert wird, sodann Zahl und Umkehrzahl addiert oder subtrahiert werden, und auf das Ergebnis das gleiche Verfahren immer wieder angewendet wird. Der Palindromisierungsprozess ist somit ein *iterativer* Prozess, d. h., das Ergebnis jeden Schrittes wird als Ausgangspunkt des nachfolgenden Schrittes genommen.

28   In einem Palindromisierungsprozess haben wir es mit drei Bestimmungsstücken zu tun: der *Basis g* des Zahlensystems, in dem palindromisiert werden soll, der *Startzahl S_0* und der spezifischen Abfolge von Additionen und Subtraktionen, die für die Palindromisierung jeweils vorgegeben wird und die wir den *Palindromisierungsmodus m* nennen wollen.

Im täglichen Leben haben wir es für gewöhnlich mit natürlichen Zahlen zu tun; das sind solche, die im Zehnersystem angesiedelt sind. Jede natürliche Zahl N lässt sich als Summe einer Folge von Potenzen der Basis 10 darstellen:

$$N = x_0 \times 10^n + x_1 \times 10^{n-1} + \ldots + x_{n-1} \times 10^1 + x_n \times 10^0,$$

also z. B. $(547)_{10} = 5 \times 10^2 + 4 \times 10^1 + 7 \times 10^0$.

Selbstverständlich können wir uns auch in Zahlensystemen zu anderen Basen aufhalten und in ihnen addieren, subtrahieren, palindromisieren und was immer wir mit Zahlen anstellen können. Ganz allgemein müssten wir dann sagen, dass eine Zahl Z zur Basis g darstellbar ist als die Summe einer Folge von Potenzen der Basis g:

$$Z = x_0 \times g^n + x_1 \times g^{n-1} + \ldots + x_{n-1} \times g^1 + x_n \times g^0.$$

Die 547 zur Basis g = 10 z. B. würde zur Basis g = 16 dann die Gestalt haben:

$$(547)_{10} = 2 \times 16^2 + 2 \times 16^1 + 3 \times 16^0 = (223)_{16}$$

Neben dem Zehnersystem, in dem wir fast alle unsere täglichen Verrichtungen vornehmen – Einkäufe, Telefonieren, Bankgeschäfte usw. –, haben wir es in verschiedenen Zusammenhängen noch mit zwei anderen Systemen zu tun: in der Technik mit dem binären System zur Basis g = 2 und in der Genetik mit einem System, das mit vier Zeichen auskommt. Die gesamte Elektronik und Computertechnik basiert auf dem binären System, in dem es nur zwei Zeichen gibt – null und eins, ja und nein, offen und geschlossen usw. Die oben genannte $(547)_{10}$ würde im binären Zahlensystem die Gestalt haben:

$$(547)_{10} = 1 \times 2^9 + 0 \times 2^8 + 0 \times 2^7 + 0 \times 2^6 + 1 \times 2^5 + 0 \times 2^4 + 0 \times 2^3$$
$$+ 0 \times 2^2 + 1 \times 2^1 + 1 \times 2^0 = (1\,000\,100\,011)_2$$

Der genetische Code hingegen besteht aus vier Zeichen, den Buchstaben A, T, G und C, die für die Nukleotide Adenin, Thymin, Guanin und Cytosin stehen und in Dreierkombinationen, den Tripletts, die Codierungseinheiten für die Proteinbildung abgeben. Ein Zahlensystem zur Basis g = 4 würde aus den vier Zahlen 0, 1, 2 und 3 bestehen. Die oben genannte $(547)_{10}$ würde in diesem System die Gestalt haben:

$$(547)_{10} = 2 \times 4^4 + 0 \times 4^3 + 2 \times 4^2 + 0 \times 4^1 + 3 \times 4^0 = (20\,203)_4$$

Die Regeln für die Addition und Subtraktion von Zahlen zur Basis g entsprechen denen im Zehnersystem, sodass wir Zahlen zu einer beliebigen Basis additiv und subtraktiv palindromisieren können. Wir müssen nur jedes Mal, wenn wir eine Startzahl S_0 vorgeben, dazu sagen, zu welcher Basis sie genommen werden soll.

Als Startzahl S_0 eines Palindromisierungsprozesses kommt grundsätzlich jede beliebige Zahl zu jeder beliebigen Basis infrage. Wir bevorzugen hier jedoch eine besondere Startzahl; es ist die vierstellige $S_0 = a(a-1)(g-a-1)(g-a)$, wobei a < g ist. Wählen wir a = 1, so erhalten wir S_0 in der spezifischen Form $S_0 = 10(g-2)(g-1)$. Warum wir dieser Startzahl gegenüber eine besondere Sympathie hegen, wird in Teil 2 des Buches klar.

Schließlich der Palindromisierungsmodus m. Er gibt an, in welcher Abfolge Additionen (a_i) und Subtraktionen (s_i) im Palindromisierungsprozess aufeinander folgen sollen. Beispielsweise bedeutet der Modus m = $a_1 s_2$, dass nach *einer* Addition von Zahl und Umkehrzahl *zwei* Subtraktionen folgen sollen usw. Die Länge (m_l) des Modus beträgt in diesem Beispiel m_l = 3. Die Moduslänge wird immer am Ende eines Modus in runden Klammern angegeben; für unser Beispiel gilt also: m = a_1s_2 (3).

Beginnt eine Ergebniszahl mit Nullen, so gibt es zwei Möglichkeiten, wie mit ihnen verfahren werden soll: Die Nullen können entweder gestrichen oder erhalten werden. Im letzteren Fall werden sie bei Umkehrung der Ergebniszahl mit umgekehrt, d. h., sie erscheinen am Ende der Umkehrzahl. Dementsprechend unterscheiden wir Palindromisierung *mit* und *ohne* Stellenreduzierung. In diesem Buch palindromisieren wir ausschließlich ohne Stellenreduzierung.

So weit die wichtigsten Begriffe und Definitionen, die wir benötigen, um Palindromisierungsprozesse auszulösen und zu studieren.

Strukturbildung durch Palindromisierung

Doch warum in aller Welt sollen wir iterative Prozesse, in denen Zahlen palindromisiert werden, auslösen und sie dann auch noch studieren?

Ich muss gestehen, dass ich mir diese Frage nie selbst gestellt habe. Das Spiel mit Zahlen hat mir einfach Spaß gemacht. Sie zu palindromisieren und dabei zu beobachten, wie sie sich verhalten, wie sie sich zu Gruppen zusammenschließen, wie palindromische Ordnungen sich in bestimmter Weise zu Mustern formieren, die sich durch Blöcke n-stelliger Startzahlen zur Basis g hindurchbewegen, hat mich dank meiner Unabhängigkeit von akademischen Institutionen einige Jahre hindurch beschäftigt. Was dabei herausgekommen ist, kann im Taschenbuch Bd. 99 des Verlags Harri Deutsch, *Palindrome, Perioden und Chaoten*, Thun/ Frankfurt a. M. 1997, nachgelesen werden.

Zwei bemerkenswerte Ergebnisse müssen jedoch hier noch einmal vorgestellt werden, weil sie die ersten Schritte auf dem Weg zu «Strukturbildung durch Palindromisierung» markieren. Sie betreffen zwei wundersame Eigenschaften bestimmter Zahlen, die diese immer dann offenbaren, wenn sie in jeweils bestimmter Weise palindromisiert werden.

Die erste tritt bei subtraktiver Palindromisierung in Erscheinung. Es gibt Zahlen, denen es gefällt, nach endlich vielen subtraktiven Palindromisierungsschritten zu sich selbst zurückzukehren. Die berühmteste, die sich durch diese Eigenart auszeichnet, ist im Zehnersystem die 2178; sie führt nach nur zwei Schritten zu sich zurück: | 2178 – 8712 | = 6534, | 6534 – 4356 | = 2178. Ist das nicht merkwürdig: Wir invertieren eine Zahl, subtrahieren Zahl und Umkehrzahl voneinander, verfahren mit dem Ergebnis in der gleichen Weise und erhalten als Resultat wieder die Ausgangszahl! Es ist, als ob die Zahl sich im Kreis drehe, immer und immer wieder; darum nenne ich solche Zahlen *Kreisläufer*.

Kreisläufer zeigen ein periodisches Verhalten; sie durchlaufen immer wieder ein und dieselbe Folge von Ergebniszahlen, von Periode zu Periode. Die Periode selbst hat eine bestimmte Länge l, je nachdem, wie viele Schritte die Zahl benötigt, um zu sich selbst zurückzukehren. In unserem Beispiel der Kreisläuferin 2178 beträgt die Länge der Periode $l = 2$. Subtraktive Kreisläufer, so will es ihre Natur, mögen keine Palindrome! Würde im Palindromisierungsprozess eines solchen Kreisläufers an irgendeiner Stelle ein Palindrom erscheinen, so würde der ganze Prozess, der ja verabredungsgemäß ein rein subtraktiver ist, sofort in die Null stürzen. Ist aber eine Periode erst einmal vollständig durchlaufen und die Startzahl zu sich selbst zurückgekehrt, so gibt es im weiteren Verlauf des Prozesses nichts anderes als immer wieder ein und dieselben Zahlen, nämlich die, aus denen die erste Periode besteht.

Wenn wir jetzt die Ergebniszahlen zentriert untereinander schreiben, erhalten wir ein bestimmtes Muster der Länge l, das sich bis in alle Ewigkeit wiederholt, wenn wir den Prozess nicht abbrechen. Wir könnten auch so verfahren, dass wir nicht jede Ergebniszahl darstellen, sondern nur jede l-te, dann stünden immer ein und dieselben Zahlen untereinander.

Um das Ganze übersichtlicher zu machen und Strukturen umso plastischer hervortreten zu lassen, ersetzen wir die Ziffern jetzt durch Farben. Ein Kreisläufer, für den jedes einzelne Ergebnis dargestellt wird, erscheint dann als ein farbiges Muster der Länge l, das sich beliebig oft identisch reproduziert. Würden wir nur jede l-te Ergebniszahl darstellen, so erhielten wir verschiedene unifarbene vertikale Linien, die sich ohne Ende fortsetzen.

Halten wir fest:

1. Palindromisierung kann zu Musterbildung führen, wenn wir die Ergebniszahlen zentriert untereinander darstellen, d. h., wenn wir sie nicht nur als einzelne Sequenzen betrachten (sozusagen in der sequenziellen Dimension), sondern zusätzlich in ihrer Abfolge, d. h. in der zeitlichen Dimension.

2. Für die Darstellung ist maßgebend, wie lang der Schrittzyklus sein soll, mit dem die Ergebniszahlen dargestellt werden. Wird jede Ergebniszahl dargestellt, dann erscheint ein Muster der Länge l, das sich nach l Schritten immer wiederholt. Wird hingegen nur jede l-te Ergebniszahl dargestellt, ist die Zykluslänge also gleich l, so ergeben sich nebeneinander gereihte unifarbene vertikale Linien.

Dass gewisse Zahlen bei subtraktiver Palindromisierung nach einer bestimmten Anzahl von Schritten zu sich selbst zurückkehren, sodass sie, untereinander angeordnet, unifarbene vertikale Linien erzeugen, mag zunächst verblüffen, ist aber andererseits nicht sonderlich sensationell. Interessanter in dieser Beziehung ist da schon additive Palindromisierung. Bei additiver Palindromisierung werden die Ergebniszahlen ja immer länger. Ordnet man sie als farbige Pixelfolgen zentriert untereinander an, so ergibt das eine dreiecks- oder trapezähnliche Figur, die entweder aus einer ungeordneten bunten Pixelmannigfaltigkeit besteht oder irgendwelche Muster zeigt. Musterbildung dürfte in diesem Fall jedoch ein äußerst seltenes Ereignis sein. Fast grenzt es an ein Wunder, dass bei Inversion einer Zahl und fortgesetzter Addition von Zahl und Umkehrzahl in der Menge der untereinander angeordneten Ergebniszahlen sich Muster zeigen, die sich in der sequenziellen und in der zeitlichen Dimension erstrecken, also sozusagen raumzeitliche Muster sind. Und doch ist dies der Fall, wenn auch nur unter ganz speziellen Bedingungen, wie noch zu sehen sein wird.

Doch so richtig interessant und spannend wird die ganze Sache erst dann, wenn wir nicht nur rein subtraktiv oder rein additiv palindromisieren, sondern in beliebigen Kombinationen von Plus und Minus und dabei auch beliebige Startzahlen und beliebige Basen zulassen. Genau das stelle ich im Folgenden vor. Wir werden sehen, dass dabei Muster von z. T. wilder Regelmäßigkeit und chaotischer Schönheit entstehen, ruhige und wohlgeordnete Formen ebenso wie bizarre und nicht zur Ruhe kommende.

Ich habe versucht, die Fülle der Aspekte zu einigen Struktur-*typen* zusammenzufassen. Nach meinen bisherigen Beobachtungen treten vier grundlegende Strukturtypen auf: Perioden, Simi-laritäten, Fraktale und Chaos. Die übrigen leiten sich von ihnen ab: Mischtypen, Interaktionen u. a. Warum für uns Chaos als Strukturtyp gilt, wird in Kapitel 4 erläutert.

Doch nun genug des trocknen Tons! In den folgenden Kapiteln wird es bunt zugehen.

Teil I: Strukturtypen

Kapitel 1: Perioden

Palindromien ist ein Land der Sehenswürdigkeiten.

Das Altertum hatte seine sieben Weltwunder: die ägyptischen Pyramiden bei Memphis, die Zeusstatue des Phidias in Olympia, das Mausoleum in Halikarnassos, die Hängenden Gärten von Babylon, den Koloss von Rhodos, den Leuchtturm von Pharos vor Alexandria und den Artemistempel in Ephesos. Nicht nur Ägypten, auch Mexiko und andere latein- und südamerikanische Länder haben noch heute ihre Pyramiden. Frankreich hat Paris, und Paris hat Notre-Dame, den Eiffelturm, die Champs-Élysées und den Montmartre. England hat die Stonehenge, Island die Geysire. China hat die Große Mauer, Indien das Tadsch Mahal. Russland hat den Kreml, die Eremitage, die Taiga und den Baikalsee. Österreich hat Wien und Ungarn Budapest. Jedes Land auf unserer Erde hat sein Besonderes, das sehens- und erlebenswürdig ist, sei es naturgegeben oder von Menschenhand geschaffen.

Palindromien ist ein Reich der Zahlen. Seine Sehenswürdigkeiten sind Strukturen, von Zahlen gebildet. Es sind keine Statuen als Zeugnisse menschlicher Götterverehrung, keine Tempel und Türme als Belege menschlichen Schöpfertums, sondern Muster, entstanden im Tanz der Zahlen, im Rhythmus von Prozessen, in denen Zahlen sich umkehren und sich nach strengem Ritual addieren und subtrahieren.

Betrachten wir ein einfaches Beispiel. Die Basis möge $g = 2$ und die Startzahl $S_0 = 10\,110\,100$ sein. Additive Palindromisierung löst dann folgenden Prozess aus:

S_0:   **10110100**
     + 00101101

S_1:   11100001
     + 10000111

S_2:   101101000
     + 000101101

S_3:   110010101
     + 101010011

S_4:   **1011101000**

Man sieht, dass nach vier Schritten eine Ergebniszahl S_4 erscheint, die sich von S_0 nur dadurch unterscheidet, dass zu den zwei Einsen zwischen 10 und 01 sich eine dritte hinzugesellt hat, und ebenso zu den zwei Nullen, welche die Startzahl beschließen, eine dritte hinzugekommen ist. Dies wiederholt sich nun nach jeweils vier Schritten; nach jedem Zyklus erhöht sich die Anzahl der Einsen und der Nullen um jeweils eine Stelle. Das Muster, das sich so ergibt, hat die Länge $l = 4$. Würden wir, beginnend mit S_0, nur jede vierte Ergebnissequenz darstellen, so erhielten wir das Bild

$$10 \quad 11\ 01 \quad 00$$
$$10 \quad 111\ 01 \quad 000$$
$$10 \quad 1111\ 01 \quad 0000$$

usw. mit einfarbigen schwarzen (= 0) und weißen (= 1) vertikalen Linien, die sich nach unten hin ohne Ende fortsetzen. Wie man sieht, reproduziert sich im Zentrum dieser Zahlenkonfiguration die Sequenz {01} periodisch und identisch. Links und rechts wird sie flankiert von sich wiederholenden Sequenzen [1...1] und [0...0], die sich ebenfalls periodisch, jedoch progressiv wachsend reproduzieren. Und abgeschlossen wird jede Zeile links durch *10* und rechts durch *00*.

Grafik 1 gibt eine gute Übersicht.

Grafik I

Dies ist das erste und häufigste Schrittmuster, das in den palindromischen Gefilden in den vielfältigsten Variationen getanzt
wird. Wir wollen es *Periode (PER)* nennen. Sein Hauptmerkmal ist
eine bestimmte Zahlenkonfiguration, die sich in immer gleichen
zeitlichen Abständen identisch reproduziert; wir bezeichnen sie
als das *Kernmuster*. Links und rechts umschließen das Kernmuster im einfachsten Fall Nullen bzw. (g – 1)-Ziffern in progressiv
wachsender Anzahl, die wir *repetitive Sequenzen* nennen. Ist das
Kernmuster nur von Nullen bzw. von (g – 1)-Ziffern eingefasst,
so handelt es sich um einstellige repetitive Sequenzen. Die repetitiven Sequenzen können aber auch mehrstellig sein; in diesem Fall wiederholt sich eine bestimmte mehrstellige Sequenz
[abc…xyz] links oder rechts vom Kern, wobei die Anzahl der Repetitionen im Verlauf des Prozesses progressiv wächst. Repetitive Sequenzen können – wie wir sehen werden – eine durch
Palindromisierung entstandene Struktur vertikal oder in einem
bestimmten Winkel zum Kernmuster, also schräg, durchziehen.

Schließlich werden die repetitiven Sequenzen in jeder Ergebniszeile links und rechts durch sich ebenfalls periodisch wiederholende Anfangs- und Endsequenzen abgeschlossen; wir nennen sie *Origin-* bzw. *Termination-Sequenzen*.

Der Tanz heißt «Periode», weil das Kernmuster mit jedem Zyklus, also periodisch, wiederkehrt. Er dauert beliebig lange und bricht nie ab, wenn nicht ein äußeres Zeichen ihm ein Ende gebietet.

Bezeichnen wir den Kern mit {C}, die linken und rechten repetitiven Sequenzen mit $[R_s]$ und $[R_d]$ und die Origin- und Termination-Sequenzen mit O und T, dann lässt sich das allgemeine Muster des Tanzes «Periode» mit

$$O[R_s]\{C\}[R_d]T$$

angeben.

Basen der Gestalt g = 2^n bei additiver Palindromisierung

Derjenige, der die palindromischen Gefilde zum ersten Mal vorsichtig, doch voller Erwartungen betritt, wird möglicherweise nicht sofort mit den schönsten Strukturen bedacht werden. Um nicht von Anfang an einen Absturz in die Null zu riskieren, wird er es wahrscheinlich vorziehen, zunächst die subtraktive Variante zu meiden und nur additiv zu palindromisieren. Und um auch in der Fremde ein Stück gewohnter Umgebung um sich zu haben, wird er seine ersten Gehversuche in Palindromien vielleicht mit natürlichen Zahlen, also solchen zur Basis g = 10, unternehmen. Täte er beides wirklich, so wäre das Resultat jedoch niederschmetternd: Keinerlei durchgängig wohl geordnete Strukturen würden ihm erscheinen, sondern ausschließlich chaotisch-bunte Pixelgemenge, welche Startzahlen er auch immer bemühte.

In dieser Situation gibt es zwei Wege, die zum Ziel führen könnten: das Experiment und die Geschichte. Beide sind mühevoll. Experimentieren bedeutet, nachdem sich für Startzahlen zur Basis $g = 10$ keine geordneten Strukturen zeigen, es mit anderen Basen zu probieren. Der andere Weg ist der Blick zurück in die Geschichte der Mathematik, um dort eventuell Zeugnisse dafür zu finden, dass auch früher schon ein neugieriger Geist sich in die palindromischen Gefilde gewagt und dabei bemerkenswerte Strukturen entdeckt hat.

Ich bin beide Wege gegangen – und bin auf beiden fündig geworden.

Schon das erste Experiment in Basis $g = 2$ mit der Startzahl $S_0 = 10$ war erfolgreich. Der zwanzigste Schritt additiver Palindromisierung liefert die Ergebniszahl $S_{20} = 101_6010_6$. Und von hier an geraten wir in eine Periode der Länge $l = 4$. Nach weiteren vier Schritten nämlich steht $S_{24} = 101_7010_7$, dann folgen $S_{28} = 101_8010_8$, $S_{32} = 101_9010_9$ usw. Der Kern $\{01\}$ wird identisch reproduziert, die repetitiven Sequenzen $[1]_r$ und $[0]_r$ erhöhen sich jedoch mit jeder Periode um je eine Stelle.

Auffällig an diesem Ergebnis ist die Gestalt der Sequenz S_{20}, mit der die Periode beginnt: $10[1]_r\{01\}[0]_r$ bzw. in allgemeiner Form: $10[g-1]_r\{g-2)(g-1)\}[0]_r$. Es zeigt sich, dass in Basis $g = 2$ für $r \geq 2$ jede Startzahl mit dieser Struktur sofort in die gleiche Periode führt. Unser Eingangsbeispiel mit $S_0 = 10\,110\,100$ war von ebendieser Art. Sein aus vier Sequenzen bestehendes vollständiges Kernensemble war $\{01\}$, $\{1000\}$, $\{01\}$ und $\{010\}$; bei $l = 4$ blieb nur der Kern $\{01\}$ erhalten.

Zugegeben, diese Struktur ist so ziemlich das Einfachste, was man sich denken kann: in der Mitte zwei einfarbige vertikale Linien, bestehend aus Einsen und Nullen, am linken Rand die *10*, am rechtem die *00* und dazwischen ein flächiges Kontinuum aus Einsen links und ein flächiges Feld aus Nullen rechts. Doch könnten wir sie nicht auch so sehen: *Da ist ein Kern, der von Periode zu Periode identisch reproduziert wird; dieser Kern bleibt nicht nur im zeitlichen Ablauf des Prozesses erhalten, sondern wird mit fortschreitender Zeit immer dichter umhüllt, eingepackt, geschützt von den beiden repetitiven Sequenzen Null und Eins (mehr Ziffern hat die Basis g = 2 nicht zu vergeben), und das Ganze wird durch einen Rand, eine Wand, eine Membran, eine Haut, oder wie immer wir die OT-Sequenzen noch nennen könnten, von der Welt, die nicht an diesem Prozess teilhat und die außerhalb von ihm liegt, abgegrenzt?*

Und noch eine weitere Merkwürdigkeit weist diese Struktur auf: Eigentlich hat sie gar keine Terminationssequenzen, die sich klar – wie auf der linken Seite die *10* von den repetitiven Sequenzen $[1]_r$ – von den repetitiven Sequenzen $[0]_r$ abheben. Es bleibt uns deshalb freigestellt, ob wir eine oder zwei Nullen als *T*-Sequenz ansehen oder ob wir uns darauf verständigen wollen, dass diese Struktur überhaupt keine *T*-Sequenzen hat, sondern rechts vom Kern sich ein reines Null-Kontinuum erstreckt. So klar und eindeutig, wie sie auf den ersten Blick daherkommt, ist unsere Struktur in Grafik 1 also doch nicht. Oder ist die Kalamität mit den fehlenden *T*-Sequenzen etwa nur dem Umstand geschuldet, dass wir in Basis g = 2 palindromisiert haben, in der es nur zwei Zeichen – 0 und 1 – gibt?

Weiteres geduldiges Experimentieren lässt uns diese Frage verneinen. In den Basen g = 3, 5, 6, 7, 9 und 10 finden wir für alle Startzahlen, die wir bemühen, bei additiver Palindromisierung keine wohl geordneten Strukturen. Das ist natürlich kein Beweis, dass es in diesen Basen tatsächlich keine gibt, wohl aber ein empirisches Ergebnis, das bisher noch von keinem gegenteiligen widerlegt worden ist. Für g = 4 und g = 8 aber werden wir wieder fündig, und zwar wieder für Startzahlen der Gestalt $S_0 = 10(g-1)_r(g-2)$ $(g-1)0_r$, also für $S_0 = 103_r 230_r$ in Basis g = 4 und $S_0 = 107_r 670_r$ in Basis g = 8. In beiden Fällen finden wir ebenfalls rechts vom Kern ein

Null-Kontinuum, während sich links vom Kern ein durch *10* begrenztes Kontinuum aus lauter Dreien bzw. Siebenen, also aus (g – 1)-Sequenzen ausbreitet. Dies gibt uns Gelegenheit zu folgender allgemeiner Bemerkung:

Null und (g – 1) sind die kleinste und die größte Ziffer in jedem Zahlensystem, auf welcher Basis es sich auch aufbaut. Wir wollen sie als komplementäre Ziffern bezeichnen und werden sehen, dass sie in gewisser Weise austauschbar sind, d. h., dass die *Komplementaritätsbeziehung*

$$0 \leftrightarrow (g - 1)$$

gilt. In allgemeiner Form lautet diese Beziehung

$$a \leftrightarrow (g - a - 1)\ (a < g),$$

was für g = 2 eben zu $0 \leftrightarrow (g - 1) = 1$ wird. Die einfachste Struktur vom Typ PER in Grafik 1 lehrt uns also immerhin, dass der Kern in diesem Fall von *komplementären repetitiven Sequenzen* umhüllt ist.

Der zweite Weg, Palindromien mit seinen Sehenswürdigkeiten zu erkunden, ist der Blick zurück in die Geschichte der Mathematik. Es mag scheinen, als sei auf diesem Weg nicht viel zu erreichen, denn «Strukturbildung durch Palindromisierung» ist kein mathematischer Forschungsgegenstand mit einer ausgeprägten Tradition. Das Spiel, zu einer Zahl ihre Umkehrzahl zu bilden, sodann beide zu addieren und zu sehen, was dabei herauskommt, wenn man dieses Treiben fortgesetzt wiederholt, wurde in früheren Zeiten eher als ein Kuriosum denn als seriöse mathematische Beschäftigung angesehen. Leonard Eugene Dickson notiert in seiner vortrefflichen *Geschichte der Zahlentheorie* verschiedene solche Versuche. Nicht selten verdanken sie sich der Faszination darüber, dass durch Addition von Zahl und Umkehrzahl palindromisch strukturierte Zahlen entstehen können. So habe E. Lemoine 1885 Zahlen wie A = 8 607 004 053 betrachtet, die so beschaffen sind, dass ihre Umkehrzahl a zu A addiert die Summe A + a = 12111011121 ergibt, also eine Zahl, die ihre eigene Umkehrzahl ist, ein Palindrom.[1] Ganz in diesem Sinn hatte D. H. Lehmer – wie bereits erwähnt – 1938 herausgefunden, dass man bei fortgesetzter Addition von Zahl und Umkehrzahl in vielen Fällen früher oder später auf ein Palindrom trifft, in einigen Fällen aber auch nicht. Die Beschäftigung mit diesem Problem hatte D. C. Duncan 1939 die Entdeckung machen lassen, dass Zahlen der Gestalt $S_0 = 10(g - 1)_r(g - 2)(g - 1)0_r$ ($r \geq 2$) für Basen $g = 2^n$ ($n = 1, 2, 3, …$) bei additiver Palindromisierung auf nichtpalindromische Ergebnissequenzen führen und dass sie überdies Ziffernfolgen enthalten, die periodisch nach einer bestimmten Anzahl von Schritten wiederkehren, ohne jemals palindromisch zu werden. Das war – ohne dass sich ihr Autor dessen bewusst war – die historisch erste Beobachtung einer Musterbildung durch Palindromisierung! 1961 sodann hat Roland Sprague gezeigt, dass dies auch für dyadische Zahlen ($g = 2$) gilt, die nicht unbedingt die Gestalt 101_r010_r haben, z. B. für 10 110.[2] Hyman Gabei und Daniel Coogan fügten 1969 dem noch die dyadische Startzahl $S_0 = 1101000101$ hinzu[3], und Bruder Alfred Brousseau wartete im gleichen Heft des *Mathematics Magazine* mit den Startzahlen 1011100010000 und 1011100100010000 auf.[4] Seither taucht das Problem hin und wieder in der Literatur auf. 1973 wurde es von Heiko Harborth für Basen der Gestalt $g = 2^n$ behandelt[5], und 1994 wurde die periodische Eigenschaft der Sequenz 101_r010_r bei additiver Palindromisierung von Frieder Bock[6] und von Glyn Johns und James Wiegold[7] wieder entdeckt.

Dass bei additiver Palindromisierung Muster entstehen, hat mithin zur Voraussetzung, dass wir in einem Zahlensystem operieren, dessen Basis eine Potenz von 2 ist: $g = 2^n$ ($n = 1, 2, 3, …$).

Das Wunder der Musterbildung bei additiver Palindromisierung ereignet sich also, soviel wir heute wissen, nur in den Basen $g = 2$, 4, 8 usw.

So erweist es sich, dass es unter den natürlichen Zahlen eine Elite gibt, die in den verschiedensten Zusammenhängen von sich reden macht: die Potenzen von 2, d. h.. 2^1, 2^2, 2^3, 2^4, 2^5 usw., also die Folge 2, 4, 8, 16, 32 usw. Sie drängt sich auch in den palindromischen Gefilden sogleich in die vorderste Reihe und beansprucht, als Erste gewürdigt zu werden.

Eigentlich ist dies ein für Zahlen unwürdiges Verhalten. Wir kennen es vorzugsweise von Politikern, die in Interviews, Parlamentsreden und anderen Äußerungen, die sie von sich geben, unabhängig davon, was gefragt ist und welches Thema gerade zur Debatte steht, immer erst den politischen Gegner beschuldigen, ihm Unterlassungen und alle möglichen Fehler unterstellen, um sich selbst als die Einzigen anzupreisen, die dem Wähler zu seinem wahren Glück verhelfen können. Neuerdings machen freilich auch einige Rundfunksender den Politikern in dieser Beziehung Konkurrenz, indem sie ihren Hörern unentwegt versichern, sie brächten nicht nur gute Musik, nein, das wäre wohl zu wenig, auch nicht schlechthin Hits, was ja immerhin «Schlager» bedeutet, also laut Duden «modisches leichtes Lied mit eingängiger Melodie»; selbst Megahits genügen nicht den Ansprüchen, also Riesenhits, die millionenfach die normalen Hits übertreffen, denn da es ja kleinere und größere Riesenhits gibt, werden wohl nur die größten Megahits in das Programm aufgenommen? Weit gefehlt, denn auch die genügen den Redakteursohren nicht. Wenn schon Megahits, dann – welche Steigerung ist jetzt noch möglich? – «die größten Megahits aller Zeiten»! Welch ein «größter Schwachsinn aller Zeiten»! Solch ein dummes marktschreierisches Gehabe ist den Potenzen von 2 natürlich fremd. Sie haben sogar guten Grund, sich nach vorne zu drängen, denn sie sind tatsächlich die Einzigen, die, wenn sie als Basen der Zahlensysteme auftreten, bei rein additiver Palindromisierung nicht im Chaos landen, sondern wohl geordnete Strukturen zustande bringen. Und das in der Tat zu allen Zeiten – vergangenen ebenso wie künftigen.

Ist die Entstehung von Strukturen des Typs PER für Basen $g = 2^n$ ($n = 1, 2, 3, \ldots$) und Startzahlen $S_0 = 10(g-1)_r(g-2)(g-1)0_r$ ($r \geq 2$) aber nicht ein recht seltenes Ereignis, wenn man bedenkt, dass sowohl die in Frage kommenden Basen als auch die in Frage kommenden Startzahlen ganz spezielle sind?

Ja und nein. Gewiss ist *jede* Struktur, die in einem additiven Palindromisierungsprozess zutage tritt, einerseits ein besonderes Ereignis, denn weit öfter als zu klaren und interessanten Strukturen führt der Prozess zu chaotischen Pixelansammlungen, die keinerlei Strukturiertheit erkennen lassen. Insofern sind auch die Strukturen vom Typ PER, die für Basen $g = 2^n$ und Startzahlen $S_0 = 10(g-1)_r(g-2)(g-1)0_r$ zustande kommen, besondere Ereignisse und seltene Exemplare. Doch sind sie andererseits nicht so selten, wie es auf den ersten Blick scheinen mag. Denn so wie die Tore in die palindromische Ungewissheit Zahlen gleichen Verhaltenstyps magisch in sich hineinsaugen, so ist auch die Sequenz $10(g-1)_r(g-2)(g-1)0_r$ ein solcher Magnet – oder sollten wir sagen: Attraktor? –, dem bei additiver Palindromisierung viele andere Startzahlen zustreben, die dann einheitlich in die hier beschriebenen Perioden für die Basen $g = 2^n$ münden.

Doch natürlich ist das Kernensemble, bestehend aus den vier Kernen {01}, {1000}, {01} und {010}, das wir bisher kennen gelernt haben, nicht das einzige, das bei additiver Palindromisierung zur Basis $g = 2$ erscheint. Es gibt, im Gegenteil, noch viele andere Kernensembles, deren Kerne sich von den hier vorgestellten radikal unterscheiden. Beispielsweise gerät die binäre Startzahl $S_0 = 110_513$ mit dem sechsten Schritt in eine Periode mit folgenden Sequenzen:

S_6: 11 0 $\{10_3 10_4\}$ 1   01

S_7: 10 1_3 $\{0010_3\}$ 0_4

S_8: 11 0_5 $\{11010\}$ 11   01

S_9: 10 1_3 $\{01_3 0011\}$ 0_4

S_{10}: 11 00 $\{10_3 10_4\}$ 11   01

Für g = 2 und g = 4 ist es mir gelungen, noch weitere Startzahlen vorzustellen, die bei additiver Palindromisierung periodische Muster der verschiedensten Art erzeugen.[8]

Alle Perioden, aus welchen Kernensembles sie auch bestehen mögen, haben bei additiver Palindromisierung von Startzahlen zu den Basen $g = 2^n$ jedoch immer die Länge $l = 2(n + 1)$ (vgl. hierzu auch Kasten 1).

Die Basen $g = 2^n$ (n = 1, 2, 3, …) und die Startzahl $S_0 = 10(g – 1)_r$ $(g – 2)(g – 1)0_r$ (r ≥ 2) sind zweifellos Sonderfälle. Im Folgenden werden wir deshalb beliebige Startzahlen zu beliebigen Basen prüfen und dabei auch kombinierte Palindromisierungsmodi zulassen. Wir werden dabei die drei Grundbestandteile jeder Struktur vom Typ PER – Kern, repetitive Sequenzen und *OT*-Sequenzen – einer gesonderten Betrachtung unterziehen.

Kasten I

Satz: Die Startzahl $S_0 = 10(g – 1)_r(g – 2)(g – 1)0_r$ mit r ≥ 2 erzeugt bei additiver Palindromisierung in den Basen $g = 2^n$ (n = 1, 2, 3, …) eine Periode der Länge $l = 2(n + 1)$.

Beweis: Wir palindromisieren die Startzahl für r = 2 additiv:

S_0:   1 0 (g – 1) (g – 1) (g – 2) (g – 1) 0 0

       + 0 0 (g – 1) (g – 2) (g – 1) (g – 1) 0 1

S_1:   1 1 (g – 1) (g – 2) (g – 2) (g – 2) 0 1

       + 1 0 (g – 2) (g – 2) (g – 2) (g – 1) 1 1

S_2:　　$2\,2\,(g-2)\,(g-3)\,(g-3)\,(g-3)\,1\,2$
　　　　$+\,2\,1\,(g-3)\,(g-3)\,(g-3)\,(g-2)\,2\,2$
———
S_3:　　$4\,4\,(g-4)\,(g-5)\,(g-5)\,(g-5)\,3\,4$
　　　　$+\,4\,3\,(g-5)\,(g-5)\,(g-5)\,(g-4)\,4\,4$
———
S_4:　　$8\,8\,(g-8)\,(g-9)\,(g-9)\,(g-9)\,7\,8$

.

.

.

———

S_n:　　$2^{n-1}2^{n-1}(g-2^{n-1})(g-2^{n-1}-1)_3(2^{n-1}-1)2^{n-1}$

Jedes Mal, wenn in diesem Prozess, der für $g = 2^n$ abläuft, im n-ten Schritt der Ziffernwert 2^{n-1} erreicht ist, wird

$$g - 2^{n-1} = 2^n - 2^{n-1} = 2^{n-1}$$

und somit im n-ten Schritt

S_n:　　2^{n-1}　　　2^{n-1}　　$2^{n-1}\,(2^{n-1}-1)\,(2^{n-1}-1)\,(2^{n-1}-1)\,(2^{n-1}-1)\,2^{n-1}$
　　　　$+2^{n-1}\,(2^{n-1}-1)\,(2^{n-1}-1)\,(2^{n-1}-1)\,(2^{n-1}-1)\,\,\,\,\,\,\,2^{n-1}\,\,\,\,\,\,\,2^{n-1}\,2^{n-1}$
———
S_{n+1}:　$1\,0$　　$(g-1)$　$(g-1)$　$(g-2)$　$(g-1)$　　　0　　$0\,\,0$

An dieser Stelle taucht der Kern $\{(g-2)(g-1)\}$ das zweite Mal auf, allerdings mit anderen repetitiven Sequenzen als in der Startzahl. War die erste Hälfte des Kernensembles von den vierstelligen Kernen $\{(g-2^{m-1})(g-2^{m-1}-1)_3\}(m = 1, 2, 3, …, n)$ bevölkert, so treten in der zweiten Hälfte nur noch dreistellige auf, denn der Prozess läuft ab S_{n+1} wie folgt weiter:

S_{n+1}:　$1\,0\,(g-1)\,(g-1)\,(g-2)\,(g-1)\,\,\,\,\,0\,0\,0$
　　　　$+0\,\,\,\,0\,\,\,\,0\,(g-1)\,(g-2)\,(g-1)\,(g-1)\,0\,1$
———
S_{n+2}:　$1\,1\,\,\,\,\,0\,(g-1)\,(g-3)\,(g-2)\,(g-1)\,0\,1$
　　　　$+\,1\,0\,(g-1)\,(g-2)\,(g-3)\,(g-1)\,\,\,\,\,\,0\,1\,0$
———
S_{n+3}:　$2\,2\,\,\,\,\,0\,(g-2)\,(g-5)\,(g-3)\,(g-1)\,1\,2$
　　　　$+\,2\,1\,(g-1)\,(g-3)\,(g-5)\,(g-2)\,\,\,\,\,\,0\,2\,2$

S_{n+4}:

$$\begin{array}{cccccccc} & 4\,4 & 0 & (g-4) & (g-9) & (g-5) & (g-1) & 3\,4 \\ + & 4\,3 & (g-1) & (g-5) & (g-9) & (g-4) & & 0\,4\,4 \end{array}$$

S_{n+5}: $8\,8 \qquad 0 \ (g-8)(g-17) \ (g-9) \ (g-1) \ 7\,8$

Das Bildungsgesetz der dreistelligen Kerne ist, wie man sieht,

$\{(g-2^{m-1})(g-2m-1)(g-2^{m-1}-1)\}$ bei $m = 1, 2, 3, \ldots, n-1$

Der $(n-1)$-te dreistellige Kern ist in der Sequenz S_{2n} enthalten:

S_{2n}: $2^{n-2}2^{n-2}0(g-2^{n-2})(g-2\times 2^{n-2}-1)(g-2^{n-2}-1)(g-1)(2^{n-2}-1)2^{n-2}$

Ersetzen wir in S_{2n} 2^n durch g, so ergibt sich:

S_{2n}: $g/4 \ g/4 \ 0 \ 3g/4(g/2-1)(3g/4-1)(g-1)(g/4-1)g/4$

Dies additiv palindromisiert, erhalten wir:

S_{2n}:

$$\begin{array}{cccccccc} & g/4 & g/4 & 0 & 3g/4(g/2-1)(3g/4-1)(g-1)(g/4-1) & g/4 \\ + & g/4 & (g/4-1)(g-1)(3g/4-1)(g/2-1) & & 3g/4 & 0 & g/4\ g/4 \end{array}$$

S_{2n+1}: $g/2 \qquad g/2 \qquad 0 \ (g/2-1) \quad (g-1) \ (g/2-1)(g-1)(g/2-1) \ g/2$

Der dreistellige Kern ist jetzt das Palindrom $\{(g/2-1)(g-1)(g/2-1)\}$. Die Sequenz S_{2n+1} beschließt die Periode, denn im nächsten Schritt erhalten wir:

S_{2n+1}:

$$\begin{array}{cccccccc} & g/2 & g/2 & 0(g/2-1) & (g-1) & (g/2-1)(g-1)(g/2-1) & g/2 \\ + & g/2 & (g/2-1)(g-1) & (g/2-1) & (g-1) & (g/2-1) & 0 & g/2\ g/2 \end{array}$$

$S_{2(n+1)}$: $1\,0 \quad (g-1)(g-1) \quad (g-1) \quad (g-2) \quad (g-1) \quad 0 \qquad 0 \quad 0$

Das ist der Beginn der nächsten Periode; unsere Startzahl hat sich um $e = 2$ erweitert.

Damit ist über den angekündigten Satz hinaus gezeigt:

Für Basen der Gestalt $g = 2^n$ und Startzahlen der Gestalt $S_0 = 10(g-1)_r$ $(g-2)(g-1)0_r$ $(r \geq 2)$ führt additive Palindromisierung auf eine Periode der Länge $l = 2(n+1)$, wobei das Kernensemble aus zwei Hälften besteht, deren jede durch den Kern

$$\{(g-2)(g-1)\}$$

eingeleitet wird. In der ersten Hälfte stehen n vierstellige Kerne der Gestalt

$$\{(g - 2^{m-1})(g - 2^{m-1} - 1)_3\} \ (m = 1, 2, 3, \ldots n),$$

während in der zweiten Hälfte n-1 dreistellige Kerne der Gestalt

$$\{(g - 2^{m-1})(g - 2m - 1)(g - 2^{m-1} - 1)\} \ (m = 1, 2, 3, \ldots, n - 1)$$

und der dreistellige palindromische Kern

$$\{(g/2 - 1)(g - 1)(g/2 - 1)\}$$

stehen.

An dieser Stelle sei auf ein Detail aufmerksam gemacht, das uns bei $g = 2$ und $r = 2$ begegnet. In dem dortigen Palindromisierungsschema lautet der dreistellige palindromische Kern in S_3: {010}. Links von ihm steht die repetitive Sequenz [0]. Es ist keineswegs willkürlich, ob als linke repetitive Sequenz [0_2] und als Kern {10} genommen wird oder ob die zweite Null als zum Kern gehörig betrachtet wird. Wir konnten zeigen, dass der dreistellige Kern {(g/2 − 1) (g − 1) (g/2 − 1)} bei additiver Palindromisierung der Startzahl 10(g − 1)$_r$ (g − 2)(g − 1)0$_r$ für Basen der Gestalt $g = 2^n$ die Periode der Länge l = 2(n + 1) beschließt. Für g = 2 wird (g/2 − 1) = 0, sodass *diese* Null in der Tat zum Kern und nicht zu den Nullen der linken repetitiven Sequenz gehört. Auf das Problem verschiedener möglicher Lesarten von Sequenzen werden wir später noch einmal zurückkommen.

Kerne und Kernensembles

Wir nehmen zunächst Kerne unter die Lupe und steigen damit gleichsam aus der Makroebene einer Gesamtstruktur zu der Mikroebene der sie konstituierenden Kerne hinab. Darin unterscheiden wir uns nicht von Biologen, Kristallographen oder Physikern, die den Gegenstand ihres Interesses – einen Organismus, einen Kristall, einen Festkörper etwa – in seine Bestandteile – Zellen, Moleküle oder Atome – zerlegen und diese gesondert untersuchen. Ein gravierender Punkt, in dem wir uns jedoch von unseren Kollegen in den vorwiegend experimentell arbeitenden Naturwissenschaften unterscheiden, ist, dass wir außer einem einigermaßen leistungsfähigen Computer keine anderen aufwendigen Geräte, keine Elektronenmikroskope oder Teilchenbeschleuniger, keinen extrem hohen oder tiefen Druck oder Temperaturen oder sonstige kostenintensive technische Hilfsmittel benötigen. «Strukturbildung durch Palindromisierung», Mathematik der Palindrome, ist ein Forschungsgebiet, in das vor allem geistige Arbeit investiert werden muss, das aber nicht minder interessante und vielleicht auch nicht minder nützliche Ergebnisse als andere wissenschaftliche Unternehmungen zu zeitigen verspricht.

Beginnen wir also tatsächlich gleich mit einer Überraschung.

Grundkerne und markierte Kerne

Das Kernensemble, das wir im vorigen Abschnitt ausführlich besprochen haben, enthielt die ganz einfach strukturierten Kerne {01}, {1000} und {010}. Es gibt nun viele andere Kernensembles zur Basis $g = 2$, die ungleich komplizierter strukturiert sind, sich dabei aber immer aus den genannten einfachen Kernen zusammensetzen, so wie Moleküle sich immer aus Atomen verschiedener Art oder Atome sich aus Elementarteilchen verschiedener Art aufbauen. Solche Kerne, die selbst nicht weiter reduzierbar scheinen, aus denen sich aber andere Kerne aufbauen, nennen wir im Folgenden *Grundkerne*. Die binäre $S_0 = 10_{11}1$ z. B. eröffnet bei rein additiver Palindromisierung mit dem 21. Schritt folgende Periode:

S_{21}:	10	1_6	{01	0_4	10	1_4	01}	0_6	
S_{22}:	11	0_4	{1000	11	0111	00	1000}	1_4	01
S_{23}:	10	1_6	{01	0_4	10	1_4	01}	0_7	
S_{24}:	11	0_5	{010	1_3	101	0_3	010}	1_5	01
S_{25}:	10	1_7	{01	0_4	10	1_4	01}	0_7	

Jeder Kern dieses Ensembles wird durch die Grundkerne {01}, {1000} und {010} eingeleitet und beschlossen. In der Mitte eines jeden Kerns aber befindet sich eine Subsequenz, die durch Vertauschung von Nullen und Einsen in den Grundkernen zustande kommt: 01 ↔ 10, 1000 ↔ 0111 und 010 ↔ 101. Es handelt sich also um komplementäre Subsequenzen.

Eine weitere Neuheit ist, dass repetitive Sequenzen sich nicht nur zwischen Kern und *OT*-Sequenzen befinden können, sondern auch innerhalb des Kerns selbst. Im Unterschied zu den repetitiven Sequenzen, die sich außerhalb des Kerns aufspannen und sich erweitert reproduzieren, sind diese *internen repetitiven Sequenzen* jedoch von konstanter Länge und werden, wie die Kerne insgesamt, identisch reproduziert.

Kerne, die durch Grundkerne eingeleitet und beschlossen werden, sollen im Folgenden *markierte Kerne* heißen. Entsprechend soll von *markierten Kernensembles* die Rede sein.

Es gibt auch noch komplizierter aufgebaute Kernensembles. Unter ihnen sind von besonderem Interesse die sog. *rotierten Ensembles*. Zwei davon werden in Kasten 2 vorgestellt.

Ich könnte Sie jetzt in ein Kernmuseum führen, in dem allerlei exotische Varianten markierter Kernensembles ausgestellt sind. Neben dem Saal, der die Exponate für $g = 2^n$ bei additiver Palindromisierung enthält, müsste dieses Museum allerdings unendlich viele Säle beherbergen, weil es unendlich viele Basen und unendlich viele mögliche Palindromisierungsmodi, d. h. Kombinationen von Plus und Minus, gibt. Verzichten wir also lieber auf dieses Vorhaben. Es seien jedoch zwei Anmerkungen gestattet, die zumindest eine Vorstellung von der möglichen Vielfalt an Strukturen vermitteln sollen.

Die erste betrifft die Markierungen. Diese müssen nicht unbedingt nur aus Grundkernen bestehen. Das folgende Beispiel eines rotierten, spiralig-komplementären Ensembles für $g = 10$, $m = a_2s_1(3)$ und $S_0 = 9_{18}0$ soll das belegen. In ihm stehen die Grundkerne in der Mitte, während die Markierungen und deren rotierte Komplementärsequenzen komplizierter zusammengesetzte Sequenzen sind:

S_{61}: 99 000 { **108999** 00 **99099** 00 **10** .9 **891000** 99 **00900** }999 89

S_{62}: 197 999 { **118008** 9 **099297** 9 **021** 0 **881991** 0 **900702** }000 88

S_{63}: 682 00 {2 **952081** **289258** 2 **2188** 7 **047918** **710741** 7} 99 703

S_{64}: 99 0$_5$ { **99099** **108999** 0 **1000** 99 **00900** **891000** } 9$_4$ 89

S_{65}: 197 9$_4$ { **099297** **118008** 9 **1002** 0 **900702** **881991** } 0$_4$ 88

S_{66}: 682 000 { **289258** 4 **952081** **29017** **710741** 5 **047918** }999 703

S_{67}: 99 0$_4$ { **108999** 00 **99099** 00 **10** 9 **891000** 99 **00900** } 9$_4$ 89

Es bedarf einer guten Portion Aufmerksamkeit, um zu bemerken, dass in S_{63} und S_{66} leichte «Unebenheiten» enthalten sind. Sie führen uns zu der zweiten Anmerkung. Diese betrifft den merkwürdigen Umstand, dass viele Kernensembles einen Kern enthalten, der in irgendeiner Form – in einer Markierung oder einer Komplementärsequenz – «verstümmelt» ist, d. h. nicht ganz genau die Struktur hat, die er haben müsste, wenn alle Bestandteile «reine» Grundkerne bzw. deren Komplementärsequenzen wären. Wunderbarerweise gewährleistet jedoch gerade diese winzige Unexaktheit, dieses geringfügige «Wackeln» im Gefüge des Kernensembles, dass die identische Reproduktion des Kerns von Periode zu Periode gesichert ist. Hier noch ein Beispiel für ein solches Ensemble bei $g = 10$, $m = a_2s_1(3)$ und für $S_0 = 90_8$:

S_{19}:	99	00	{10	99	**89**	00	**10}**	9	89
S_{20}:	197	9	{021	0	**978**	9	**021}**	0	88
S_{21}:	682		{2188		**7811**		**2188}**		703
S_{22}:	99	0	{1000		**8999**		**1000}**	9	89
S_{23}:	197	9	{1002		**8997**		**1002}**	0	88
S_{24}:	682		{29015		098		**49017}**		703
S_{25}:	99	000	{10	99	**89**	00	**10}**	99	89

Der «leichte Makel» ist hier in S_{24} enthalten. Während die Anfangsmarkierung von S_{24} {29015} ist, lautet die Endmarkierung {49017}. Und während in der Mitte bei allen anderen Kernen die Komplementärsequenzen der Markierungen stehen, trifft dies für S_{24} nicht zu. Genau besehen steht in der Mitte von S_{24} die komplementäre Sequenz zu {901}, dem Torso der Markierung, wenn man von den nicht übereinstimmenden Anfangs- und Endziffern der Anfangs- und Endmarkierung absieht.

Kasten 2

Rotierte Kernensembles

In rotierten Kernensembles stehen Grundkerne als Markierungen und deren Komplementärsequenzen nicht immer innerhalb ein und desselben Kerns, sondern die Komplementärsequenzen befinden sich in anderen Kernen, die nicht die ihnen entsprechenden Markierungen enthalten. Die zu den Markierungen komplementären Subsequenzen rotieren gleichsam durch das Kernensemble hindurch. Das folgende Kernensemble z. B. entsteht aus der binären Startzahl $S_0 = 10_{10}1$ bei rein additiver Palindromisierung und beginnt mit dem 59. Schritt:

S_{59}: 10 1_{10} {01 0_{11} 10 1_{10} 01} 0_{11}

S_{60}: 11 0_9 {010 1_9 0111 0_9 010} 1_9 01

S_{61}: 10 1_{11} {01 0_{10} 10 1_{11} 01} 0_{11}

S_{62}: 11 0_9 {1000 1_9 101 0_9 1000} 1_8 01

S_{63}: 10 1_{11} {01 0_{11} 10 1_{10} 01} 0_{12}

Die beiden durch {01} markierten Kerne enthalten in der Mitte die Komplementärsequenz ihrer Markierung. Die beiden anderen jedoch haben ihre Komplementärsequenzen gleichsam vertauscht: Im Kern, dessen Markierung {010} ist, steht in der Mitte die Komplementärsequenz von {1000}, und im Kern, dessen Markierung {1000} ist, steht in der Mitte die Komplementärsequenz von {010}. Es ist, als seien diese Komplementärsequenzen um zwei Kerne nach oben (bzw. nach unten) verschoben, während die durch den Grundkern {01} markierten Kerne sozusagen feststehende Leitersprossen bilden. Ein weitaus komplizierteres rotiertes Kernensemble präsentiert sich, wenn wir z. B. die binäre $S_0 = 10\,001$ additiv palindromisieren. Sie zögert zwar lange, bis sie sich zu geordnetem Fortschreiten entschließt, aber mit dem 181. Schritt hat auch sie es geschafft und mündet in folgende Periode:

S_{181}: 10 1_{11} {01 0_{12} 10 1_8 $(010)_2$ 1_{18} 01 0_{18} $(101)_2$ 0_9 10 1_{11} 01} 0_{12}

S_{182}: 11 0_{10} {010 1_{10} 0111 0_8 $(101)_2$ 0_{18} 10 1_{18} $(010)_2$ 1_7 0111 0_{10} 010}1_{10} 01

S_{183}: 10 1_{12} {01 0_{11} 10 1_9 $(010)_2$ 1_{18} 01 0_{18} $(101)_2$ 0_8 10 1_{12} 01} 0_{12}

S_{184}: 11 0_{10} {1000 1_{11} 01 0_7 $10_3 01_3$ 0_{16} 1000 1_{16} $01_3 10_3$ 1_8 01 0_{10} 1000}1_{10} 01

S_{185}: 10 1_{12} {01 0_{12} 10 1_8 $(010)_2$ 1_{18} 01 0_{18} $(101)_0$ 0_9 10 1_{11} 01} 0_{13}

Auch dieses Ensemble ist durch Grundkerne markiert. Es ist außerdem ein rotiertes Ensemble: Der Komplementärkern {0111} steht bei {10} und der Komplementärkern {01} bei {1000}. Darüber hinaus enthalten drei der vier Kerne noch einen weiteren Grundkern sowie dessen Komplementärkern, und zwar jeweils gleich in doppelter Ausfertigung: {$(010)_2$} und {$(101)_2$}. Der vierte Kern aber enthält das komplementäre Paar {$10_3 01_3$}.

Nackte und geschützte Kerne

In unserem Kernmuseum gibt es eine besondere Abteilung, die nur unbekleideten Kernen vorbehalten ist. Unbekleidete, nackte Kerne sind solche, die nicht von einer schützenden Schicht repetitiver Sequenzen umgeben sind. Sie kommen völlig ungeschützt daher und drehen sich unentwegt im Kreis, weshalb man sie gelegentlich auch *Kreisläufer* nennt. Geschützte Kerne hingegen tragen einen Mantel aus repetitiven Sequenzen, der umso dicker ist, je weiter der Palindromisierungsprozess fortgeschritten ist.

Um anzeigen zu können, um wie viel repetitive Sequenzen sich eine Struktur mit einem geschützten Kern je Periode erweitert, führen wir den *Index der erweiterten Reproduktion e* ein. Für Strukturen mit geschützten Kernen kann e die verschiedensten Werte annehmen, für Kreisläufer mit nackten Kernen ist immer $e = 0$.

Kreisläufer mit nackten Kernen entstehen oft erst, nachdem der Palindromisierungsprozess bereits eine ganze Weile läuft. In der grafischen Darstellung gehen dem nackten Kern deshalb zumeist irgendwelche chaotische oder geordnete Strukturen voraus. Ein besonders sehenswertes Exemplar mit Ausstellungswert zeigt Grafik 2 (siehe Tafelteil) in Basis $g = 10$: Ein aus Zacken bestehendes Muster geht in einen nackten Kern mit einem internen Null-Kontinuum über. Ohne Zweifel: ein Kreisläufer mit einer interessanten Vorgeschichte.

Triviale und nichttriviale Kerne

Unter den nackten Kernen gibt es wie unter den geschützten triviale und nichttriviale. Triviale Kerne sind solche, die gewissermaßen kein Eigenleben führen, sondern sich auf irgendeine Weise aus einem anderen Kern herleiten. An ihnen haftet der Hauch des Akrobatischen, denn sie erinnern an Verwandlungskünstler, Tandemfahrer und Huckepack-Artisten.

Am trivialsten sind die Huckepack-Artisten. Sie sind Kreisläufer, die ihre Pirouetten bei rein subtraktiver Palindromisierung drehen. Als Einzelkünstler bringen sie es auf eine Periode von bestimmter Länge und zeigen dabei einen nackten Kern. So erzeugt z. B. die natürliche Startzahl $S_0 = 90$ eine Periode der Länge $l = 5$ und zeigt bei $Z_l = 5$ den nackten Kern $\{09\}$, d. h. ihr nacktes Spiegelbild: $90 - 09 = 81$, $81 - 18 = 63$, $63 - 36 = 27$, $|27 - 72| = 45$, $|45 - 54| = 09$; von hier an wiederholt sich alles. Grafisch sind das einfach zwei vertikale einfarbige Linien: eine schwarze für die 0 und eine farbige, sagen wir blaue, für die 9. Im zweiten Teil dieser Stripteasenummer schiebt sich die 90 zwischen ihre beiden Ziffern noch irgendeine andere einstellige Zahl, z. B. die Acht: $S_0 = 980$. Jetzt produziert sie den nackten Kern $\{099\}$. Sodann packt sie sich zweimal die gleiche Zahl zwischen ihre Ausgangsziffern – $S_0 = 9880$ – und präsentiert den Kern $\{0999\}$. Indem sie dieses Kunststück mit immer mehr Zahlen wiederholt, wird die blaue vertikale Linie immer dicker. Die Kerne, die dabei entstehen, haben jedoch trivialerweise immer die Gestalt $\{09_r\}$ ($r = 1, 2, 3, \ldots$).

Nicht viel anders ist die nächste Nummer, in der die 90 die andere Zahl nicht zwischen ihre beiden Ausgangsziffern klemmt, sondern sie links und rechts an sich anhängt, also z. B. $S_0 = 8908$. Der nackte Kern, den sie jetzt beim subtraktiven Palindromisieren vorweist, ist $\{0090\}$. Je mehr Zahlen sie sich links und rechts anhängt, von umso mehr Nullen ist am Ende das nackte Spiegelbild $\{09\}$ umgeben: $\{0_r090_r\}$ ($r = 1, 2, 3, \ldots$). Auch das sind triviale Kerne.

Schließlich präsentiert unsere Startzahl ihre Paradenummer: ein Tandem. Zwei gleiche Startzahlen stellen sich hintereinander auf und palindromisieren sich gemeinsam subtraktiv: $9090 - 0909 = 8181$ usw. Wen wundert es, dass im Ergebnis dieser Übung auch ihr nacktes Spiegelbild doppelt erscheint: $\{0909\}$? Ein Dreier-

Tandem erzeugt den Kern {090 909} usw. Ganz schön trivial, nicht wahr?

Doch nun treten die Verwandlungskünstler auf. Es sind die uns schon bekannten Startzahlen $S_0 = 10(g - 1)_r(g - 2)(g - 1)0_r$, die bei additiver Palindromisierung für Basen $g = 2^n$ auf eine Periode der Länge $l = 2(n + 1)$ mit einem Index der erweiterten Reproduktion $e = 2$ führen und bei $Z_l = P_l$ den Kern $\{(g - 2)(g - 1)\}$ präsentieren. Zwei gleiche stellen sich jetzt hintereinander auf und bilden ein Tandem. Schauen wir uns das für $g = 8$ und $r = 2$ an. Zwei Startzahlen 10 776 700 bilden ein Tandem:

$$1077670010776700$$

Sehen Sie, welche neue Startzahl jetzt entstanden ist? Nein, nein, nicht einfach zwei hintereinander stehende ursprüngliche Startzahlen, sondern eine neue mit einer ganz tollen Struktur, die Sie nun sicher aufgrund der Hervorhebungen auch sehen:

$$10\ 77\ \{\mathbf{67}\ 00\ \mathbf{10}\ \mathbf{77}\ \mathbf{67}\}\ 00$$

Richtig! Diese neue Startzahl könnte eine Sequenz aus einem Kernensemble sein, dessen Kern die Markierung {67} und die komplementäre Sequenz {10} aufweist und zudem die internen repetitiven Sequenzen 0_2 und 7_2 enthält. Nach vier Pirouetten bzw. Perioden produziert sie in der Tat das zugehörige Kernensemble.

Nach dieser überaus gelungenen Verwandlungsnummer wird es aber schon wieder trivial. Die Ausgangssequenzen bilden jetzt ein Dreier-Tandem: 107767001077670010776700 und erzeugen einen markierten T_3-Kern: $\{\mathbf{67}00\mathbf{10}7767\mathbf{00}107767\}$. Und so weiter. Da Tandem-Kerne aus einfachen Grundkernen zusammengesetzt bzw. aus ihnen ableitbar sind, handelt es sich bei ihnen um triviale Kerne. Grafik 3 zeigt einen T_{10}-Kern in Basis $g = 8$.

Von ganz anderer Art und wesentlich interessanter sind jedoch die nichttrivialen Kerne und Perioden. Diese Strukturen zeigen die verschiedenartigsten Kernmuster, von vollendet geformten bis zu überaus bizarren. Wir werden noch viele von ihnen kennen lernen. Grafik 4 zeigt aber vorab schon ein solches Muster in Basis $g = 5$.

An dieser Stelle sei auf die Möglichkeit verschiedener Darstellungsweisen von Strukturen aufmerksam gemacht. Es steht uns ja frei, die Ergebnissequenzen eines Palindromisierungsprozesses in einer kleineren oder größeren Schrittfolge bzw. Zykluslänge anzuordnen. Wir können z. B. jede Ergebnissequenz darstellen oder nur jede zweite oder jede n-te. Wir werden von dieser Möglichkeit Gebrauch machen, indem wir vier Darstellungsweisen bevorzugen:

1. Die *Normaldarstellung*: Sie beruht auf einer Zykluslänge, die gleich der Moduslänge ist: $Z_l = m_l$. Das zugehörige Kernmuster hat dann ebenfalls die Länge m_l.

2. Die *Gesamtdarstellung*: In ihr wird jede Ergebnissequenz dargestellt; die Zykluslänge ist mithin $Z_l = 1$. Das zugehörige Kernmuster hat hier die volle Periodenlänge P_l.

3. Die *Periodendarstellung*: Sie nimmt als Zykluslänge die Länge der Periode ($Z_l = P_l$), sodass ein Kern als einfarbige vertikale Streifen erscheint. Das Kernmuster hat hier die Länge 1.

4. Die *Primdarstellung*: In bestimmten Fällen empfiehlt es sich – und sei es aus rein ästhetischen Gründen –, die Moduslänge in Primfaktoren zu zerlegen und z. B. den größten Primfaktor als Zykluslänge zu wählen.

In der Regel werden wir uns der Normaldarstellung bedienen. In den Fällen, in denen wir von dieser Regel abweichen, werden wir dies explizit vermerken. In Grafik 4 haben wir als Zykluslänge die doppelte Moduslänge gewählt, um das recht komplizierte Kernmuster um die Hälfte zu reduzieren und einstellige repetitive Sequenzen zu erhalten.

Wenn Sie sich unbeweglich an einem Ort befinden, an einem Schreibtisch sitzen, im Bett liegen oder auch einfach still herumstehen, so bewegen Sie sich nur in der Zeit. Auch die Kerne, die wir bisher kennen gelernt haben – ob Grundkerne oder markierte, nackte oder geschützte, triviale oder nichttriviale –, bewegen sich nur in der zeitlichen Dimension. Es sind vertikale Kerne, die zwar auch eine sequenzielle Ausdehnung haben, deren Reproduktion jedoch in der Vertikalen erfolgt. Auch wir haben, selbst wenn wir uns nicht im Raum bewegen, eine räumliche Ausdehnung, und so völlig unbeweglich sind wir doch selbst in Ruhe nicht, denn beim Atmen hebt und senkt sich unsere Brust periodisch, die Augenlider schlagen auf und nieder usw. So hat ein vertikales Kernmuster – ganz wie wir – eine räumliche Ausdehnung, wenn sie auch nur zweidimensional ist. Und ist das periodisch sich reproduzierende Kernmuster nicht auch eine Art Pulsieren? Gewiss, und doch erfolgt die Reproduktion in den bisher betrachteten Fällen ausschließlich in der zeitlichen Dimension.

Doch muss sie das? Muss sich ein Kern oder ein ganzes Kernmuster immer nur rein zeitlich reproduzieren? Kann sich ein Kern vielleicht, während er sich in der Zeit identisch reproduziert, auch im Raum, d. h. dort, wo er in der horizontalen sequenziellen Dimension erscheint, verschieben? Müssen Kerne nur immer in der Vertikalen laufen oder gibt es auch schräge Kerne? Wenn wir an uns selbst denken, die wir dem unerbittlichen Lauf der Zeit ausgesetzt sind und dabei ständig im Raum hin und her hetzen, so könnten wir vermuten, dass es schräge Kerne durchaus geben könnte.

Ich habe es ebenfalls vermutet, habe sie daraufhin gesucht und sie tatsächlich gefunden, und zwar in den verschiedensten Ausführungen.

Es sei noch einmal festgehalten: Unter einem *schrägen Kern* sei eine Subsequenz verstanden, die sich wie ein vertikaler Kern periodisch und identisch in der zeitlichen Dimension reproduziert, dabei aber zugleich mit jedem Zeitschritt eine Links- oder Rechtsverschiebung in der sequenziellen Richtung um einen gleich bleibenden Betrag erfährt.

Eine Struktur, die schräge Kerne enthält, kann außer ihnen noch einen zentralen vertikalen Kern aufweisen oder auch nicht. Nach den bisherigen Befunden scheint es so zu sein, dass, wenn ein zentraler vertikaler Kern vorhanden ist, die schrägen Kerne dann *paarweise*, links und rechts vom vertikalen Kern, auftreten. In Strukturen ohne zentralen vertikalen Kern aber kann es wohl auch schräge Kerne in *ungerader* Anzahl geben. Ich sehe keinen Grund für eine Limitierung der Anzahl solcher schrägen Kerne in einer Struktur; allerdings sind mir bisher in einer Struktur mit vertikalem Kern nur höchstens zweimal zwei schräge Kerne begegnet. Doch nun einige Belege:

Grafik 5: ein schräger Kern ohne vertikalen Kern (in Basis g = 3);
Grafik 6: zwei schräge Kerne ohne vertikalen Kern (in Basis g = 8);
Grafik 7: zwei schräge Kerne mit einem vertikalen Kern (in Basis g = 7);
Grafik 8: zweimal zwei schräge Kerne mit einem vertikalen Kern (in Basis g = 10).

Paarweise auftretende schräge Kerne können sowohl komplementär als auch nichtkomplementär zueinander sein; mitunter sind sie auch identisch, wie in Grafik 7.

Schräge Kerne sind durch Erhöhung der Zykluslänge – etwa von Zykluslänge = Moduslänge auf volle Periodenlänge – nicht auf andere Strukturen reduzierbar. Diese Besonderheit kann sogar als ein wichtiges Kriterium schräger Kerne betrachtet werden. Wir werden im nächsten Abschnitt Substrukturen kennen lernen, die äußerlich wie schräge Kerne aussehen, jedoch im strengen Sinne keine sind, weil sie bei geeigneter Zykluslänge auf vertikale Substrukturen zurückgeführt werden können.

Schräge Kerne können von endlicher Dauer sein oder sich ohne Ende raumzeitlich identisch reproduzieren. Temporär sind sie immer dann, wenn sie im Feld der repetitiven Sequenzen, das sie durchkreuzen, auf eine andere Substruktur treffen – auf einen vertikalen Kern, einen anderen schrägen Kern, *OT*-Sequenzen oder auch auf ungeordnete Bereiche. Jedes Mal, wenn ein solches Zusammentreffen erfolgt, muss etwas «passieren», entsteht etwas Neues: ein neuer schräger Kern, ein vertikaler Kern oder ungeordnetes Durcheinander. In diesem Sinne kann man sagen: *Sofern sie auf andere Strukturen treffen, lösen schräge Kerne Veränderungen aus; sie sind die Initiatoren von Neuem im jeweiligen palindromischen Universum.*

Welche Vielfalt an Strukturen schräge Kerne im Wechselspiel mit anderen Strukturen erzeugen können, wird an noch vielen folgenden Grafiken besichtigt werden können. Ein besonders interessantes Beispiel bietet jedoch die in Grafik 9 präsentierte Struktur. Sie zeigt schräge Kerne von endlicher Dauer, die – miteinander wechselwirkend – in schöner Regelmäßigkeit sechseckartige Substrukturen bilden, wobei jede der Ecken eines Sechsecks über eine $(g-1)$-Brücke mit einer Ecke seines linken oder rechten Nachbarsechsecks verbunden ist. Im weiteren Verlauf des Prozesses bildet sich allerdings ein periodisches Kernmuster aus, dem von den Sechsecken her schräge Kerne zustreben. Wir finden diese Struktur in den Basen von $g = 6$ bis $g = 32$.

Entspringen schräge Kerne dem (geordneten oder ungeordneten) zentralen Bereich einer Gesamtstruktur, so können sie in beliebiger Anzahl auftreten. Entscheidend dafür, dass es sich wirklich um schräge Kerne handelt, ist jedoch, dass sie entweder in *ungleichmäßigen* Abständen auftreten oder *nicht parallel* verlaufen. Schräge Kerne, die vom zentralen Bereich einer Struktur in gleichmäßigen Abständen voneinander und parallel zueinander ausgehen, können bei geeigneter Schrittfolge auf repetitive Sequenzen reduziert werden, ebenso von den *OT*-Sequenzen ausgehende schräge Kerne, die in gleichmäßigen Abständen voneinander und parallel zueinander verlaufen. Belege hierfür werden im nächsten Abschnitt gegeben.

Kernlose Strukturen

Können Sie sich nun ganz spezielle Strukturen vorstellen, die so beschaffen sind, dass sie bei allen Darstellungsweisen – in der Normal-, Gesamt-, Perioden- oder Primdarstellung – im Zentrum einen Kern zeigen, der nur aus Nullen oder nur aus $(g-1)$-Sequenzen besteht und die links wie rechts von diesem Kern einstellige repetitive Sequenzen aufweisen, die ebenfalls entweder Nullen oder $(g-1)$-Sequenzen sind? Oder hätte ich gleich sagen sollen, dass es sich um Strukturen handelt, die unter den *OT*-Sequenzen eigentlich gar keinen Kern, sondern nur Nullen oder nur $(g-1)$-Sequenzen enthalten?

Beide Lesarten sind möglich. Einigen wir uns also auf die Lesart *kernlose Strukturen*. Sie bestehen nur aus repetitiven Sequenzen, die sich erweitert reproduzieren und von *OT*-Sequenzen umhüllt sind. In Perioden *mit* Kern stehen die repetitiven Sequenzen links und rechts vom Kern, sodass der Index der erweiterten Reproduktion immer eine gerade Zahl ist. In Strukturen *ohne* Kern, die nur einstellige repetitive Sequenzen und *OT*-Sequenzen enthalten, können jedoch sowohl gerade als auch ungerade Indizes der erweiterten Reproduktion vorkommen. Dafür seien die drei folgenden Beispiele angeführt:

Grafik 10: ein Null-Kontinuum zur Basis $g = 10$ mit $e = 1$;
Grafik 11: ein $(g-1)$-Kontinuum zur Basis $g = 7$ mit $e = 2$;
Grafik 12: ein $(g-1)$-Kontinuum zur Basis $g = 10$ mit $e = 3$.

Die Berechtigung, kernlose Strukturen, die nur aus einstelligen repetitiven Sequenzen und OT-Sequenzen bestehen, unter den Strukturtyp PER zu subsumieren, leitet sich daraus ab, dass die Repetitionseinheit 0_r oder $(g-1)_r$ im Zentrum der Figur in der zeitlichen Dimension ja periodisch reproduziert wird, sodass sie im Zentrum gegebenenfalls auch als Kern aufgefasst werden kann. In dieser Lesart würde es sich um einen vertikalen Kern handeln, von dem aus sich links und rechts repetitive Sequenzen erstrecken, die dem Kern gleich sind. Eine weitere Lesart wäre die, dass wir es im Fall kernloser Strukturen mit Null- oder $(g-1)$-Kontinua zu tun haben, die durch OT-Sequenzen von der Außenwelt abgeschirmt sind.

Repetitive Sequenzen

Das Phänomen der repetitiven Sequenzen ist nicht minder spektakulär als das der Kerne. Wir tun ja weiter nichts, als eine Zahl zu invertieren, Zahl und Umkehrzahl zu addieren bzw. zu subtrahieren, das Ergebnis zu notieren und mit dem Ergebnis dieselbe Prozedur wieder und wieder vorzunehmen. Die Strukturen aber, die wir erhalten, wenn wir die Ziffern der Ergebnissequenzen durch Farbpixel darstellen, enthalten Abschnitte, die sich in mehr oder weniger großen Abständen in der Zeit identisch reproduzieren – wir haben sie Kerne genannt. Links und rechts von diesen erscheinen andere Sequenzen, die sich horizontal eine an die andere reihen und sich vertikal erweitert reproduzieren – wir nennen sie *repetitive Sequenzen*. Gemeint sind hier die *extranuklearen* oder auch *externen* repetitiven Sequenzen, die sich *außerhalb* eines Kerns links und rechts von ihm erstrecken. Nur um solche soll es im Folgenden gehen, nicht aber um *intranukleare* oder auch *interne* repetitive Sequenzen, die sich innerhalb eines Kerns befinden. Während interne repetitive Sequenzen als Bestandteile des Kerns im Verlauf des Palindromisierungsprozesses identisch reproduziert werden, reproduzieren sich die externen repetitiven Sequenzen erweitert. Niemand weiß jedoch bisher zu sagen, wovon es abhängt, wie groß der Index e der erweiterten Reproduktion für eine bestimmte Struktur vom Typ PER ist; vielmehr scheint e in keinem sichtbaren Verhältnis zum Palindromisierungsmodus m, zur Basis g oder zur Startzahl S_0 zu stehen.

Was die externen repetitiven Sequenzen besonders interessant macht, ist, dass sie einen Kern gleichsam einbetten, als müsste er vor Beschädigung bewahrt werden. Dieser durch vielfache Wiederholung einer Subsequenz zustande kommende «Repetitionsbausch» ist umso dicker, je länger der Prozess andauert.

Externe repetitive Sequenzen treten in Strukturen des Typs PER in unterschiedlichen Formen und Gestalten auf. Im Folgenden werden ein- und mehrstellige, vertikale, schräge und horizontale, multiple sowie ein- und zweidimensionale repetitive Sequenzen vorgestellt.

Ein- und mehrstellige repetitive Sequenzen

Die einfachste Art repetitiver Sequenzen sind die einstelligen: Eine Ziffer wiederholt sich links und rechts vom Kern mehrmals in der sequenziellen Dimension und reproduziert sich erweitert in der Zeit. Im grafischen Bild erscheinen die einstelligen repetitiven Sequenzen als einfarbige Fläche zwischen dem Kern und den *OT*-Sequenzen.

Es ist jedoch nicht jeder Ziffer vergönnt, in die Rolle einer einstelligen repetitiven Sequenz zu schlüpfen. Als solche treten vielmehr ausschließlich Nullen oder (g − 1)-Sequenzen auf. Damit sind grundsätzlich folgende Fälle möglich:

1. Die repetitiven Sequenzen links und rechts vom Kern sind komplementär zueinander, und zwar

   a) links vom Kern stehen $(g-1)$-Sequenzen, rechts vom Kern Nullen,

   b) links vom Kern stehen Nullen, rechts vom Kern $(g-1)$-Sequenzen.

2. Die repetitiven Sequenzen links und rechts vom Kern sind identisch, und zwar

   a) der Kern wird links wie rechts von Nullen umschlossen,

   b) der Kern wird links wie rechts von $(g-1)$-Sequenzen umschlossen.

Am häufigsten treten *komplementäre* repetitive Sequenzen auf, also Nullen und $(g-1)$-Sequenzen, wobei es weder für die Nullen noch für die $(g-1)$-Sequenzen eine bevorzugte Seite – links oder rechts vom Kern – zu geben scheint. Die Grafiken 1 und 3 belegen den Fall 1a (rechtes Null-Kontinuum), Grafik 4 den Fall 1b (linkes Null-Kontinuum).

Weitaus seltener sind die Fälle, in denen die einstelligen repetitiven Sequenzen links und rechts vom Kern *identisch* sind. Hier scheint eine gewisse Abhängigkeit von der Beschaffenheit des Modus zu bestehen, auf die erst in Teil II eingegangen werden wird. Die Grafiken 13 und 14 jedenfalls belegen die Fälle 2a und 2b.

Die palindromischen Gefilde sind jedoch immer für Überraschungen gut. So zeigt es sich, dass gelegentlich einem Kern auf ein und derselben Seite *beide* einstellige repetitive Sequenzen – Nullen und $(g-1)$-Sequenzen – angelagert sein können. Eine mindestens ebenso große Überraschung ist, dass in Perioden mit Kernen ganze Gruppen von Ziffern, also schon Subsequenzen, als repetitive Sequenzen auftreten können. Die Anzahl der Stellen, aus denen sie jeweils bestehen, scheint dabei keinerlei Beschränkung zu unterliegen. Solche *mehr*stelligen repetitiven Sequenzen reproduzieren sich in der zeitlichen Dimension – wie die einstelligen – erweitert mit unterschiedlich großem e. In Kasten 3 betrachten wir das an drei relevanten Beispielen für Repetitionseinheiten mit drei, dreizehn und achtundneunzig Stellen. Wem der Sprung in den Kasten nicht zusagt, braucht auch nur einen Blick auf die Grafik 15 zu werfen.

Kasten 3

Mehrstellige vertikale repetitive Sequenzen

Das erste Beispiel demonstriert dreistellige repetitive Sequenzen. In $g > 4$ erzeugt uns die Startzahl $S_0 = a(a-1)(g-a-1)(g-a)$ beim Modus $m = s_2 a_1(3)$ nach 68 Schritten eine Periode der Länge $l = 18$, deren Kerne von dreistelligen repetitiven Sequenzen umschlossen sind. Der Index der erweiterten Reproduktion beträgt hier $e = 2 \times 3 = 6$. Wir betrachten den Fall $g = 9$ und $a = 1$, also $S_0 = 1078$. Die Periode lautet dann (die repetitiven Sequenzen sind immer in eckige Klammern eingefasst, die Kerne in geschweifte):[9]

S_{69}:	1078	0_4	10	[800]	{78}	[088]	10	8_4	780
S_{70}:	0088	0_2		$[088]_2$	{10}	$[800]_2$		8_3	0078
S_{71}:	8601	8_2	7	[017]	{01682}	[871]	87	0_2	18711
S_{72}:	1078		10878	[088]	{10}	$[800]_2$	78	0	10780
S_{73}:	0108	0_4		[800]	{80177}	$[088]_2$		8_2	1078
S_{74}:	8582	8_2		$[871]_2$	{75227}	[017]		0_3	16821
S_{75}:	1088	0_2	8_2	$[800]_2$	{78}	$[088]_2$		0_2	10780
S_{76}:	0117	8	078_3	[088]	{10}	[800]	78_31	0_3	878
S_{77}:	8661	0	$8_3 0_3 6$	$[017]_0$	{01682}	$[871]_0$	872	0_3	6086121
S_{78}:	10878	0_5		[088]	{10}	[800]	78	0_2	0887800
S_{79}:	08_4	0	878811	$[800]_0$	{80177}	[088]		0_2	1078_5
S_{80}:	$80_4 6$	0	201761	$[871]_0$	{75227}	$[017]_0$	12	8_2	$6718_4 1$

S_{81}:	10	8_4	780010	[800]	{78}	[088]	10	8_2	780_5
S_{82}:	10887	8_3		$[088]_2$	{10}	$[800]_2$	78_3	0_3	88
S_{83}:	77002	0_3	6	[017]	{01682}	[871]	872	0_3	78702
S_{84}:	1078	0_4		$[088]_2$	{10}	$[800]_2$	78	0_2	108780
S_{85}:	00	8_3	78811	[800]	{80177}	$[088]_2$	001	0_3	78
S_{86}:	86	0_3	201761	[871]	{75277}	[017]	12886	8_2	711

S_{87}:	1078	0_4	10	$[800]_2$	{78}	$[088]_2$	10	8_4	780

Man sieht, dass diese Periode dreimal ein und dasselbe Kernensemble der Länge $l = 6$ enthält. In der grafischen Darstellung können wir mithin eine einfarbige vertikale Linie (einen vertikalen Kern) schon bei Zykluslänge $Z_l = 6$ erreichen. Jedoch ist völlige Periodizität, die auch die erweiterte Reproduktion der externen repetitiven Sequenzen und die identische Reproduktion der *OT*-Sequenzen einschließt, erst bei Zykluslänge $Z_l = 18$ gegeben, welche der vollen Periodenlänge entspricht. Wie man sieht, sind die dreistelligen repetitiven Sequenzen links und rechts vom Kern komplementär zueinander.

Anders im Fall der dreizehnstelligen repetitiven Sequenzen im folgenden Beispiel. Hier sind die repetitiven Sequenzen links und rechts vom Kern nicht komplementär, sondern identisch. Die Startzahl $S_0 = 1056$ führt in $g = 7$ beim Modus $m = s_3 a_1$ (4) nach 1636 Schritten in eine Periode der Länge $l = 120$ mit einem Index der erweiterten Reproduktion $e = 2 \times 13 = 26$:

S_{1637}:

O: 0105610

R_s: $[60\ 155\ 066\ 10\ 600]_{10}$

C: {$(600)_2$ $(5610600)_2$ $(600)_4$ 5610 $(600)_2$ 56 $(066)_2$ 1056 $(066)_5$ $(1056066)_2$ $(066)_2$ 10 600}

R_d: $[60\ 155\ 066\ 10\ 600]_9$

T: 60 155 $(1056)_2$

S_{1757}:

O: 0105610

R_s: $[60\ 155\ 066\ 10\ 600]_{11}$

C: $\{(600)_2 (5610600)_2 (600)_4 5610 (600)_2 56 (066)_2 1056 (066)_5 (1056066)_2$
$(066)_2 10 600\}$

R_d: $[60\ 155\ 066\ 10\ 600]_{10}$

T: $60\ 155\ (1056)_2$

Schließlich seien noch 98-stellige repetitive Sequenzen vorgestellt. Sie ergeben sich für $S_0 = 1078$ in Basis $g = 9$ bei $m = a_{14}s_1(a_1s_1)_{10}(35)$. Die Repetitionseinheit hat die Gestalt

$$R_s = R_d = [(8_2\ 010\ 8_{44})(0_2\ 878\ 0_{44})]$$

Sie ist in sich komplementär strukturiert. Links und rechts vom Kern stehen identische repetitive Sequenzen. Die entsprechende Struktur ist in Grafik 15 zu sehen.

Schräge repetitive Sequenzen

Wenn es neben vertikalen Kernen auch schräge Kerne gibt, die sich in der zeitlichen Dimension identisch reproduzieren und dabei in der sequenziellen Dimension um einen bestimmten Betrag nach links oder rechts rücken, warum sollte es dann neben vertikalen repetitiven Sequenzen nicht auch *schräge* geben? Es gibt sie tatsächlich, doch treten sie zumeist erst dann auf, wenn der Modus eine hinreichende Länge hat.

Schräge repetitive Sequenzen gehen wie vertikale von den *OT*-Sequenzen aus. Sie können entweder zum Zentrum der Struktur hin- oder von ihm wegstreben; je nachdem, welcher Fall vorliegt, sprechen wir von *zentrumsorientierten* oder *peripherieorientierten* schrägen repetitiven Sequenzen. Nicht alle schrägen Linien, die als repetitive daherkommen, lassen wir jedoch als schräge repetitive Sequenzen passieren. Mitunter entpuppen sich solche schräge Linien auch als normale vertikale repetitive Sequenzen, wenn man nur die Zykluslänge geeignet wählt. Als schräge repetitive Sequenzen akzeptieren wir hingegen nur solche, die sich durch

Veränderung der Zykluslänge *nicht* auf vertikale reduzieren lassen. Wohl aber kann sich für sie in Abhängigkeit von der Zykluslänge ihre Orientierung ändern: Aus zentrumsorientierten können peripherieorientierte werden und umgekehrt. Die Richtung der schrägen repetitiven Sequenzen ist mithin keine inhärente Eigenschaft der Struktur selbst, sondern folgt aus der subjektiven Sichtweise, mit der wir die Ergebnisse des Palindromisierungsprozesses darstellen.

Als Beispiel für diesen Typ repetitiver Sequenzen sei die Struktur in Grafik 16 angeführt, die in Basis g = 10 zu Hause ist. Wählt man als Zykluslänge die doppelte Moduslänge, so offenbart sie – beginnend mit S_{324} – einen vertikalen Kern {00989} in folgender sequenzieller Umgebung:

S_{324}: 10 9_{10} $[018909_6]_4$ $[9]_{15}$ {00989} $[0]_{15}$ $[0_5 10_3 89]_4$ 9_9 099

S_{432}: 10 9_{10} $[018909_6]_6$ $[9]_{17}$ {00989} $[0]_{17}$ $[0_5 10_3 89]_6$ 9_9 099

S_{540}: 10 9_{10} $[018909_6]_8$ $[9]_{19}$ {00989} $[0]_{19}$ $[0_5 10_3 89]_8$ 9_9 099

Man sieht, dass der fünfstellige Kern zunächst in die einstelligen repetitiven Sequenzen $[0]_r$ und $[9]_r$ eingebettet ist. Diese aber sind ihrerseits von den elfstelligen repetitiven Sequenzen $[018909_6]_s$ und $[0_5 10_3 89]_s$ umschlossen. Die repetitiven Sequenzen weisen hier vom Kern weg, sind also peripherieorientiert.

Grafik 17 hingegen zeigt den Fall, dass schräge Linien sich als schräge repetitive Sequenzen ausgeben, jedoch nur verkappte vertikale repetitive Sequenzen sind. Hier streben von einem periodischen Kernmuster der Länge 11 aus schräge Linien parallel zu den *OT*-Sequenzen weg. Erhöht man die Zykluslänge auf das Elffache der Moduslänge, so entpuppen sich die schrägen Linien als mehrstellige vertikale repetitive Sequenzen.

Multiple repetitive Sequenzen

In Grafik 16 haben wir einen Fall kennen gelernt, in dem, von den *OT*-Sequenzen ausgehend, peripherieorientierte schräge repetitive Sequenzen das dortige palindromische Universum unter einem Neigungswinkel durchziehen, der zwischen ihnen und dem Kernensemble eine freie Fläche lässt, die durch einstellige repetitive Sequenzen ausgefüllt ist. Wir haben es hier also mit *zwei* Arten repetitiver Sequenzen zu tun: mit einstelligen *und* mit schrägen. Natürlich sind auch andere Kombinationen möglich. Bevor wir uns denen zuwenden, sei jedoch Folgendes festgehalten: Treten in einem Palindromisierungsprozess mehrere Arten repetitiver Sequenzen auf, so sprechen wir von *multiplen repetitiven Sequenzen*. Wir beginnen die Zählung dann von außen, von den *OT*-Sequenzen her, und wählen die Präposition «über», um auszudrücken, dass die erste Art repetitiver Sequenzen, die den *OT*-Sequenzen unmittelbar entspringt, über der zweiten steht, die bis an den Kern heranreicht. In Grafik 16 stehen also schräge repetitive Sequenzen über einstelligen.

Welche Arten multipler repetitiver Sequenzen sind möglich? Da wir bisher drei Arten repetitiver Sequenzen kennen gelernt haben, könnten wir formal gesehen folgende Zweierkombinationen repetitiver Sequenzen erwarten:

1. einstellige über einstelligen,
2. einstellige über mehrstelligen vertikalen,
3. einstellige über schrägen,
4. mehrstellige vertikale über einstelligen,
5. mehrstellige vertikale über mehrstelligen vertikalen,
6. mehrstellige vertikale über schrägen,
7. schräge über einstelligen,
8. schräge über mehrstelligen vertikalen,
9. schräge über schrägen.

Da aber schräge repetitive Linien, die sich auf mehrstellige vertikale Sequenzen zurückführen lassen, nicht als schräge repetitive Sequenzen gelten sollen, dies jedoch erfahrungsgemäß dann gegeben ist, wenn schräge repetitive Linien entweder vom Kernensemble ausgehen oder unmittelbar an dieses heranreichen, scheiden aus obiger Auflistung die Fälle 3, 6 und 9 aus. Es verbleiben somit sechs mögliche Fälle. Sie sind in Kasten 4 beschrieben.

Doch damit sind wir noch nicht am Ende mit den multiplen repetitiven Sequenzen. In Palindromisierungsprozessen können nämlich auch solche Strukturen entstehen, in denen *drei* Arten repetitiver Sequenzen koexistieren. Auch in diesen Fällen sind verschiedene Kombinationen möglich. Mit Grafik 18 sei stellvertretend für andere ein Exponat aus unserer umfangreichen Sammlung vorgestellt; es zeigt zwei Arten schräger repetitiver Sequenzen über mehrstelligen vertikalen.

Ob es periodische Strukturen mit multiplen repetitiven Sequenzen gibt, die mehr als drei Arten repetitiver Sequenzen enthalten, entzieht sich meiner Kenntnis. Soweit ich das weite Land Palindromien bereist habe, sind mir jedenfalls noch keine begegnet.

Netze und Gitter

Die Betrachtung der repetitiven Sequenzen von Strukturen des Typs PER soll nun mit der Vorstellung von *Netzen und Gittern* zum Abschluss gebracht werden. Das sind Strukturen, die nur aus flächigen Repetitionseinheiten bestehen, welche durch Null- oder $(g-1)$-Löcher miteinander verbunden sind. Ist die Repetitionseinheit relativ klein und einfach strukturiert, so sprechen wir von Netzen; ist sie dagegen von größerem Ausmaß und in sich komplex, so soll es sich um Gitter handeln. Grafik 19 zeigt ein Netz in $g = 5$, Grafik 20 ein Gitter in $g = 7$.

Netze und Gitter sind Strukturen, die unter verschiedenem Blickwinkel gesehen werden können. Sie bestehen einerseits nur aus repetitiven Sequenzen, und zwar aus mehrstelligen vertikalen, die jedoch so strukturiert und angeordnet sind, dass sich insgesamt eine netz- oder gitterartige Struktur ergibt. In dieser Sicht sind sie vergleichbar mit den kernlosen Strukturen (vgl. die Grafiken 10 bis 12), die ebenfalls nur aus repetitiven Sequenzen bestanden, allerdings aus einstelligen. Andererseits kann die im Zentrum der Struktur befindliche Repetitionseinheit auch als Kernensemble genommen werden, an das sich links und rechts repetitive Sequenzen der gleichen Größe und Struktur anlagern. Diese Sichtweise berechtigt dazu, Netze und Gitter als Repräsentanten des Strukturtyps PER zu betrachten.

Damit ist jedoch die Problematik der repetitiven Sequenzen keineswegs erschöpft; wir werden sie später noch einmal aufgreifen, wenn wir repetitive Sequenzen der besonderen Art behandeln werden. Solche Strukturen gehören indes nicht dem Strukturtyp «Periode» an; wir ordnen sie vielmehr einem eigenen Strukturtyp zu, der in Kapitel 5 erörtert wird.

Kasten 4

Multiple repetitive Sequenzen

In diesem Kasten werden nur die Daten von Strukturen mit multiplen repetitiven Sequenzen vorgestellt. Die zugehörigen Grafiken können jederzeit reproduziert werden.

1. Einstellige repetitive Sequenzen über einstelligen
Hier sind zwei Fälle möglich: Die einander entsprechenden repetitiven Sequenzen sind entweder identisch oder komplementär.

$g = 10$, $S_0 = 1089$, $m = a_7s_7a_3s_3$ (20):

Komplementäre einstellige repetitive Sequenzen stehen über komplementären einstelligen, wobei die Orientierung der Komplementaritäten entgegengesetzt ist: $(g-1)$ steht über Null und Null über $(g-1)$.

$g = 9$, S_0 1078, $m = s_4(a_2s_1)_2(a_1s_1)_{12}a_1$ (35):

Bei Zykluslänge gleich doppelte Moduslänge stehen komplementäre einstellige repetitive Sequenzen über komplementären einstelligen, wobei beide Komplementaritäten gleichgerichtet sind: $(g-1)$-Sequenzen stehen über $(g-1)$-Sequenzen und Nullen über Nullen.

$g = 10$, $S_0 = 1089$, $m = (a_2s_1)_3(a_1s_1)_{18}a_{13}s_1$ (59):

Die einander entsprechenden repetitiven Sequenzen sind identisch: Links wie rechts vom Kern stehen $(g-1)$-Sequenzen über Nullen.

2. Einstellige repetitive Sequenzen über mehrstelligen vertikalen

$g = 10$, $S_0 = 1089$, $m = a_1s_1a_3s_1a_2s_4$ (12):

Hier stehen bei Zykluslänge $Z_1 = 432$ komplementäre einstellige repetitive Sequenzen über mehrstelligen vertikalen.

3. Mehrstellige vertikale repetitive Sequenzen über einstelligen

$g = 10$, $S_0 = 1089$, $m = (a_1s_2)(a_2s_2)(a_2s_1)(a_1s_1)_{25}$ (60):

Das vertikale Kernensemble ist von den komplementären einstelligen repetitiven Sequenzen $(g-1)$ und Null umgeben, deren jede sich von Periode zu Periode um 27 Stellen erweitert reproduziert. Der Beitrag der einstelligen repetitiven Sequenzen zur erweiterten Reproduktion macht mithin 54 Stellen aus.

Die oberen repetitiven Sequenzen sind 27-stellig und komplementär zueinander:

$R_s = [89_3109\,018\,909_{15}]$ und $R_d = [10_3890\,981\,090_{15}]$.

Jede Periode fügt links und rechts je eine dieser 27-stelligen Sequenzen an. Der Beitrag der mehrstelligen repetitiven Sequenzen zur erweiterten Reproduktion ist somit ebenfalls $2 \times 27 = 54$. Für die gesamte Struktur ergibt sich der Index der erweiterten Reproduktion damit zu $e = 108$.

Zwischen beiden Arten repetitiver Sequenzen liegt auf beiden Seiten je ein schräges Kernensemble, bestehend aus vier Kernen. Das linke Ensemble hat die Gestalt:

$\{89_3 109\,018\,909_3 89_3 10\}$
$\{89_3 109\,018\,909_7 89_3 0_7 10_3\}$
$\{9_6 00\,890_7 9\,910\,989_3 10\}$
$\{0\,098\,900\,990\,109\,900\,989\}$

Das rechte Ensemble besteht aus den Kernen:

$\{981\,090_3\}$
$\{10_3 9_7 89_3 0_7\}$
$\{981\,090\,099\,109_7 00\,890_{20}\}$
$\{981\,090_{15}\}$

$g = 10$, $S_0 = 1089$, $m = (a_1 s_2)(a_2 s_2)(a_2 s_1)(s_1 a_1)_{12} a_{10}$ (44):
Die das Kernmuster umgebenden einstelligen repetitiven Sequenzen sind hier bei Zykluslänge gleich vierfache Moduslänge identisch: $(g-1)$.

4. Mehrstellige vertikale repetitive Sequenzen über mehrstelligen vertikalen
$g = 7$, $S_0 = 1056$, $m = s_4 (a_2 s_1)_2 (a_1 s_1)_{23} a_1$ (57):
Im oberen Teil der Struktur stehen – beginnend mit $S_{13 \times 57} = S_{741}$ – die 26-stelligen komplementären repetitiven Sequenzen

R_s: $[106_{16} 0_2 6_4 56]$ und R_d: $[560_{16} 6_2 0_4 10]$

Von Periode zu Periode fügt sich jede zweimal sich selbst an, d.h., jede trägt $2 \times 26 = 52$ Stellen zur erweiterten Reproduktion bei.
Der zentrale Kern wird eingeschlossen von den 52-stelligen repetitiven Sequenzen
R_s: $[106_{25} 560_{23}]$ und R_d: $[6_{24} 560_2 4 10]$

Von Periode zu Periode fügt sich jede einmal sich selbst an, d.h., jede trägt ebenfalls 52 Stellen zur erweiterten Reproduktion bei. Der Gesamtindex der erweiterten Reproduktion beträgt somit $e = 208$.

Zwischen den zwei Arten repetitiver Sequenzen befindet sich je ein schräges Kernensemble, bestehend aus acht Kernen. Das linke hat die Gestalt:

$\{10\ 6_9\ 56\ 0_{16}\}$

$\{10\ 6_{24}\ 56\ 0_{14}\ 10\ 6_{27}\ 56\ 0_{23}\}$

$\{10\ 6_{16}\ 00\ 6_{19}\ 56\ 0_{14}\}$

$\{10\ 6_8\ 00\ 6_{14}\ 56\ 0_{14}\}$

$\{10\ 6_9\ 56\ 0_{13}\ 10\ 6_{11}\ 56\ 0_{14}\}$

$\{10\ 6_{24}\ 56\ 0_5\ 1056\ 0_3\ 10\ 6_{10}\ 56\ 0_{14}\}$

$\{10\ 6_{16}\ 00\ 6_{35}\ 56\ 0_{24}\}$

$\{10\ 6_8\ 00\ 6_{31}\ 56\ 0_{23}\}$

Das rechte besteht aus den Kernen:

$\{6_{16}\ 56\ 0_9\ 66\ 0_4\ 10\}$

$\{6_{15}\ 56\ 0_{23}\ 66\ 0_4\ 10\}$

$\{6_{15}\ 56\ 0_{16}\ 10\}$

$\{6_{15}\ 56\ 0_{11}\ 1056\ 0_8\ 66\ 0_4\ 10\}$

$\{6_{15}\ 56\ 0_8\ 10\ 6_{15}\ 56\ 0_9\ 66\ 0_4\ 10\}$

$\{6_{15}\ 56\ 0_9\ 10\ 6_3\ 00\ 6_8\ 56\ 0_{23}\ 66\ 0_4\ 10\}$

$\{6_{23}\ 56\ 0_{34}\ 10\}$

$\{6_{24}\ 56\ 0_{28}\ 1056\ 0_8\ 66\ 0_4\ 10\}$

5. *Schräge repetitive Sequenzen über einstelligen.*
Dieser Fall ist in Grafik 16 dargestellt.

6. *Schräge repetitive Sequenzen über mehrstelligen vertikalen.*
$g = 10$, $S_0 = 1089$, $m = (a_1 s_3)(a_3 s_2)(a_2 s_3)(a_1 s_2)_{18}$ (68)

Origin- und Termination-Sequenzen

Wir sind vom inneren Kern der Strukturen des Typs PER ausgegangen, haben den «Repetitionsbausch» durchquert, der den

Kern schützend umgibt, und gelangen nun zu der das Ganze umschließenden «Außenhaut»: den *OT*-Sequenzen.

Eine Struktur des Typs PER enthält neben dem Kern und den links und rechts von ihm sich befindenden repetitiven Sequenzen als drittem strukturellen Bestandteil eine Anfangs-(*Origin-*) und eine End-(*Termination-*)Sequenz: *O* und *T*. Jedem Kernensemble entspricht somit ein *Origin*ensemble und ein *Termination*-ensemble. Und wie in den grafischen Darstellungen von Palindromisierungsprozessen Kernensembles mehr oder weniger komplexe zweidimensionale Muster bilden, so erscheinen auch *O*- und *T*-Ensembles als zweidimensionale Muster.

In Analogie zu den Kernen unterscheiden wir auch hier zwischen Ensemble und Muster. Einem *Kernensemble*, also der Gesamtheit der Kerne, die bei Zykluslänge 1 eine Periode ausmachen, soll ein *O*- und ein *T*-Ensemble entsprechen. Ist die Zykluslänge in der grafischen Darstellung gleich der Moduslänge, so entsprechen dem zentralen *Kernmuster* ein *O*- und ein *T*-Muster. Und im Fall eines zentralen Kerns, der als einfarbige vertikale Linien erscheint, wenn als Zykluslänge die volle Periodenlänge gewählt wird, werden wir im Hinblick auf die *O*- und *T*-Sequenzen von einem *O*- und einem *T*-Kern sprechen. Die *O*- und *T*-Kerne müssen im Unterschied zum zentralen Kern jedoch nicht unbedingt aus einfarbigen (schrägen) Linien bestehen, sondern können ihrerseits zweidimensionale Gebilde, also eigentlich Muster, sein.

Kerne bzw. Kernmuster können sich, wie bereits dargelegt, vertikal oder schräg reproduzieren; wenn wir zentrale Kerne als den Normalfall nehmen, so ist dieser durch vertikale Reproduktion gekennzeichnet. Auch *O*- und *T*-Muster können sich vertikal oder schräg reproduzieren. Hier ist die schräge Reproduktion jedoch der Normalfall; sie rührt daher, dass sich zwischen die zentrale Kernsequenz einerseits und die *O*- bzw. *T*-Sequenz andererseits die repetitiven Sequenzen schieben, die sich im Prozessverlauf erweitert reproduzieren und die Ergebnissequenzen nach links und rechts wachsen lassen. Vertikale Reproduktion von O- und T-Sequenzen bzw. Mustern findet nur statt, wenn keine repetitiven Sequenzen vorhanden sind, wenn der Strukturtyp «Periode» also als «Kreisläufer» auftritt. In diesem Fall bleibt es dem Betrachter überlassen, ob er das Kernensemble als aus nackten Kernen bestehend ansehen möchte, die weder repetitive noch *Origin*- und *Termination*-Sequenzen aufweisen, oder ob er eine, zwei oder mehrere Anfangs- und Endziffern jeder Ergebnissequenz zu *Origin*- und *Termination*-Sequenzen ernennen möchte.

Was die Struktur der O- und T-Muster angeht, so fragen wir zunächst nach den beiden möglichen Extremfällen:

1. Alle zu einem Kernensemble der vertikalen Länge l gehörenden O- und T-Sequenzen sind einander gleich, und
2. alle zu einem Kernensemble der vertikalen Länge l gehörenden O- und T-Sequenzen sind voneinander verschieden.

Beide Extremfälle existieren tatsächlich.

Der Fall, dass in einem O- oder T-Ensemble alle Sequenzen einander gleich sind, ist nur bei rein subtraktiver Palindromisierung und nur bei $e = 0$ möglich. Um dies einzusehen, genügt es, zu bedenken, dass wir die additive Komponente im Palindromisierungsmodus brauchen, wenn überhaupt eine Periode mit $e > 0$ entstehen soll.

Zum Beispiel ergibt $S_0 = 1000$ in $g = 2$ bei rein subtraktiver Palindromisierung schon im ersten Schritt $S_1 = 0111$, und von da an wiederholt sich diese Sequenz mit einer Periode der Länge $l = 1$. Wir haben es mit einem Kreisläufer zu tun, als dessen nackten Kern wir {**0111**} betrachten können; genauso gut könnten wir aber auch nur {**11**} als Kern ansehen und **0** als *Origin*- und **1** als *Termination*-Sequenz.

Dieser erste Extremfall, dass alle zu einem Kernensemble der vertikalen Länge l gehörenden O- und T-Sequenzen einander gleich sind, ist also trivialerweise gegeben bei rein subtraktiver Palindromisierung, e = 0 und l = 1. Zu nicht trivialen Ergebnissen führt jedoch der zweite Extremfall: Alle zu einem Kernensemble der vertikalen Länge l gehörenden O- und T-Sequenzen sind voneinander verschieden. Kasten 5 veranschaulicht dies für den Fall, dass das OT-Ensemble vertikal a) länger als das Kernensemble und b) kürzer als dieses ist.

Bisher haben wir die OT-Sequenzen in ihrer Beziehung zu dem zentralen Kern gesehen und festgestellt, dass die vertikale Länge der OT-Ensembles entweder ein ganzes Vielfaches ($k > 1$) der vertikalen Länge des Kernensembles oder ein Teil ($k < 1$) davon ist. Die OT-Ensembles sind indes nicht ohne Beziehung auch zu den repetitiven Sequenzen. Die repetitiven Sequenzen wachsen ja gleichsam aus den OT-Mustern heraus. Jedoch ist kein direkter Vergleich zwischen der Stellenzahl der OT-Sequenzen und der Stellenzahl der repetitiven Sequenzen möglich.

Kasten 5

OT-Sequenzen

Den Fall, dass das OT-Ensemble vertikal länger als das Kernensemble ist, demonstriert die Startzahl S_0 = 1089 in Basis g = 10 für den Modus m = $s_1a_1s_1$ (3).
Nach dem 76. Schritt erzeugt der Prozess ein Kernensemble der vertikalen Länge l = 6, in dem alle O- und T-Sequenzen voneinander verschieden sind:

S_{77}:	*10 989 0$_5$*	[099]	{10}	[900]	*8900 1099 8900*
S_{78}:	*09$_4$ 0989911*	[900]$_0$	{90188}	[099]	*00 1089$_5$*

79

S_{79}:	90_4 70201871	$[981]_0$	{86228}	$[018]_0$	1299781 $9_4$1
S_{80}:	109_4 8900 10	[900]	{89}	[099]	10 9989 0_5
S_{81}:	1099 89_3	$[099]_2$	{10}	$[900]_2$	89_3 0_3 99
S_{82}:	8800 20_3 7	[018]	{01792}	[981]	982 0_3 89802

Während der nächsten sechs Schritte zeigt sich indes: Das Kernensemble reproduziert sich zwar, die *O*- und *T*-Sequenzen reproduzieren sich jedoch nicht:

S_{83}:	1089 0_4	$[099]_2$	{10}	$[900]_2$	8900 109890
S_{84}:	009_3 89911	[900]	{90188}	$[099]_2$	00 10_3 89
S_{85}:	97 0_3 201871	[981]	{86228}	[018]	1299 799811
S_{86}:	1089 0_4 10	$[900]_2$	{89}	$[099]_2$	10 9_4 890
S_{87}:	0099 00	$[099]_3$	{10}	$[900]_3$	9_3 0089
S_{88}:	970 1998	$[018]_2$	{01792}	$[981]_2$	9800 19811

Auch in dieser Periode hat jeder Kern des Kernensembles voneinander verschiedene *O*- und *T*-Sequenzen, jedoch sind es nicht die gleichen wie die bei S_{77} bis S_{82}.

Die *O*- und *T*-Ensembles sind also vertikal länger als das Kernensemble! Erst die dritte Periode gibt Auskunft darüber, dass die *O*- und *T*-Ensembles sich nach achtzehn Schritten identisch reproduzieren, also nach drei Periodenlängen:

S_{89}:	1089 10989	$[099]_2$	{10}	$[900]_3$	890 10 890
S_{90}:	010 9_4	$[900]_2$	{90188}	$[099]_3$	99 1089
S_{91}:	962 9_3 81	$[981]_2$	{86228}	$[018]_2$	0_3 17921
S_{92}:	1099 0099	$[900]_3$	{89}	$[099]_3$	00 10890
S_{93}:	011890 89_3	$[099]_2$	{10}	$[900]_2$	89_3 10_3 989
S_{94}:	977 1093 $0_3$7	[018]	{01792}	[981]	982 0_3 7097 121

S_{95}:	10 989 0_5	$[099]_2$	{10}	$[900]_2$	8900 1099 8900

Wollten wir die *O*- und *T*-Sequenzen als schräge Kernensembles verstehen, so enthielte diese Struktur neben dem zentralen Kernensemble der Länge $l = 6$ zwei schräge Kernensembles der Länge $l = 3 \times 6 = 18$.

In diesem Beispiel ist die vertikale Länge der *O*- und *T*-Ensembles das Dreifache der Länge des zentralen Kernensembles bzw. der Periodenlänge. Stellt man den Prozess mit einer Zykluslänge dar, die gleich der Periodenlänge ist, so erscheinen im Zentrum die einfarbigen vertikalen Linien des Kerns {90188} und links und rechts von ihm die dreistelligen repetitiven Sequenzen [900] und [099]. Die *O*-Sequenzen bilden ein zweidimensionales Muster der vertikalen Länge $l = 3$:

099990989911
0099989911
0109999

Die *T*-Sequenzen bilden ebenfalls ein zweidimensionales Muster der vertikalen Länge $l = 3$:

0010899999
00100089
991089

Auch der umgekehrte Fall, dass die vertikale Länge des *OT*-Musters *kürzer* ist als die des Kernmusters, ist möglich. Er tritt z. B. ein für $g = 10$, $S_0 = 1089$ und $m = (s_1a_2)(s_2a_1)_2s_1a_1$ (11). Das Kernmuster ist hier reichlich komplex und hat die vertikale Länge 12×11. Während der zentrale Kern eine volle Periode ($l = 11 \times 12 \times 11$) durchläuft, reproduzieren sich die *OT*-Sequenzen 11-mal. Stellt man den Prozess mit Zykluslänge $Z_1 = 11 \times 12 = 132$ dar, so erscheinen mithin *OT*-Sequenzen, die jeweils einander gleich sind, sozusagen einzeilige *OT*-Muster.

Perioden ohne eigentliche repetitive Sequenzen

Das weite Land Palindromien kennt Ordnung, doch es ist auch reich an Überraschungen, sodass Ordnung und Regelmäßigkeit keine Langeweile gebären. Es ist jedenfalls Vorsicht geboten bei

Aussagen allgemeinen Charakters, wenn hinter ihnen kein handfester Beweis steht. Sind die Überraschungen Ausnahmen, welche die Regel bestätigen, oder gibt es gar keine Regel? Diese Fragen drängen sich uns am Schluss dieses Kapitels auf.

Zu Beginn sind wir davon ausgegangen, dass es für den Typ PER eine allgemeine Struktur gibt, welche die Gestalt hat

$$O \; [R_s] \; \{C\} \; [R_d] \; T$$

Jetzt, am Ende des Kapitels, müssen wir entweder die Ausnahme von dieser Regel vorstellen oder bekennen, dass diese Struktur des Typs PER keineswegs allgemein gültig ist. Wie auch immer, es ist mir ein Vergnügen, einen weiteren Vertreter des Strukturtyps PER vorzustellen. Sein besonderes Kennzeichen: Er hat keine eigentlichen repetitiven Sequenzen! Was das heißen soll, darüber gibt die Grafik 21 Auskunft.

Sie zeigt diesen merkwürdigen Typ in Basis g = 10 und für die Startzahl S_0 = 1089. Sein Palindromisierungsmodus ist m = $(a_1s_2)(a_2s_2)(a_2s_1)(a_1s_2)_{18}$ (64). Um im Zentrum einfarbige vertikale Kernlinien zu erhalten, wurde als Zykluslänge die doppelte Moduslänge gewählt. Im Zentrum der Struktur befindet sich ein 188-stelliger Kern, am Rande stehen einzeilige O- und T-Sequenzen. An den Kern schließen sich links und rechts zunächst – «wie es sich gehört» – zueinander komplementäre dreistellige repetitive Sequenzen $[R_s]$ = [198] und $[R_d]$ = [801] an. Doch schon nach achtmaliger Wiederholung werden diese links durch unregelmäßig erscheinende Balken von Nullen, rechts durch ebensolche Balken von (g – 1) gestört, sodass von repetitiven Sequenzen im eigentlichen Sinne des Wortes keine Rede mehr sein kann.

Auf die erste Überraschung folgt bei näherer Betrachtung dieser merkwürdigen «uneigentlichen» repetitiven Sequenzen sogleich eine zweite. Das beste Mittel, repetitive Sequenzen zu studieren, ist, sich jede einzelne Ergebnissequenz anzuschauen,

d. h., den Prozess mit Zykluslänge 1 darzustellen. Was sich dabei offenbart, zeigt die Grafik 22; sie stellt die Ergebnissequenzen von S_{1600} bis S_{2000} dar.

Die «uneigentlichen» repetitiven Sequenzen entpuppen sich als dreieckige Strukturen, die sich zwischen dem zentralen Kernensemble und den *OT*-Ensembles aufspannen! Das sind nun wahrlich keine repetitiven Sequenzen mehr, denn die horizontale wie die vertikale Aufeinanderfolge verschieden großer Dreiecke lässt keinerlei Regelmäßigkeit erkennen. Irgendwie machen diese Dreiecke einen unfertigen Eindruck, so als kündeten sie von einem neuen Strukturtyp, in dem die Dreiecksform zu dominieren wünscht. Aber diesen Eindruck machen sie wohl nur auf mich, der ich weiß, dass im nächsten Kapitel tatsächlich Dreiecke vorkommen werden.

Kapitel 2: Similaritäten

Strukturtyp SIM

Als Christoph Kolumbus am 12. Oktober 1492 nach zehnwöchiger Seereise auf seinem Weg nach dem vermeintlichen Indien erstmals auf eine Insel traf, ergriff er vor den Augen seiner Kapitäne und aller, die mit ihm von Bord gesprungen waren, im Namen des spanischen Königs und der Königin kurzerhand von dem Land Besitz. In der Sprache ihrer Bewohner hieß die Insel Guanahani, doch Kolumbus nannte sie San Salvador. Er fuhr in einem mit Waffen ausgerüsteten Boot an Land; die Bewohner erwiesen den Seefahrern jedoch große Freundschaft, sodass – wie Kolumbus sofort erkannte – «es Leute waren, die sich besser mit Liebe zu unserem heiligen Glauben befreien und bekehren würden als mit Gewalt».[1]

Von materiellen Schätzen Besitz ergreifen, wenn es sein muss, mit Waffen, und andere Menschen zum eigenen Glauben bekehren, wenn nicht mit Liebe, dann mit Gewalt – das Rezept ist einfach und wurde über Jahrhunderte oft mit Erfolg praktiziert. Im Reich der Zahlen und Strukturen, die sie bilden, ist es jedoch glücklicherweise sinn- und nutzlos. Hier gibt es keine Besitztümer. Die Zahlen gehören allen, nachdem sie einmal erfunden worden sind. Niemand kann beanspruchen, eine Zahl sein Eigen zu nennen oder für seinen Landesherrn in Besitz zu nehmen. Und doch kann jeder mit jeder Zahl tun und lassen, was er will; er kann sie addieren oder subtrahieren, multiplizieren oder dividieren, potenzieren oder logarithmieren und neuerdings sogar palindromisieren. Im Reich der Zahlen zählt auch kein Glaube, sondern gelten nur Beweise. Wer möchte, kann glauben, dass es Zahlen gibt, die – wie die 196 – bei additiver Palindromisierung zu keinem Palindrom führen; ein anderer mag glauben, dass sie irgendwann doch einmal auf ein Palindrom trifft. Keiner kann jedoch den anderen – weder mit Liebe noch mit Gewalt – zu seinem eigenen Glauben bekehren, es sei denn, er hat einen Beweis in der Hand, der den Glauben zu Wissen macht.

Und auch was die Namensgebung angeht, unterscheiden wir uns von Kolumbus. Wenn wir eine uns noch unbekannte Provinz des Landes Palindromien betreten, erkundigen wir uns zuerst, wie sich seine Bewohner denn selbst nennen, ehe wir ihnen aufgrund bestimmter Eigenschaften, die wir an ihnen feststellen, von uns aus einen Namen geben. So sind wir verfahren, als wir die periodischen Strukturen dem Strukturtyp PER zugeordnet haben. Wir sind auch jetzt nicht in Nöten, für die Bewohner der neuen Provinz, die wir als nächste besuchen wollen, einen passenden Namen zu finden.

Diesmal sind es Dreiecke, die uns begegnen, mitunter auch andere Figuren, mit einer ganz besonderen Eigenschaft. In der Schule haben wir sie «ähnliche Dreiecke» oder «ähnliche Vierecke» oder «ähnliche Ellipsen» usw. genannt. Es sind dies Figuren, die sich nur durch ihre Größenverhältnisse unterscheiden, ansonsten aber von gleicher Gestalt sind. Zwei ebene Figuren sind z. B. ähnlich, wenn sie in allen Winkeln übereinstimmen, alle Seiten der einen aber um einen Faktor k größer oder kleiner als die der anderen sind. Mit solchen ähnlichen Figuren befassen wir uns in diesem Kapitel. Da es uns nur um die Eigenschaft der Ähnlichkeit geht, nicht aber um die jeweilige Figur, werden wir solche Strukturen in Anlehnung an das englische Wort «similarity» oder das französische «similitude» *Similaritäten* nennen.

Wenn wir noch einmal auf den Strukturtyp «Periode» zurückblicken, so erinnern wir uns, dass er seinen Namen dem Umstand verdankt, dass er ein bestimmtes Muster, das Kernmuster, in der zeitlichen Dimension in gleichen Abständen, eben periodisch, und zwar identisch reproduziert. In dem Strukturtyp, dem wir uns jetzt zuwenden, wird ein bestimmtes Muster, eine bestimmte Figur, nicht in gleich bleibenden, sondern in immer größer werdenden zeitlichen Abständen und nicht identisch, sondern in wachsender Größe reproduziert. In der zeitlichen Dimension entstehen mithin nacheinander Figuren, die einander ähneln, von denen aber jede um einen bestimmten Faktor größer ist als die ihr vorangegangene. Grafik 23, die eine Similarität in Basis g = 7 zeigt, verdeutlicht, worum es geht.

Die Gesamtstruktur ist in der zeitlichen Dimension in immer größer werdende – zumeist trapezförmige – Abschnitte untergliedert. Jeder dieser Abschnitte enthält hier ein zentrales, auf der Spitze stehendes (g – 1)-Dreieck, an das links und rechts zwei andere, auf der Grundlinie stehende komplementäre Dreiecke angelagert sind. Diese Abschnitte nennen wir *Figurenebenen*. Die beiden Randdreiecke können im Rahmen ein und derselben Figurenebene auch als Abschnitte mit komplementären repetitiven Sequenzen verstanden werden. Der Skalierungsfaktor, mit dem die zentrale Figur reproduziert wird, liegt für die von uns bisher gefundenen Strukturen dieses Typs zwischen 1 und 2 und strebt in dem Maße, wie der Prozess von einer Figurenebene zur nächsten fortschreitet, gegen 2.

Für Grafik 23 z. B. bestimmt sich die Höhe des n-ten mittleren Dreiecks nach der Regel

$$H_n = 2H_{n-1} - 4,$$

wobei $H_1 = 22$ ist, während seine Grundlinie

$$G_n = 2G_{n-1} - 11$$

mit $G_1 = 47$ beträgt. Je weiter der Prozess fortschreitet, umso mehr nähern sich beide Skalierungsfaktoren dem Wert 2, sodass man sagen kann, dass die Größe der Dreiecke sich im Prinzip von Ebene zu Ebene verdoppelt.

Je nach Art und Form der Figur, die eine Figurenebene konstituiert – ob Dreieck, Rhombus, Trapez usw. –, sind verschiedene Ausgestaltungen des Typs *SIM*, wie wir diesen Strukturtyp kurz nennen, möglich. In der Regel zeichnen sich Strukturen dieses Typs dadurch aus, dass die Figur, die eine Figurenebene ausmacht, bei Veränderung der Zykluslänge entweder gestreckt (wenn die Zykluslänge verringert wird) oder gestaucht wird (wenn die Zykluslänge vergrößert wird), dass aber ihre figürlichen (topologischen) Eigenschaften bei dieser Prozedur erhalten bleiben, d. h., Dreiecke bleiben Dreiecke, Rhomben bleiben Rhomben usw.

Figuren

Je nach der Art der Figur, die auf einer Figurenebene dominiert, können innerhalb des Typs SIM Dreiecke, Rhomben und weitere unterschieden werden.

Dreiecke

Am häufigsten ist der Fall anzutreffen, dass eine Figurenebene aus Dreiecken besteht, von denen das mittlere ein (g − 1)-Dreieck ist, das von einem Null- und einem anderen (g − 1)-Dreieck flankiert wird. Die Dreiecke sind durch schräge Kerne sichtbar voneinander getrennt. Diesen Fall stellt Grafik 23 dar.

Relativ selten zeigen sich Strukturen, in denen das zentrale

Dreieck einer Figurenebene ein Null-Dreieck ist. Dieses wird entweder links und rechts von (g − 1)-Dreiecken eingeschlossen (Grafik 24), oder seine Nachbarn sind ein Null- und ein (g − 1)-Dreieck.

Eine etwas kompliziertere Variante des Typs SIM / Dreieck ist in Grafik 25 zu sehen. Hier wird das mittlere, auf der Spitze stehende Dreieck von einem temporären vertikalen Kernensemble in zwei komplementäre Hälften zerlegt.

Die größte Vielfalt an Strukturen des Typs SIM / Dreieck ergibt sich aber daraus, dass die Strukturen dieses Typs noch mit diesen oder jenen Substrukturen ausgestattet sein können, so als wollten sie sich mit ganz individuellen Verzierungen schmücken. Grafik 26 zeigt z. B. eine Struktur, die in den beiden komplementären Randdreiecken stolz deren Höhenlinien zur Schau stellt.

Derartige Verzierungen gibt es grundsätzlich in zwei Ausführungen. Bei der einen ist der Schmuck – wie in Grafik 26 – so in die Figurenebene eingegliedert, dass er zusammen mit den Dreiecken *similar*, d. h. mit einem gegen 2 strebenden Skalierungsfaktor, reproduziert wird. Bei der anderen Ausführung ist der Zierrat z. B. nur an den Spitzen der Dreiecke – der beiden äußeren Randdreiecke oder des zentralen Dreiecks – befestigt und wird *identisch* reproduziert. Ein Repräsentant dieser Variante ist in Grafik 27 zu sehen.

Die zweite Ausführung ist sozusagen die vornehmere Variante, wenn auch nicht gerade die seltenere. Ihr besonderes Kennzeichen ist, dass sie außer der für den Typ SIM charakteristischen similaren Reproduktion auch die identische Reproduktion von Substrukturen kennt. Diese identische Reproduktion erfolgt jedoch nicht periodisch, wie in Strukturen des Typs PER, sondern – wie es sich für den Typ SIM gehört – in similaren zeitlichen Abständen. Allerdings kann es auch vorkommen, dass die identische Reproduktion einer Verzierung nicht auf jeder Figurenebene erfolgt, sondern nur auf jeder zweiten. Auch kann es passieren, dass anstelle einer Verzierung der Prozess an der betreffenden Stelle eine Instabilität oder auch eine Periode hervorbringt und somit seinen Charakter völlig ändert. In den palindromischen Gefilden ist man vor solchen Überraschungen niemals sicher.

Rhomben

Fehlt im Typ SIM/Dreieck der schräge Kern, der die beiden $(g-1)$-Dreiecke voneinander scheidet (man könnte auch sagen: Besteht der schräge Kern selbst nur aus $(g-1)$-Sequenzen), dann vereinen sich die beiden $(g-1)$-Dreiecke zu einem $(g-1)$-Parallelogramm in Gestalt eines Rhombus. Grafik 28 belegt diesen Fall; man beachte hier die «Zierleiste» am Fuß jeder Figurenebene, deren zentral gelegenes Muster identisch reproduziert wird.

Der Typ SIM/Rhombus ist ein wahrer Verwandlungskünstler. Er entsteht nicht nur aus dem Typ SIM/Dreieck, indem er den schrägen Kern zwischen den beiden $(g-1)$-Dreiecken auf jeder Figurenebene verschwinden lässt, sondern durch einen noch anderen Trick, nämlich durch Vergrößerung der Zykluslänge. Dieser Trick kann immer dann angewandt werden, wenn ein Repräsentant des Typs SIM/Dreieck so beschaffen ist, dass die beiden komplementären Randdreiecke bei Zykluslänge = Moduslänge nicht in reiner Form aus Nullen und $(g-1)$-Sequenzen bestehen, sondern aus Zeilen mit Nullen und Zeilen mit $(g-1)$; sie stellen somit ein (wiederum komplementäres) Streifenmuster zur Schau. Ist die Dicke der Streifen gleich n und wählt man als Zykluslänge das n-fache der Moduslänge, so verwandelt sich der Typ SIM/Dreieck unverzüglich in den Typ SIM/Rhombus, weil eines der komplementären Randdreiecke zu einem $(g-1)$-Dreieck wird, das vom zentralen $(g-1)$-Dreieck nicht mehr durch einen temporären schrägen Kern getrennt ist. Die Grafiken 29 und 30 zeigen als Beispiel eine Struktur, die sich in Basis $g = 2$ ergibt, wenn einmal $Z_l = m_l$ und das andere mal $Z_l = 2m_l$ genommen wird.

Grafiken 29 und 30

Es gibt noch weitere Figuren, die im Typ SIM die Figurenebene konstituieren können. Ein Beispiel gibt Grafik 31. Die mittlere Figur, die hier ein Drachenviereck darstellt, kann man sich als aus zwei Dreiecken zusammengesetzt denken, die eine gemeinsame Grundlinie haben und deren Schenkel nach entgegengesetzten Richtungen und unter verschiedenen Winkeln zur jeweiligen Spitze streben.

Einige andere SIMs der besonderen Art, die mehr oder weniger als Exoten daherkommen, werden in den Grafiken 32 bis 37 vorgestellt, ohne dass sie hier im Detail beschrieben werden sollen.

Verallgemeinerter SIM-Typ

Die Figurenrevue beschließend, führen wir jetzt noch vor, wie sich aus dem «normalen» SIM-Typ verallgemeinerte SIMs erzeugen lassen. Zu diesem Zweck seien die Grafiken 38 und 39 angefügt. Grafik 38 zeigt einen normalen Repräsentanten des Typs SIM/Dreieck in Basis $g = 10$ bei der Startzahl $S_0 = 1089$. Grafik 39 hingegen präsentiert den verallgemeinerten Typ bei gleicher Basis, gleichem Modus, jedoch bei der Startzahl $S_0 = 10_{100}$.

Verborgene Similaritäten, Typ HSIM

Die soeben vorgestellten SIMs der besonderen Art mögen mehr oder weniger exotisch anmuten, sind aber immer vom Stamm der SIMs. Sie weisen sich dadurch aus, dass sie bei Veränderung der Zykluslänge, wenn sie also gestaucht oder gestreckt werden, ihre figürlichen Eigenschaften beibehalten und dass der Skalierungsfaktor, um den sich jede Figurenebene gegenüber der vorangegangenen similar vergrößert, in irgendeiner Form gegen 2 strebt. Bei meinen Streifzügen durch die palindromischen Gefilde und vor allem durch die Provinz der SIMs fiel mir jedoch eines Tages eine Gestalt von besonderer Anmut auf, die in Grafik 40 abgebildet ist.

Sie trug – wie andere SIMs auch – similare Dreiecke in scharf umrissenen Konturen zur Schau, hob sich aber durch eine überaus schlanke Figur von anderen SIMs ab. Nun ist eine schlanke Figur noch kein Merkmal, aufgrund dessen man auf die Stammeszugehörigkeit ihrer Trägerin schließen könnte; außerdem lässt sich der Schlankheitsgrad einer Similarität ja – wie bekannt – durch Vergrößerung der Zykluslänge entsprechend verringern; wir können die Struktur also beliebig fülliger werden lassen. Dennoch erregte diese schlichte und doch so anmutige Schönheit von Anfang an mein Interesse. Was tut man in einem solchen Fall? Man nähert sich ihr vorsichtig und besieht sich ihre Züge genauer.

Das Erste, was bei näherem Hinsehen auffiel, war, dass bei ihr eine Figurenebene nicht – wie bei anderen SIMs/Dreieck – durch drei Dreiecke gebildet wird, von denen das mittlere mit der Spitze nach unten zeigt, sondern nur durch zwei komplementäre Dreiecke, die sich in einer gemeinsamen Spitze treffen, die nach oben gerichtet und zudem durch Nullen umgrenzt ist. Das ist in der Tat etwas Neues, aber warum soll es nicht auch solche exotischen SIMs geben?

Nun aber nehmen wir uns die Gestalt etwas genauer vor. Wir bestimmen den Skalierungsfaktor, indem wir die jeweils gemeinsame Höhe der beiden komplementären Dreiecke auf den einzelnen Figurenebenen messen. Das Ergebnis ist verblüffend: Die Höhen der Dreiecke haben sukzessive die Größe

7, 7, 8, 8, 9, 9, 10, 10, 11, 11, 12 usw.

Das sind auf den ersten Blick zwei mit 7 beginnende Folgen natürlicher Zahlen. Der Skalierungsfaktor bildet mithin die Folge

$$7/7, 8/7, 8/8, 9/8, 9/9, 10/9, 10/10, 11/10, 11/11, 12/11 \text{ usw. bzw.}$$
$$1, 1,14, 1, 1,12, 1, 1,11, 1, 1,10, 1, 1,09 \text{ usw.}$$

Mit anderen Worten: Der Skalierungsfaktor strebt nicht gegen 2, sondern gegen 1, und zwar in immer kleiner werdenden Sprüngen.

Das ist verdächtig! Eine Similarität mit einem in dieser merkwürdigen Weise gegen 1 strebenden Skalierungsfaktor? Aber warum nicht? Wir könnten ja so verfahren, dass wir nicht eine Figurenebene nach der anderen betrachten, sondern jeweils eine überspringen, sodass wir die beiden Reihen natürlicher Zahlen jeweils einzeln ins Auge fassen. Dann hätten wir es mit *zwei* Folgen von Dreiecken zu tun, von denen jedes nach der Wachstumsregel

$$H_n = H_{n-1} + 1$$

wächst, sodass der Skalierungsfaktor in geradezu idealer Weise gegen 1 strebt.

Gewiss, aber eben gegen 1 und nicht gegen 2!

Aber similar bleibt die Gestalt auch so! Zumindest solange sie von endlicher Größe ist.

Doch der eigentliche Clou kommt erst noch. Um die Struktur ein wenig fülliger zu machen, haben wir inzwischen heimlich die Zykluslänge etwas erhöht, zuerst auf das Doppelte der Moduslänge, dann auf das Vierfache, schließlich gar auf das 16fache. Und wie erwartet ging unsere schlanke Schöne jedes Mal etwas mehr in die Breite, wurde runder und voller. Doch plötzlich, bei 16facher Moduslänge, erschien sie nicht nur in neuer Fülle, sondern in einer ganz neuen Gestalt, wie Grafik 41 zeigt! Keine Dreiecke mehr links und rechts von der Mitte, sondern ellipsenförmig

93

gebogene Linien, die an Feldlinien erinnern, links auf einem Null-Kontinuum, rechts als $(g-1)$-Linien. Neue Figurenebenen sind entstanden mit Ellipsen als dominierenden Figuren. Auf der ersten, der obersten, an der Spitze der Figur, befindet sich eine einzige Ellipse; auf der zweiten, ein Stück tiefer, liegen zwei Ellipsen, die ineinander geschachtelt sind, auf der dritten drei, auf der vierten vier, und so geht das weiter. Zwischen diesen Figurenebenen aber, die aus ineinander geschachtelten Ellipsen bestehen, liegen kleinere Abschnitte, die ebenfalls ineinander geschachtelte Ellipsen enthalten, allerdings kleinere und gedrungenere im Vergleich zu denen, welche die deutlich sichtbaren Figurenebenen ausmachen. Die kleinen (senkrechten) Achsen der größeren lang gezogenen Ellipsen – gemessen an der jeweils innersten – haben die Größe 13, 25, 37, 45 usw., d. h., sie bilden eine Zwölferfolge:

$$H_n = H_{n-1} + 12$$

Die senkrechten Achsen der kleineren gedrungeneren Ellipsen hingegen betragen 4, 10, 16, 22, 28 usw., d. h., sie bilden eine Sechserfolge:

$$H_n = H_{n-1} + 6$$

Zwei Folgen von ineinander geschachtelten Ellipsen! Sind sie das Geheimnis der zwei Folgen natürlicher Zahlen, die wir bei Zykluslänge = Moduslänge im Dreiecksstadium dieser Figur angetroffen haben? Zwei Folgen similarer, in Raum und Zeit aufeinander folgender und ineinander geschachtelter Ellipsen – das war beim ersten flüchtigen Blick auf Grafik 40 wahrlich nicht zu erkennen gewesen! Ein von $(g-1)$-Feldlinien durchzogenes Null-Kontinuum – wie kann man das ahnen, wenn man nur Grafik 40 betrachtet? Hinter den similaren Dreiecken verbergen sich bei geeigneter Zykluslänge similare Ellipsen! Ein guter Grund, dieser neuen Abart von Similaritäten den Namen *Verborgene Similaritäten* («hidden similarities») oder kurz *HSIM* zu verleihen.

Wenn man die Schrittfolge über den Wert hinaus erhöht, bei dem sich die Dreiecke als verborgene Ellipsen offenbaren, tritt wieder der gewöhnliche Stauchungseffekt ein: Die Ellipsen werden lediglich flacher und langgezogener. Dadurch ändern sich natürlich auch Wachstumsregel und Skalierungsfaktor, die Ellipsengestalt aber bleibt erhalten (vgl. Grafik 42).

Natürlich stellen wir auch hier die Frage, ob null und $(g-1)$ als komplementäre Größen einigermaßen gleichwertig auftreten. Wir fragen also, ob in einer Struktur vom Typ HSIM die beiden komplementären Dreiecke, die eine gemeinsame obere Spitze haben und von Nullen umgeben sind, ob diese beiden komplementären Dreiecke auch gleich sein können, d. h., ob sie zwei Null-Dreiecke oder zwei $(g-1)$-Dreiecke sein können. Da es keinen einsichtigen Grund gibt, warum dies nicht der Fall sein sollte, bin ich zuversichtlich, dass solche HSIMs zu finden sind. Doch kann ich leider nur den einen Fall bestätigen, dass die beiden Dreiecke $(g-1)$-Gestalt haben (siehe Grafik 43). Bei Zykluslänge = 16fache Moduslänge erscheinen hier die in der Normaldarstellung verborgenen Ellipsen. Der in $g = 3$ realisierte Fall ist bisher der einzige, den ich gefunden habe. Vermutlich kommt er weitaus seltener vor als sein enger Verwandter mit zwei komplementären Dreiecken. Noch seltener aber scheint jener Fall zu sein, dass beide Dreiecke durch Nullen ausgefüllt sind. Dabei wäre es besonders reizvoll zu sehen, wie bei entsprechender Zykluslänge in beiden Hälften der Figur elliptische Feldlinien sich im beidseitigen Null-Kontinuum erstrecken.

Diese Art von HSIM hat sich jedoch bis heute erfolgreich der Beobachtung entzogen. Doch wage ich die Voraussage, dass sie ebenso entdeckt werden wird wie einst der Planet Pluto, dessen Existenz aufgrund der Abweichungen des Neptun von seiner berechneten Bahn vorausgesagt wurde. Der entscheidende Unterschied zur Entdeckung des Pluto besteht allerdings darin, dass die Position des Pluto aus den beobachteten Abweichungen der Neptunbahn genau vorausberechnet werden konnte, während es in unserem Fall keine Möglichkeit gibt, Basis, Startzahl und Modus im Vorhinein zu bestimmen, die uns das gesuchte HSIM liefern. Insofern ist die bevorstehende Entdeckung wohl doch eher mit der Entdeckung Amerikas durch Kolumbus zu vergleichen, wenn sie auch, was ihre Tragweite angeht, sich mit dieser überhaupt nicht messen kann.

Der soeben vorgestellte Fall, in dem bei Erhöhung der Zykluslänge aus ähnlichen Dreiecken ähnliche Ellipsen werden, ist *eine* der beiden Grundstrukturen, in denen der Typ HSIM erscheint. Die andere zeigt bei Zykluslänge = Moduslänge links und rechts vom Zentrum der Figur auf jeder Figurenebene ein dreieckiges Streifenmuster, das bei Erhöhung der Zykluslänge in eine links-rechts alternierende Folge von Streifen zunehmender Dicke übergeht. Ein Repräsentant dieses Typs – den wir eine *bilaterale Similarität* nennen – ist in Kasten 6 näher beschrieben. Dort werden auch noch andere Fälle von verborgenen Similaritäten behandelt.

An dieser Stelle sei noch eine weitere Art des Strukturtyps HSIM vorgestellt, die nicht minder sehenswert ist als die bisher gezeigten, jedoch weitaus seltener vorkommt als jene. Bei ihr besteht die Figurenebene nicht aus Dreiecken, sondern aus einer anderen Figur, die auch hier mit einem gegen 1 strebenden Skalierungsfaktor reproduziert wird (Grafik 44). Bei einer Zykluslänge, die das 32fache der Normaldarstellung beträgt, zeigen sich als neue, bis dahin verborgene Similaritäten wiederum Ellipsen. Während aber bei den früheren verborgenen Similaritäten die Ellipsen sich über die gesamte Breite der Struktur erstreckten, ihre kleine Achse also längs der Mittelachse der Struktur verlief, enthält jetzt eine Figurenebene neben solchen auch Ellipsen, die sich als Ganzes links oder rechts von der Mittelachse befinden (Grafik 45).

Kann man durch geeignete Wahl der Startzahl eine Struktur vom Typ HSIM in ähnlicher Weise auseinander ziehen wie im Fall der Grafiken 38 und 39, sodass ein verallgemeinertes HSIM entsteht? Die Frage kann experimentell sofort entschieden werden. Dabei zeigt sich, dass bei hinreichend großer Anzahl von «dehnenden Nullen» in der Startzahl auch hier zwei durch das Null-Kontinuum verbundene HSIM-Strukturen erzeugt werden können. Da, wo beide zusammentreffen, entsteht entweder Chaos, oder der Prozess stürzt in die Null, oder es bildet sich eine Periode, oder aber – und das ist der Fall, der uns interessiert – beide Teilstrukturen fügen sich zu einer neuen Struktur vom Typ HSIM bzw. zu einem verallgemeinerten HSIM zusammen. Das Resultat des Experiments ist in Grafik 46 zu besichtigen. Das Experimentierobjekt war Grafik 42, in deren Startzahl zweihundert dehnende Nullen eingeführt wurden: $S_0 = 10_{200}78$.

Kasten 6

Verborgene Similaritäten

In diesem Kasten werden wiederum nur die Daten von Strukturen des Typs HSIM vorgestellt; die zugehörigen Grafiken können jederzeit reproduziert werden.

1. $g = 2$, $S_0 = 1001$, $m = a_5 s_3 a_7 s_1 a_2 s_5$ (23):
Similare gestreifte Dreiecke. Bei Z_l = achtfache Moduslänge erscheint auf dem Null-Kontinuum rechts von der Mittelachse ein Punktmuster in Gestalt vertikaler Punktreihen.

2. $g = 2$, $S_0 = 1001$, $m = a_{13}s_3a_4s_1a_{14}s_2a_2s_2$ (41):

Similare gestreifte Dreiecke, die bei Z_l = doppelte Moduslänge zur bilateralen Similarität werden.

Die Anzahl der weißen Streifen, aus denen die similaren Dreiecke bei $Z_l = 41$ bestehen, beträgt:

3, 3, 3, 4, 5, 5, 5, 6, 7, 7, 7, 8, 9, 9, 9, 10, 11, 11, 11, 12, ...

Das Wachstum der Anzahl der weißen Streifen ist links vom Zentrum das gleiche wie rechts von ihm. Der Skalierungsfaktor liegt nahe bei 1 und nähert sich ihr mit steigendem n.

Wird die Schrittfolge auf das Doppelte erhöht, so bilden sich links und rechts von der Mittelachse, und zwar alternierend, weiße Streifen zunehmender Dicke. Die Dicke der Streifen nimmt jedoch links und rechts nicht in der gleichen Weise zu, sondern in einem unterschiedlichen Rhythmus.

Links beträgt sie: 1, 1, 3, 3, 5, 5, 7, 7, 9, ...

Rechts hingegen wächst sie nach der Folge der natürlichen Zahlen 1, 2, 3, 4, 5, 6, 7, 8, 9, ...

Auf der rechten Seite folgt das Wachstum der Dicke der weißen Streifen mithin bei dieser Schrittfolge einer anderen Regel als auf der linken Seite. Wie man leicht sieht, waren beide Regeln bei Zykluslänge = Moduslänge gleichsam noch vereint, wogegen sie jetzt in zwei aufgespalten sind. Wir könnten dieses Ergebnis allerdings auch so interpretieren, dass wir rechts anstatt einer Folge der natürlichen Zahlen zwei Zahlenfolgen haben – die der geraden und die der ungeraden Zahlen –, dann hätten wir als ein einheitliches Merkmal dieser Struktur immerhin, dass für sie links und rechts vom Zentrum Zweier-Zahlenfolgen kennzeichnend sind.

Eine weitere Erhöhung der Zykluslänge um das Doppelte auf 164 bringt eine weitere Überraschung. Die Dicke der weißen Streifen wächst jetzt rechts nach der Zahlenfolge

1, 2, 2, 2, 3, 4, 4, 4, 5, 6, 6, 6, 7, 8, 8, 8, 9, ...,

links dagegen nach der Folge

1, 2, 1, 2, 3, 4, 3, 4, 5, 6, 5, 6, 7, 8, 7, 8, 9, 10, 9, 10, ...

Wieder folgt das Wachstum der Dicke der weißen Streifen links wie rechts einer Ähnlichkeitsrelation, die links jedoch verschieden von rechts ist (bilaterale Similarität) und sich zudem auch von der bei $Z_l = 41$ und $Z_l = 82$ unterscheidet (verborgene Similarität).

Bei nochmaliger Verdoppelung der Zykluslänge auf 328 lauten die beiden Zahlenfolgen (nach einer Anlaufphase)

links: 1, 2, 1, 2, 3, 3, 3, 3, 4, 3, 4, 5, 5, 5, 5, 5, 6, 5, 6, 7, 7, 7, 7, 7, 8, 7, 8, …

rechts: 2, 2, 2, 2, 2, 3, 3, 3, 4, 4, 4, 4, 4, 5, 5, 5, 6, 6, 6, 6, 6, 7, 7, 7, 8, 8, 8, 8, 8, …

Hier ist die linke Folge aufspaltbar in zwei Folgen der natürlichen Zahlen 1, 2, 3, 4, 5, … und eine Folge 3, 3, 5, 5, 7, 7, 9, 9, …; die rechte hingegen ist aufspaltbar in drei Folgen natürlicher Zahlen und die Folge 2, 2, 4, 4, 6, 6, 8, 8, …

Zusammenfassung:

Bei $Z_l = 41$ erscheint auf beiden Seiten 3-mal die Folge 3, 5, 7, 9, 11, … und 1-mal die Folge 4, 6, 8, 10, 12, …

Bei $Z_l = 82$ erscheint links 2-mal die Folge 3, 5, 7, 9, 11, … und rechts 1-mal die Folge 3, 5, 7, 9, 11, … sowie 1-mal die Folge 2, 4, 6, 8, 10, …

Bei $Z_l = 164$ erscheint links 2-mal die Folge 1, 3, 5, 7, 9, … sowie 2-mal die Folge 2, 4, 6, 8, 10, … und rechts 1-mal die Folge 1, 3, 5, 7, 9, … sowie 3-mal die Folge 2, 4, 6, 8, 10, …

Bei $Z_l = 328$ erscheint links 6-mal die Folge 3, 5, 7, 9, 11, … sowie 2-mal die Folge 2, 4, 6, 8, 10, … und rechts 3-mal die Folge 3, 5, 7, 9, 11, … sowie 5-mal die Folge 2, 4, 6, 8, 10, …

Bei einer Zykluslänge, die gleich der einfachen oder der doppelten Moduslänge ist, sind in der Struktur jeweils vier Zweierfolgen verborgen. Bei einer Zykluslänge, die gleich der vierfachen Moduslänge ist, sind es jeweils acht Zweierfolgen. Ob ein «usw.» angebracht ist, bleibt weiter zu klären. Zumindest erscheinen bei 16facher Moduslänge Z_l = 656 links 6 Folgen natürlicher Zahlen und 4 Folgen der ungeraden Zahlen und rechts 7 Folgen natürlicher Zahlen und zwei Folgen der geraden Zahlen; das entspricht 16 Zweierfolgen links und 16 Zweierfolgen rechts!

Die Frage ist, ob für Strukturen des Typs HSIM jeweils charakteristische Zahlenfolgen gefunden werden können. Dieser Frage gehen wir im Folgenden noch ein wenig nach.

3. $g = 2$, $S_0 = 1001$, $m = a_{10}s_1a_3s_9 (23)$:

Similare gestreifte Dreiecke. Bereits bei Z_l = doppelte Moduslänge erscheint links von der Mittelachse ein reines Null-Kontinuum. Die Mittelachse selbst wird gebildet aus Null-Rechtecken, deren Höhen nach der Regel

$H_n = H_{n-1} + 4$

wachsen und die Folgen bilden:

7, 9, 13, 17, 21, 25, 29, 33, 37, … bei Z_l = 23,
5, 7, 9, 11, 13, 15, 17, 19, 21, … bei Z_l = 46,
3, 3, 5, 5, 7, 7, 9, 9, 11, 11, 13, … bei Z_l = 92,
6, 8, 10, 12, 14, 16, 18, 20, 22, … bei Z_l = 184,
9, 13, 17, 21, 25, 29, 33, 37, 41, … bei Z_l = 368

Das sind bei

Z_l =	Moduslänge	*eine*	Viererfolge,
Z_l = doppelte	Moduslänge	*zwei*	Viererfolgen,
Z_l = vierfache	Moduslänge	*vier*	Viererfolgen,
Z_l = achtfache	Moduslänge	*zwei*	Viererfolgen und bei
Z_l = sechzehnfache	Moduslänge	*eine*	Viererfolge.

4. $g = 2$, $S_0 = (100)_{2,}$, $m = s_2a_4s_1a_8(s_2a_1)_4s_3a_{13} (43)$:

Die Struktur zeigt ab Z_l = 86 ein reines Null-Kontinuum rechts. Die Anzahl der weißen Streifen auf der linken Seite beträgt bei Z_l = 43:

3, 4, 5, 5, 6, 7, 8, 8, 9, 10, 11, 11, 12, 13, 14, 14, 15, 16, 17, …

Das sind eine Folge der natürlichen Zahlen und eine Folge 5, 8, 11, 14, 17, … Wenn wir die Folge der natürlichen Zahlen in drei Dreierfolgen zerlegen – in 3, 6, 9, …, 4, 7, 10, … und 5, 8, 11, … –, erhalten wir insgesamt vier Dreierfolgen.

Bei $Z_l = 86$ lautet die Folge:
2, 3, 4, 4, 5, 6, 7, 7, 8, 9, 10, 10, 11, 12, 13, 13, 14, 15, 16, 16, 17, …
Das sind abermals vier Dreierfolgen.

Bei $Z_l = 172$ betragen die Höhen der weißen Dreiecke:
1, 1, 1, 2, 2, 2, 3, 3, 4, 4, 4, 5, 5, 5, 6, 6, 7, 7, 7, 8, 8, 8, 9, 9, 10, 10, 11, 11, 12, …
Das sind 3-mal die Folge 1, 4, 7, 10, 13, …,
3-mal die Folge 2, 5, 8, 11, 14, …,
2-mal die Folge 3, 6, 9, 12, 15, …,
d. h. insgesamt acht Dreierfolgen.

5. $g = 2$, $S_0 = (100)_2$, $m = s_1 a_6 s_3 (a_1 s_1)_5 s_2 a_5 s_2 a_2 (31)$:
Die Struktur zeigt ab $Z_l = 62$ ein reines Null-Kontinuum rechts.
Bei $Z_l = 31$ beträgt die Anzahl der weißen $(g-1)$-Streifen auf der linken Seite:
6, 9, 10, 10, 12, 15, 16, 16, 18, 21, 22, 22, …
Das sind 1-mal die Folge 6, 12, 18, …,
1-mal die Folge 9, 15, 21, …,
2-mal die Folge 10, 16, 22, …,
d. h. insgesamt vier Sechserfolgen.

Bei $Z_l = 62$ sind die Höhen der Dreiecke auf der linken Seite
5, 8, 9, 9, 11, 14, 15, 15, 17, 20, 21, 21, 23, 26, 27, 27, 29, 32, …
Das sind 1-mal die Folge 5, 11, 17, 23, …,
1-mal die Folge 8, 14, 20, 26, …,
2-mal die Folge 9, 15, 21, 27, …,
d. h. insgesamt abermals vier Sechserfolgen.

Bei $Z_l = 124$ betragen die Höhen
3, 4, 5, 5, 6, 8, 8, 8, 9, 10, 11, 11, 12, 14, 14, 14, 15, 16, 17, 17, 18, 20, 20, 20, 21, 22, 23, 23, …
Das sind 1-mal die Folge 3, 9, 15, 21, …,
1-mal die Folge 4, 10, 16, 22, …,

2-mal die Folge 5, 11, 17, 23, …,

1-mal die Folge 6, 12, 18, 24, …,

3-mal die Folge 8, 14, 20, 26, …,

d. h. insgesamt acht Sechserfolgen.

Bei $Z_l = 248$ sind die Höhen

3, 3, 2, 3, 4, 4, 4, 5, 5, 5, 6, 6, 7, 7, 7, 7, 8, 9, 8, 9, 10, 10, 10, 11, 11, 11, 12, 12,

13, 13, 13, 13, 14, 15, 14, 15, 16, 16, 16, 17, …,

Das sind 1-mal die Folge 2, 8, 14, …,

1-mal die Folge 3, 9, 15, …,

3-mal die Folge 4, 10, 16, …,

3-mal die Folge 5, 11, 17, …,

2-mal die Folge 6, 12, 18, …,

4-mal die Folge 7, 13, 19, …,

1-mal die Folge 8, 14, 20, …,

1-mal die Folge 9, 15, 21, …,

d. h. insgesamt sechzehn Sechserfolgen.

6. $g = 2$, $S_0 = 1001$, $m = a_{13}s_1a_8s_2a_5s_3a_3s_2a_2s_1a_1$ (41):

Die Struktur ist bei $Z_l = 41$ vom Typ HSIM mit schwarzen Null- und weißen $(g-1)$-Streifen links und rechts vom Zentrum. Die Anzahl der $(g-1)$-Streifen beträgt bei Zykluslänge = Moduslänge links wie rechts:

3, 3, 4, 4, 5, 6, 6, 6, 7, 7, 8, 9, 10, 11, 11, 12, 13, 13, 13, 14, 14, 15, 16, 17, 18, 18, 19, 20, 20, 20, 21, 21, 22, 23, 24, 25, 25, 26, 27, 27, 27, 28, 28, 29, 30, 31, 32, …

Diese Zahlenfolge ist in elf Siebenerfolgen zerlegbar, und zwar in

1-mal die Folge 3, 10, 17, 24, …,

2-mal die Folge 4, 11, 18, 25, …,

1-mal die Folge 5, 12, 19, 16, …,

3-mal die Folge 6, 13, 20, 27, …,

2-mal die Folge 7, 14, 21, 28, …,

1-mal die Folge 8, 15, 22, 29, …,

1-mal die Folge 9, 16, 23, 30, …

Bei $Z_1 = 82$ zeigen sich links vom Zentrum senkrechte Punktreihen auf einem Null-Kontinuum. Die Abstände der Punkte in der dem Zentrum zunächst gelegenen Reihe betragen:

1, 2, 3, 3, 4, 5, 5, 5, 6, 6, 7, 8, 9, 10, 10, 11, 12, 12, 12, 13, 13, 14, 15, 16, 17, 17, 18, 19, 19, 19, 20, 20, …

Diese Zahlenfolge ist wiederum in elf Siebenerfolgen zerlegbar, und zwar diesmal in

1-mal die Folge 1, 8, 15, …,
1-mal die Folge 2, 9, 16, …,
2-mal die Folge 3, 10, 17, …,
1-mal die Folge 4, 11, 18, …,
3-mal die Folge 5, 12, 19, …,
2-mal die Folge 6, 13, 20, …,
1-mal die Folge 7, 14, 21, …

Bei noch höheren Schrittfolgen wird die Lage jedoch komplizierter. Man muss dann schon die *beiden* ersten Punktreihen betrachten, um überhaupt eine Zahlenfolge zu erhalten, die analysierbar ist. Das Ergebnis lautet:

1, 1, 2, 2, 2, 2, 2, 3, 3, 3, 4, 5, 4, 5, 6, 5, 6, 6, 6, 6, 7, 8, 8, 8, 8, 9, 9, 9, 10, 9, 10, 11, 11, 11, 12, 12, 13, 13, 14, 14, 14, 15, 15, 16, 16, 16, 16, 16, 17, 17, 17, 18, 19, 18, 19, 20, 19, 20, 20, 20, 20, 21, 22, 22, 22, 22, 23, 23, 23, 24, 23, 24, 25, 25, 25, 26, 26, 26, 27, …

Sondert man hier Siebenerfolgen aus, so erhält man

2-mal die Folge 1, 8, 15, 22, …,
4-mal die Folge 2, 9, 16, 23, …,
2-mal die Folge 3, 10, 17, 24, …,
2-mal die Folge 4, 11, 18, 25, …,
3-mal die Folge 5, 12, 19, 26, …,
3-mal die Folge 6, 13, 20, 27, …,
1-mal die Folge 7, 14, 21, 28, …

Die restlichen Werte fügen sich in sechs Vierzehnerfolgen, und zwar in

1-mal die Folge 2, 16, 30, …,
2-mal die Folge 6, 20, 34, …,

2-mal die Folge 8, 22, 36, …,

1-mal die Folge 11, 25, 39, …

Allerdings verbleibt dann immer noch ein Rest, der sich weder in Siebener- noch in Vierzehnerfolgen fügt. Ob und in welchen Folgen er aufgeht, ist noch nicht untersucht.

7. $g = 4$, $S_0 = 1023$, $m = a_5 s_1 a_4 (s_1 a_1)_2 s_1$ (15):

Es liegt eine bilaterale Similarität vor. Ihre Wachstumsregel bei Zykluslänge = Moduslänge ist:

$H_n = H_{n-1} + 4$,

bei $H_1 = 9$, d. h., wir haben es mit einer Viererfolge zu tun.

Bei Z_l = doppelte Moduslänge ($Z_l = 30$) zeigen sich auf beiden Seiten $(g - 1)$-Dreiecke. Ihre Höhen – gemessen an der Vertikalen – betragen:

9, 9, 13, 13, 17, 17, 21, 21, …,

d. h., sie bilden zwei Viererfolgen.

Bei $Z_l = 60$ sind die Höhen

3, 4, 6, 6, 7, 8, 10, 10, 11, 12, 14, 14, 15, 16, 18, 18, 19, 20, 22, 22, 24, 25, 26, 26, …

und bilden somit

1-mal die Folge 3, 7, 11, 15, …,

1-mal die Folge 4, 8, 12, 16, …,

2-mal die Folge 6, 10, 14, 18, …,

d. h. insgesamt vier Viererfolgen.

Bei $Z_l = 120$ betragen die Höhen

1, 2, 3, 3, 4, 4, 5, 5, 5, 6, 7, 7, 8, 8, 9, 9, 9, 10, 11, 11, 12, 12, 13, 13, 13, 14, 15, 15, 16, 16, 17, 17, 17, 18, 19, 19, …

Sie bilden

1-mal die Folge 2, 6, 10, 14, …,

2-mal die Folge 3, 7, 11, 15, …,

2-mal die Folge 4, 8, 12, 16, …,

3-mal die Folge 5, 9, 13, 17, …,

das sind insgesamt acht Viererfolgen.

8. $g = 4$, $S_0 = 1023$, $m = a_9s_7a_5 (21)$:

Die Struktur zeigt bei Zykluslänge = Moduslänge auf jeder Figurenebene ein $(g-1)$- und ein Null-Dreieck mit gemeinsamer Höhe. Die
Wachstumsregel für die Höhen ist

$H_n = H_{n-1} + 10$

Die Höhen bilden (nach einer Anlaufphase) die Zehnerfolge 13, 14,
32, 42, 52, 62, 72, …

Eine Erhöhung der Schrittfolge fördert hier lediglich ein aus schrägen
$(g-2)$-Kernen und horizontalen $(g-1)$-Streifen bestehendes Punktmuster auf einem rechten Null-Kontinuum zutage.

Bei Z_l = doppelte Moduslänge betragen die Höhen
9, 9, 16, 23, 26, 33, 36, 43, 46, 53, …,
d. h., sie bilden (nach der Anlaufphase) eine Zehnerfolge 16, 26, 36,
46, … und eine zweite Zehnerfolge 23, 33, 43, 53, …

Bei Z_l = vierfache Moduslänge sind die Höhen
4, 4, 8, 11, 13, 16, 18, 21, 23, 26, 28, 31, 33, 36, 38, …,
d. h., sie bilden 1-mal die Folge 11, 21, 31, …,
1-mal die Folge 13, 23, 33, 43, …,
1-mal die Folge 16, 26, 36, 46, …,
1-mal die Folge 18, 28, 38, 48, …
und somit vier Zehnerfolgen.

Bei Z_l = achtfache Moduslänge betragen die Höhen
4, 4, 5, 7, 8, 9, 10, 12, 13, 14, 15, 17, 18, 19, 20, 22, 23, 24, 25, 27, 28, …,

das sind 1-mal die Folge 4, 14, 24, …,
1-mal die Folge 5, 15, 15, …,
1-mal die Folge 7, 17, 27, …,
1-mal die Folge 8, 18, 28, …,
1-mal die Folge 9, 19, 29, …,
1-mal die Folge 10, 20, 30, …,
1-mal die Folge 12, 22, 32, …,
1-mal die Folge 13, 23, 33, ….,
d. h. insgesamt acht Zehnerfolgen.

Warum hier ausgerechnet die mit 6 und 11 beginnenden Zehnerfolgen ausgespart bleiben, ist nur eine von vielen offenen Fragen, welche die Strukturen vom Typ HSIM betreffen.

Kapitel 3: Fraktale

Pascal, Sierpinski und das Gespenst von Canterville

Es gibt Monster, die sind von unwahrscheinlicher Schönheit und kaum zu überbietender Eleganz. Sie sind nicht in alten Gemäuern zu Hause, auch nicht in Horrorfilmen. Leinwandmonster sind gewöhnlich hässlich und unansehnlich. Die Monster, die ich meine, sind ursprünglich der Phantasie von Mathematikern entsprungen. Sie speien kein Feuer und verströmen auch keinen giftigen Atem, wohl aber umgibt sie der Hauch des Unendlichen. Die Kino- und Comics-Monster haben meistens klangvolle Namen, die jedoch ohne jede Bedeutung sind. Die mathematischen Monster tragen gewöhnlich die Namen ihrer Väter oder die ihrer Verwandten aus den Kinos und den Comics, wie die Drachenkurve. In dem Landesteil von Palindromien, den wir jetzt betreten, haust ein Monster namens Sierpinski-Dreieck.

Waclaw Sierpinski war ein polnischer Mathematiker; er lebte von 1882 bis 1969. 1916 veröffentlichte er eine Arbeit mit dem Titel *Über eine Kurve, deren jeder Punkt ein Verzweigungspunkt ist*[1]. Das war die Geburtsstunde unseres Monsters. Können Sie sich eine Kurve vorstellen, die sich in jedem ihrer Punkte verzweigt? Wahrscheinlich gelangen Sie, wenn Sie's versuchen, sehr bald zu der Vermutung, dass ein solches seltsames Monster kein eindimensionales Gebilde mehr sein könne, wie es doch jede wohl gestaltete gerade oder krumme Kurve ist, sondern dass es die gesamte Fläche ausfüllen, also ein zweidimensionales Gebilde sein müsste. Sierpinski konnte zeigen, dass es eine solche Kurve tatsächlich gibt. Er gab ein Verfahren an, wie man sie zeichnen kann, ohne den Stift absetzen zu müssen: Man gebe eine gebrochene Linie S_0, S_1, S_2, S_3 vor (Figur 1), errichte auf jedem Linienstück erneut eine gebrochene Linie des gleichen Typs, aber in entsprechend kleineren Abmessungen (Figur 2) und setze den Prozess iterativ fort (Figur 3 – 6). Das Resultat bleibt natürlich immer eine echte Kurve; zugleich aber – und das ist das Monsterhafte an ihr – ist sie ein flächiges Gebilde, ein durch und durch durchlöchertes Dreieck, das wir erhalten würden, wenn wir die Prozedur noch viele, viele Male durchführten. Der Name, unter dem es heute alle kennen, ist *Sierpinski-Dreieck*. Und ist es nicht wirklich von faszinierender Eleganz? Doch in der Welt der Mathematik gibt es nicht nur Monster, es gibt in ihr auch Reinkarnationen, Wiedergeburten, Auferstehungen. Das Sierpinski-Dreieck ist die Auferstehung eines anderen berühmten Dreiecks, des Pascal'schen Dreiecks.

Das Pascal'sche Dreieck ist nach dem französischen Philosophen und Mathematiker Blaise Pascal (1623–1668) benannt. Es war zwar schon lange vor Pascal bekannt, doch er hat es erstmalig ausführlich beschrieben.[2] Das Pascal'sche oder – wie es auch genannt wird – das arithmetische Dreieck ist eine nach unten nicht begrenzte Anordnung von natürlichen Zahlen in Dreiecksform, in der die äußeren Zahlen jeder Reihe Einsen sind und die anderen sich als die Summe der beiden jeweils über ihnen stehenden Zahlen ergeben. Die ersten acht Zeilen sind mithin:

$$
\begin{array}{ccccccccccccccc}
&&&&&&& 1 \\
&&&&&& 1 && 1 \\
&&&&& 1 && 2 && 1 \\
&&&& 1 && 3 && 3 && 1 \\
&&& 1 && 4 && 6 && 4 && 1 \\
&& 1 && 5 && 10 && 10 && 5 && 1 \\
& 1 && 6 && 15 && 20 && 15 && 6 && 1 \\
1 && 7 && 21 && 35 && 35 && 21 && 7 && 1
\end{array}
$$

Pascal notierte eine Reihe erstaunlicher Eigenschaften der in diesem Dreieck vorkommenden Zahlen. Die bekannteste und wohl wichtigste dieser Eigenschaften ist, dass die Zahlen in der n-ten Reihe die Binomialkoeffizienten k_r des Ausdrucks

$$(x + y)^n = k_0 x^n + k_1 x^{n-1} y + \ldots + k_{n-1} xy^{n-1} + k_n y^n$$

sind. Gewiss erinnern Sie sich, dass der Ausdruck $(x + y)^2$ als Ergebnis die Summe $x^2 + 2xy + y^2$ hat. Die zweite Reihe des Pascal'schen Dreiecks wird demzufolge von den Koeffizienten 1, 2 und 1 gebildet (die 1 an der Spitze des Dreiecks möge als nullte Reihe gelten). Sollten Sie aus irgendeinem Grund wissen wollen, wie groß $(x + y)^6$ ist, dann brauchen Sie also nur in die sechste Reihe des Pascal'schen Dreiecks zu schauen, und schon können Sie das Ergebnis anschreiben:

$$(x + y)^6 = x^6 + 6x^5 y + 15x^4 y^2 + 20x^3 y^3 + 15\,x^2 y^4 + 6xy^5 + y^6$$

Im arithmetischen Dreieck ist neben den Binomialkoeffizienten eine Reihe berühmter Zahlenfolgen enthalten: die natürlichen Zahlen 1, 2, 3, 4, 5, …, Figurenzahlen (die Dreieckszahlen 1, 3, 6, 10, …, die Quadratzahlen 1, 4, 9, 16, … usw.), die Fibonacci-Folge 1, 1, 2, 3, 5, 8, … u.a.[3]

Jahrhunderte hindurch war das arithmetische Dreieck Gegenstand immer neuer Betrachtungen und Quelle von Entdeckungen. Es vergeht auch heute kaum ein Jahr, in dem in der mathematischen Literatur nicht weitere Beiträge über das Neueste von dieser berühmten Figur erscheinen.[4]

Wieso aber ist das Sierpinski-Dreieck die Auferstehung des Pascal'schen Dreiecks? Wie entsteht aus dem Pascal'schen ein Sierpinski-Dreieck?

Die Antwort ist kurz und bündig: indem man alle Zahlen des Pascal'schen Dreiecks durch 2 teilt und an die Stelle der ursprünglichen Zahlen den Rest schreibt, der bei ihrer Teilung

durch 2 übrig bleibt, d. h. 1, wenn die Zahl ungerade ist, oder 0,
wenn sie gerade ist. Am Rand bleibt 1 als 1 stehen. Die ersten acht
Zeilen lauten dann:

```
              1
            1   1
          1   0   1
        1   1   1   1
      1   0   0   0   1
    1   1   0   0   1   1
  1   0   1   0   1   0   1
1   1   1   1   1   1   1   1
```

Das ist genau die *Struktur*, die ein Sierpinski-Dreieck hat! Von
Benoit Mandelbrot stammte daher der Vorschlag, das Pascal'sche
Dreieck (mod 2), in dem alle Zahlen durch 2 geteilt sind und nur
der Rest angeschrieben wird, als Sierpinski-Dichtung (gasket) zu
benennen. Inzwischen haben sich wohl die Bezeichnungen *Sierpinski-Gitter* oder *Sierpinski-Dreieck* eingebürgert. Wir bleiben bei
«Dreieck», weil wir den Begriff «Gitter» schon in anderem Zusammenhang gebraucht haben.

Das Monster, das uns zuerst als Kurve, deren jeder Punkt ein
Verzweigungspunkt ist, erschien, begegnet uns also jetzt als
Pascal'sches Dreieck (mod 2). Doch es hat noch viele andere Verkleidungen parat. Sierpinski hat selbst noch eine andere angeführt: Gegeben sei ein gleichseitiges Dreieck T. Man verbinde die
Mittelpunkte der drei Seiten miteinander. Dadurch erhält man
drei Dreiecke T_0, T_1 und T_2 der gleichen Gestalt wie das Aus-
gangsdreieck, jedoch in der halben Größe. Das mittlere, auf der
Spitze stehende Dreieck U wird aus der Figur entfernt. In jedem
der drei kleineren Dreiecke wird jetzt die gleiche Prozedur wiederholt: Verbinden der Seitenmittelpunkte, Entfernen der drei
kleineren, auf der Spitze stehenden Dreiecke U_0, U_1, U_2. Die

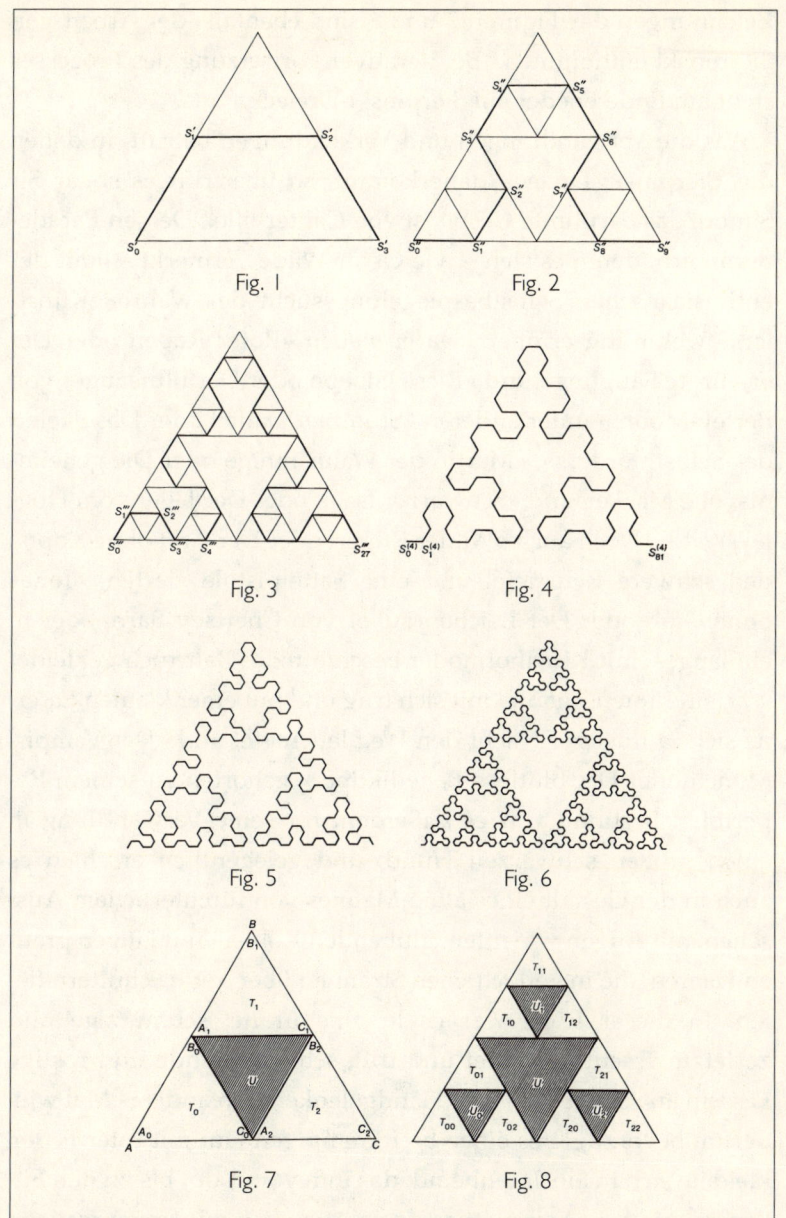

Fig. 1

Fig. 2

Fig. 3

Fig. 4

Fig. 5

Fig. 6

Fig. 7

Fig. 8

Zwei Wege zur Erzeugung des Sierpinski-Dreiecks

Zeichnungen der Figuren 7 und 8 sind ebenfalls der Arbeit von Sierpinski entnommen.[5] Bei iterativer Fortsetzung des Prozesses steht am Ende wieder ein Sierpinski-Dreieck.

Was die Verwandlungen und Verkleidungen betrifft, in denen das Sierpinski-Dreieck daherkommt, so übertrifft es sogar Sir Simon, das berühmte Gespenst von Canterville.[6] Dessen Paradenummern, deren es sich – wie Oscar Wilde vermerkt – «mit der enthusiastischen Selbstbespiegelungssucht des wahren Künstlers» wehmütig erinnert, waren neben «Roter Ruben oder Der erwürgte Säugling» und «Riese Gibeon oder Der Blutsauger von Berley-Moore» unter anderen «Stummer Daniel oder Das Skelett des Selbstmörders», «Martin der Wahnsinnige oder Die geheimnisvolle Maske» und «Schwarzer Isaak oder Der Jäger vom Hogley-Wald». Doch auch «Wilder Rupert oder Der Graf ohne Kopf», den schwere Reitstiefel und eine Sattelpistole zierten, «Jonas ohne Grab oder Der Leichenräuber von Chertsey Barn», der in ein langes, mit Kirchhofmoder beschmutztes Bahrtuch gekleidet war, eine Totenschaufel mit sich trug und mit einer kleinen Laterne sich in finsterer Nacht den Weg leuchtete, und «Der Vampir-Mönch oder Der blutlose Benediktiner» gehörten zu seinem Repertoire. Berühmt war es außerdem für seine Verwandlung in einen großen schwarzen Hund, und gelegentlich erschien es auch in der Gestalt eines alten Mannes von fürchterlichem Aussehen, mit Augen wie roten, glühenden Kohlen, mit langen grauen Haaren, die in geflochtenen Strähnen über seine Schultern fielen. In dieser Rolle war es in eine uralte, schmutzige und zerfetzte Tracht gekleidet und trug schwere Bande und rostige Fesseln an seinen Fuß- und Handgelenken. Ein anderes Mal wiederum bevorzugte es einen breitkrempigen Hut mit roter Feder, kleidete sich in ein Totenhemd, das ihm vom Kopf bis zu den Füßen reichte, und komplettierte sein Aussehen mit einem rostigen Dolch.

Die Verkleidungskünste des Sierpinski-Dreiecks übertreffen jedoch die des Gespensts von Canterville in mehrfacher Hinsicht. Der arme Sir Simon war in seinen Spukrollen an das Schloss derer von Canterville gebunden; dort konnte er seiner Phantasie freien Lauf lassen und seine Kreativität unter Beweis stellen. Das Sierpinski-Dreieck bewohnt dagegen keinen festen Ort; es ist mal hier, mal da zu Hause und kommt uns auf den unterschiedlichsten Wegen entgegen. Drei haben wir schon kennen gelernt: sein Auftritt als «Pascal (mod 2) oder Das arithmetische Dreieck geteilt durch 2», als «Löchriges Monster oder Kurve, deren jeder Punkt ein Verzweigungspunkt ist» und als «Durchlöchertes Dreieck oder gleichseitiges Dreieck, dessen halbierte Seiten iterativ miteinander verbunden werden und dem alle auf der Spitze stehenden inneren Dreiecke herausgeschnitten sind» (manchmal sind sie auch nur schwarz gefärbt).

Ian Stewart berichtet außerdem über eine Begegnung mit dem Sierpinski-Dreieck, bei der es ihm von den «Türmen von Hanoi» herab als Graph H_n angrinste, als es sich gerade einer graphentheoretischen Prozedur mit n Scheiben hingab.[7] In der direkten Nachfolge des Gespenstes von Canterville hat es seine Rolle in dem von Michael Barnsley kreierten Chaosspiel angelegt: Es erscheint zunächst schemenhaft und wie im Nebel, um mit fortschreitender Iteration immer sichtbarer hervorzutreten.[8] Mitunter verkleidet es sich auch schlicht als zellulärer Automat.[9] Eines seiner Lieblingsspielzeuge ist jedoch die von Heinz-Otto Peitgen, Hartmut Jürgens und Dietmar Saupe erfundene «Mehrfach-Verkleinerungs-Kopier-Maschine» (MVKM), in die es als was auch immer hineinsteigt, um jedes Mal als vollendetes Sierpinski-Dreieck herauszukommen.[10]

Auf jedem dieser Wege, in jeder dieser Rollen ist es beliebig vieler konkreter Ausgestaltungen fähig. Doch bei aller Vielfalt der Verkleidungen trägt es unverkennbar seine Grundstruktur zur

Schau: eine aus Elementarzellen Z bestehende Grundzelle der Gestalt

```
      Z
     Z Z
    Z 0 Z
   Z Z Z Z
```

die im nächsten Schritt zweimal identisch reproduziert wird, wobei zwischen den beiden Reproduktionen ein leerer Raum bleibt, den wir uns durch Nullen oder schwarze Pixel ausgefüllt denken können:

```
          Z
         Z Z
        Z 0 Z
       Z Z Z Z
      Z 0 0 0 Z
     Z Z 0 0 Z Z
    Z 0 Z 0 Z 0 Z
   Z Z Z Z Z Z Z Z
```

Setzen wir den Prozess iterativ fort, so entstehen Hierarchieebenen, von denen jede die vorangegangene in zwei identischen Reproduktionen, verbunden durch ein Null-Loch, enthält. Die Größe des Gesamtdreiecks – seine Höhe und seine Grundlinie – verdoppelt sich dabei mit jeder Hierarchieebene. Dies gibt die Möglichkeit, die Dimension dieses Gebildes zu bestimmen: Bei einer Verdoppelung der Grundlinie G_n bzw. der Höhe H_n ergibt sich ein neues Dreieck Z_{n+1}, welches das vorige insgesamt dreimal enthält. Bildet man den Quotienten der Logarithmen aus beiden Faktoren bei G_n bzw. H_n und bei Z_{n+1}, so erhält man die fraktale Dimension d, die in diesem Fall den Wert

$$d = \ln 3 / \ln 2 = 1{,}5849 \dots$$

hat. Wir haben es demzufolge mit einem fraktalen Gebilde zu tun, dessen Dimension zwischen der einer Linie und der einer Fläche liegt, das mithin nicht mehr Linie und noch nicht Fläche ist. Sir Simon hätte seine Freude an ihm.

Gibt es schon viele Wege, auf denen die Sierpinskis ins Leben treten, so ist jede Art – ob zellulärer Automat, Chaosspiel, Türme von Hanoi, MVKM usw. – beliebig vieler Ausgestaltungen fähig, je nachdem, wie die Elementarzelle beschaffen ist, aus der sich seine Grundzelle und alle weiteren Hierarchieebenen aufbauen. Wir werden in diesem Kapitel nun einen weiteren Weg kennen lernen, auf dem uns Sierpinski-Dreiecke erscheinen: Es ist der Weg der Strukturbildung durch Palindromisierung.

Strukturtyp SIER

Das Erscheinen von Gespenstern gehört zu den Wundern, die zu erleben nicht jedem Menschen vergönnt ist. Auch das Erscheinen eines Sierpinski-Dreiecks in einem Palindromisierungsprozess grenzt an ein Wunder. Dass Zahlen in einem Prozess iterativer Inversion und jeweiliger Addition/Subtraktion von Zahl und Umkehrzahl sich so ordnen, dass sie sich zu solch seltsamen Gebilden formen, ist ja keineswegs selbstverständlich und alltäglich. Überdies gehören die Sierpinskis zu jener Art von Gespenstern, die nie ungefragt erscheinen. Das unterscheidet sie von Sir Simon, den es immer wieder drängte, sich ungebeten den Bewohnern des Schlosses von Canterville zu zeigen, doch von ihnen – die liebliche Virginia ausgenommen – schnöde abgewiesen und verhöhnt wurde. Sierpinski-Dreiecke erscheinen nur dann, wenn sie gerufen werden, und auch nur dem, der den Zauberspruch kennt, die magische Formel, die den Spuk auslöst. Diese Formel muss die Angabe der Basis g enthalten, in welcher der Palindromisierungsprozess ablaufen soll, der Startzahl S_0, mit welcher der Spuk seinen Anfang nehmen soll, und des Modus m, der spezifischen Abfolge von Plus und Minus. Das Sierpinski-Dreieck kommt nur dann aus seinem Versteck, wenn alles zueinander passt: g, S_0 und m. Niemand kann vorher wissen, ob, wenn er seinen Spruch dahermurmelt, ein Sierpinski-Dreieck ihm antworten wird. Wenn es das aber tut, dann kann der, dem das widerfährt, sich zu den Glückspilzen zählen.

Erfolgreicher Umgang mit Gespenstern ist vielleicht nicht des Lebens höchstes Gut, doch ist er immer ein Gewinn. Man muss nicht eine Million in einer Fernsehquizsendung oder im Lotto gewinnen, um glücklich zu sein. Glück ist nicht an Geld gebunden; es hat auch weder etwas mit Verstand noch mit Moral zu tun; es ist etwas seinem Wesen nach Magisches; so jedenfalls empfand es Hermann Hesse.[11] Als mir ein Sierpinski-Dreieck erstmalig erschien, habe ich es angestarrt wie ein Gespenst und bin sodann in einen Freudentaumel verfallen. Der hielt indes nicht lange vor, denn sofort stellte sich die bohrende Frage ein: Wovon hängt es ab, ob du dieses Glück erlebst oder nicht? Gibt es eine allgemein gültige Formel, der kein Sierpinski-Dreieck widerstehen kann und die es aus tiefster Nacht ins palindromische Licht des Tages treibt? Diese Frage aber kann bis heute niemand beantworten.

Was ich aber kann, ist, Ihnen einige Exemplare der Gattung SIER, wie wir die Sierpinski-Dreiecke kurz nennen wollen, augenscheinlich vorzuführen. Zuvor aber möchte ich Sie miterleben lassen, wie sich eine solche Struktur aus einer Zahlenvielfalt herausbildet, wie sie gewissermaßen zu sich selbst findet.

Nehmen wir z. B. die natürliche Startzahl $S_0 = 10890$ zur Basis g = 10 und palindromisieren sie nach dem Modus $m = s_8(a_7s_2)_2a_2$ (28). Nach dem ersten Durchlauf des Modus steht die Ergebniszahl S_{28} = 1089010890. Schon das ist keineswegs alltäglich. Die Startzahl hat sich selbst reproduziert, und das gleich zweimal! Nach dem zweiten Durchlauf haben wir wieder zweimal die Startzahl, jetzt aber sind beide verbunden durch fünf Nullen: S_{56} = 108900000010890. Nach abermals einem Durchlauf bilden vier Startzahlen ein Vierertandem! Und nun geht es in dieser Manier weiter: Das ganze Gebilde, das jetzt aus vier Zeilen besteht, reproduziert sich in den nächsten vier Durchläufen zweimal, und die beiden Reproduktionen sind durch Nullen miteinander verbunden:

S_0:	10890
S_{28}:	1089010890
S_{56}:	108900000010890
S_{84}:	10890108901089010890
S_{112}:	1089000000000000000010890
S_{140}:	1089010890000000000001089010890
S_{168}:	108900000010890000001089000000010890
S_{196}:	10890108901089010890108901089010890.

Ein Zahlen-Sierpinski in vollendeter Ausführung!

Doch damit auch die Ästheten unter Ihnen auf ihre Kosten kommen, werden im Tafelteil Porträts einiger besonders skurrilen Vertreter des Strukturtyps SIER in Farbe wiedergegeben.

Das soeben erwähnte Zahlen-Sierpinski ist in Grafik 47 zu sehen. Es hat hier in der Tat ein etwas schemen- und geisterhaftes Aussehen. Seine Elementarzelle ist die Substruktur

10890

1089010890

Es besteht insgesamt nur aus den vier Ziffern 0, 1, 8 und 9. Doch dieses blutarme Gebilde verfügt durchaus über die Fähigkeit, sich fülliger zu präsentieren. Sollte es etwa den Wunsch verspüren, sich der Welt schlanker und bunter zu offenbaren, so bräuchte es weiter nichts zu tun, als die Zykluslänge z. B. auf die Hälfte zu verkürzen.

Doch nun der Reihe nach. Wir geben jeder Basis von $g = 2$ bis $g = 10$ Gelegenheit, nach Belieben ein Sierpinski-Dreieck vorzustellen. Die einzige Empfehlung, die wir aussprechen, ist, dass die Startzahl $S_0 = 10(g-2)(g-1)$ sein möge und dass es sich um möglichst ansehnliche Exemplare mit nichttrivialen Elementarzellen handeln solle. Nicht dürre Skelette, die nur aus Punkten oder dünnen Strichen bestehen, sind gefragt, sondern volle und üppige Strukturen, wie sie in noch keinem Buch stehen.

Nach langem Zögern betritt die binäre Basis, die außer 0 und 1 nichts anderes kennt, die Bühne und besteht sofort auf einer Ausnahmeregelung: Die Not, mit zwei Zeichen auskommen zu müssen, hat sie so erfinderisch gemacht, dass sie über eine außerordentlich große Variationsbreite bei der Ausbildung von Sierpinski-Dreiecken in den schönsten Formen und den vorzüglichsten Gestalten verfügt, die sie befähigt hat, viele Tausende solcher bewundernswerter Geschöpfe in ihrem Speicher zu horten. Doch wo kämen wir hin, wenn wir schon bei der ersten Präsentation eine Ausnahme zuließen? So muss die Bitte der binären Basis leider abschlägig beschieden werden. Leise murrend, aber doch froh, als Erste an der Reihe zu sein, entsendet Basis $g = 2$ die Grafik 48 in der Primdarstellung auf die Bühne. Eine gelungene Wahl.

Basis $g = 3$ bevorzugt für den Auftritt ihres Schützlings in Grafik 49 die Normaldarstellung. Diese Entscheidung beschert dem Publikum eine überaus anmutige Elementarzelle.

$g = 4$, eine etwas eingebildete Basis, macht durch das Gerücht von sich reden, sie läge dem genetischen Code zugrunde, der bekanntlich ebenfalls auf vier Zeichen beruht. Das Sierpinski, das sie in Grafik 50 auf die Bühne sendet, bietet eine ungewöhnlich großflächige Elementarzelle dar. Der Beifall, der ihm zuteil wird, hindert die Skeptiker unter den anderen Basen jedoch nicht, darauf hinzuweisen, dass die Verwendung von nur vier Zeichen kein sicheres Indiz für die Verwandtschaft mit dem genetischen Code bedeute, denn auch andere als die Basis g = 4 kämen, wenn es denn unbedingt sein soll, gelegentlich mit vier Zeichen aus (g = 10 streckt an dieser Stelle die Grafik 47 in die Höhe). Während das Vorkommen von nur vier Zeichen in einem Sierpinski für jede andere Basis, die größer ist als 4, aber eine große Kunst bedeute, deren sichere Ausübung einer wahren Meisterschaft des Palindromisierens bedürfe, sei es für g = 4 wohl eher eine Not als eine Tugend, mit vier Zeichen auskommen zu müssen, da ihr ohnehin nicht mehr zur Verfügung stehen. So meinten jedenfalls die anderen.

Basis g = 5, gewöhnlich sich bescheiden im Hintergrund haltend, überrascht jetzt mit einem Sierpinski, dessen 56-zeilige, kompliziert strukturierte Elementarzellen sich in einer wunderbaren Harmonie von Ebene zu Ebene reproduzieren und sich in Grafik 51 zur Gesamtstruktur zusammenfügen. Der Beifall brandet hier bereits während des Prozesses auf, als die Struktur noch gar nicht vollendet ist, denn noch faszinierender als der Anblick der fertigen Grafik ist es, zuzuschauen, wie Zeile für Zeile, Elementarzelle für Elementarzelle und Hierarchieebene für Hierarchieebene in exakter Abfolge entstehen.

Nach dieser Spitzennummer hat es Basis g = 6 nicht leicht. Ihre Vorgängerin ist kaum zu überbieten. So begnügt sie sich, in Grafik 52 ein untadeliges Ergebnis vorzuweisen, wobei sie sich der Primdarstellung bedient. Zugleich nutzt sie die Gelegenheit, um darauf aufmerksam zu machen, dass auch Sierpinskis nicht ohne *OT*-Muster sind.

Doch nun betritt Basis g = 7 die Szene. Es gelingt ihr durchaus, als eine ernsthafte Konkurrentin von g = 5 aufzutreten, was Größe und Kompliziertheitsgrad der Elementarzelle des von ihr in

Grafik 53 aufgespannten Sierpinskis betrifft. Ihre persönliche Botschaft an das Publikum ist jedoch, dass die Null-Löcher nicht unbedingt ideale Dreiecksform haben müssen, sondern – wie in ihrem Fall – auch wie Pfeilspitzen geformt sein können. Die Form der Null-Löcher könne auch noch ganz anders geartet sein, verrät sie dem Publikum und verteilt flugs einen Packen Handzettel mit den Daten $g = 12$ oder 13 und $m = a_1s_2a_4s_4$ (11), andere mit den Daten $g = 25$ bis 29 und $m = a_1s_2a_5s_5$ (13). Leider müssen wir auch diesen Versuch, aus dem Reglement auszubrechen und womöglich noch die Grafiken dieser Sierpinskis in den Basen $g = 12$ und 13 oder $g = 25$ bis 29 zu zeigen, unterbinden, um die Veranstaltung nicht ins Uferlose gleiten zu lassen.

Basis $g = 8$ ist eine von den vornehmen Zweierpotenzen der Gestalt $g = 2^n$, die sich darin gefallen, als einzige für die Startzahl $S_0 = 10(g-1)_r(g-2)(g-1)0_r (r \geq 2)$ auch bei rein additiver Palindromisierung Perioden hervorzubringen. Das ist ihre Stärke, während sie, was Sierpinskis angeht, nicht mehr Kunstfertigkeit als die anderen Basen offenbaren. Aber auch nicht weniger! Denn was sie in Grafik 54 erzeugt, ist wahrlich einzigartig: Sie beginnt den Tanz bei doppelter Moduslänge mit einer Figur, die der Beginn eines HSIM sein könnte, wenn sie nicht von Störungen durchsetzt wäre; dann produziert sie zwei – ebenfalls von Störungen entstellte – Substrukturen, die an ein SIM-Dreieck erinnern und an deren Fuß sich noch eine andere Figur einschiebt, die Periodencharakter hat. Doch bevor das Publikum unruhig wird, weil immer noch nichts SIERiges geboten wird – außer dass die bis jetzt erzeugten Figuren durch ein Null-Loch verbunden sind –, reproduziert sie plötzlich dieses ganze komplizierte Gebilde – HSIMiger Beginn, zweimal SIM-Dreieck und Anflug von Periode mit allen Störungen – zweimal identisch und spannt zwischen den nunmehr drei identischen Substrukturen ein Null-Loch auf. Eine großartige und originelle Leistung!

Auch Basis $g = 9$ kennt sich in den Finessen der Palindromisierungstänze gut aus. So gelingt auch ihr in der Primvariante der Darbietung eine ansehnlich komplexe Elementarzelle, die in Grafik 55 zu bewundern ist. Sie lässt sich sogar auf eine Extrazugabe ein, indem sie den Boden jeder Hierarchieebene um jeweils einige Schichten dicker macht.

Schon wollen wir den Reigen beschließen, denn Basis $g = 10$ hatte ihren Auftritt bereits zu Beginn dieses Kapitels, da stürmt sie zornig auf die Bühne und protestiert lautstark gegen diese Zurücksetzung, wie sie es nennt. Grafik 47 hätte lediglich dazu gedient, das generelle Reproduktionsprinzip von Sierpinskis an einem besonders einfachen und übersichtlichen Beispiel zu demonstrieren; sie hätte ihr aber keine Gelegenheit gegeben, ihren Sinn für Kunst und Form zu testen, die ihr aber genauso wie allen anderen Basen, die hier auftreten durften, eingeräumt werden müsse. Gegen dieses Argument ist kein Aufkommen. Und so verlängert sich die Veranstaltung um den Auftritt der Basis $g = 10$ und die Präsentation von Grafik 56 bei doppelter Moduslänge. Ich hoffe, es ist ein Genuss ohne Reue – eine Elementarzelle der wirklich interessantesten Art, die sich aus zwei gänzlich verschiedenen Figuren zusammensetzt, und Null-Löcher von ebenfalls ungewöhnlicher Form!

Damit verlassen wir diesen Saal der Galerie der Fraktale, sozusagen die Hauptbühne, verbleiben aber noch eine Weile unter demselben Dach, denn zwei Türen mit den geheimnisvollen Aufschriften «VS» und «$(g-1)$» lassen uns vermuten, dass sich hinter ihnen noch manches Wissens- und Sehenswerte verbirgt.

Verallgemeinerte Sierpinskis

In dem Raum, dessen Tür die Aufschrift «VS» trägt, herrscht ziemlicher Tumult. Er ist besetzt von Gestalten, die ähnlich durchlöchert sind wie Sierpinskis, die sich aber gegenseitig bezichtigen, keine echten Sierpinskis zu sein. In der Tat mangelt es ihnen an der strengen Regelmäßigkeit, die alle Individuen der Gattung SIER auszeichnet. Sie tragen zwar unverkennbar riesige Null-Löcher zur Schau, entbehren aber der Hierarchieebenen mit jeweils zwei identischen Reproduktionen der vorangegangenen Hierarchieebene.

Soeben hat das Wort die Struktur zur Basis g = 10 in Grafik 57. Sie sei durchaus ein Sierpinski, behauptet sie steif und fest, denn der Modus, dem sie ihre Existenz verdankt, sei genau der gleiche wie der eines regelgerechten Sierpinskis, das bei diesem Modus der Startzahl $S_0 = 1089$, aber auch der bloßen $S_0 = 10$ entspringt. Die einzige Abweichung vom normalen Procedere sei, dass sie ein wenig mit der Startzahl experimentiert habe, indem sie von einer Eins mit einer wachsenden Zahl von Nullen ausgegangen sei. Nicht immer sei ihr Status als Sierpinski dabei erhalten geblieben, aber ab und an habe sie sich durchaus als vom Stamm SIER wiedererkennen können. Auch habe sie von einem Verfahren der «dehnenden Nullen» gehört, dessen sich Angehörige anderer Gattungen gelegentlich bedienen, wenn sie sich ein besonders skurriles und exotisches Aussehen zulegen wollen. Und sie hält eine Schautafel mit der Grafik 46 in die Höhe. Als sie bei hundert Nullen angekommen war, habe sie ein Selbstporträt angefertigt, das sie hiermit der Öffentlichkeit preisgibt und von dem sie meint, es verdiene, ein Sierpinski genannt zu werden.

Bei der Erwähnung des Verfahrens der «dehnenden Nullen» geht ein Raunen durch den Saal. Man erinnert sich, von diesem

Verfahren im Zusammenhang mit sog. «Verallgemeinerten Similaritäten» gehört zu haben, und besieht sich noch einmal mit Wohlgefallen Grafik 46. Der Disput endet mit einem Kompromiss: Grafik 57 darf weiter von sich behaupten, sie sei ein Sierpinski, müsse aber, weil die Auswirkungen der dehnenden Nullen ihr im Gesicht geschrieben stehen, sich korrekterweise ein *Verallgemeinertes Sierpinski* oder in der Kurzform ein VS nennen.

Dieses Ergebnis ist auch für die nachfolgenden Debatten richtunggebend, von denen nur noch über zwei berichtet werden soll.

Die eine knüpft an Grafik 58 an. Sie zeigt eine durch und durch regelmäßig aufgebaute Struktur, die sich durch die Anordnung der Null-Löcher wieder als dem Stamm der SIERs zugehörig verstehen möchte. Dass sie kein reines Sierpinski ist, wird an dem durchgängigen Zentrum sichtbar, das die Figur in zwei gleiche Seiten teilt, weiter z. B. daran, dass auf jeder Seite immer zwei gleich große Null-Löcher unter- bzw. übereinander stehen und als Paar auf der nächsten Hierarchieebene similar reproduziert werden. Auch dieses Exemplar wird als «Verallgemeinertes Sierpinski» eingestuft, wobei man sich darauf beruft, dass auch zelluläre Automaten solche Gebilde herstellen, im Grunde also gar keine Neuheit vorläge. Dagegen erhebt Grafik 58 aber nun doch Einspruch. Auch sie wisse, dass zelluläre Automaten verallgemeinerte Sierpinskis erzeugen können, und sie verweist auf entsprechende Literatur.[12] Wer aber habe jemals gehört, dass ebensolche verallgemeinerte Sierpinskis auch durch Palindromisierung zustande kämen? Das sei nun wirklich ganz neu; die Forschungsrichtung «Strukturbildung durch Palindromisierung» sei ja noch gar nicht öffentlich etabliert, werde vorerst nur an einem einzigen Schreibtisch in der Welt und von einem einzigen Computer namens Sir Simon systematisch betrieben, verdiene es aber, publik gemacht und vor allem öffentlich gefördert zu werden … Ihr Redefluss wird an dieser Stelle von den anderen unterbrochen, was aber keineswegs tragisch ist, denn alle sind es zufrieden, dass auch Grafik 58 als «VS» akzeptiert wird.

Nach dieser Vorstellung im «VS»-Saal ahnen wir schon, wohin uns die Tür mit der Aufschrift «(g – 1)» führen könnte.

Das (g – 1)-Sierpinski

Der Saal nebenan, den wir durch die Tür mit der Aufschrift «(g – 1)» betreten, ist so gut wie leer. Nur eine einzige Figur sitzt herum und langweilt sich, weil sie noch keine Gefährten gefunden hat. Es ist ein Sierpinski, das sieht man in Grafik 59 an seiner Struktur, aber da, wo sonst Null-Löcher prangen, befinden sich hier «(g – 1)-Löcher». Die Figur scheint traurig zu sein, dass sie sich nicht – wie alle anderen ordentlichen Sierpinskis – durch Null-Löcher ausweisen kann. Doch wir verweisen sie auf die in den palindromischen Gefilden wohl bekannte Komplementaritätsbeziehung

$$a \leftrightarrow g - a - 1$$

Diese Beziehung sorgt z. B. bei Strukturen des Typs PER dafür, dass null und (g – 1) – ob in repetitiven Sequenzen oder in Kernen – meist gleichberechtigt auftreten; auch bei Strukturen des Typs SIM gilt diese Beziehung. Wir bekennen ihr, dass wir uns seit langem gefragt haben, ob sie nicht auch für Sierpinskis gelte, ob es also Strukturen vom Typ SIER gebe, bei denen zwischen den Elementarzellen bzw. den Zellen auf jeder Hierarchieebene nicht Nullen, sondern (g – 1)-Sequenzen stehen. Sie sei mithin genau das, was bisher gefehlt habe. Sie könne sich deshalb

erhobenen Hauptes zu ihrer Identität als $(g-1)$-Sierpinski bekennen.

Was sie denn auch tat.

Kapitel 4: Chaos

Chaos in der Backstube

In den palindromischen Gefilden gibt es eine gut gehende Bäckerei. In ihr werden nicht Mehl zu Teig und Teig zu Brot, sondern Zahlen zu Chaos verarbeitet. Und wie ein erfahrener Bäckermeister nur ein bestimmtes Mehl benutzt, um eine ganz bestimmte Sorte Brot zu backen, so auch unser Chaosbäcker: Alle Mehlsorten der Firmennummer $g = 2^n$ $(n = 1, 2, 3, \ldots)$ mit der Bezeichnung $S_0 = 10(g - 1)_r(g - 2)(g - 1)0_r$ und $(r \geq 2)$ kommen als Ausgangsmaterial nicht infrage. Alle anderen aber werden von ihm zu Zahlenteig der feinsten Art verarbeitet, der unter seinen geschickten Händen mehrfach geknetet wird und schließlich als Chaos in den Backofen gelangt. Wie gut das Werk gelingt, hängt von der besonderen Art des Knetens ab, deren sich der Meister bedient.

Zunächst verläuft alles so wie in jeder Backstube: Der Teig wird gestreckt, gefaltet und wieder gestreckt und wieder gefaltet usw. Einzelne Salzkörner oder Gewürze, die zu Beginn des Prozesses als Häufchen oder Klümpchen fein geordnet nebeneinander lagen, werden durch das Kneten gut durchmischt und sind schließlich chaotisch in der ganzen Teigmasse verteilt. Kneten im Sinne von Strecken, Falten und Mischen ist die sicherste Art, Chaos zu erzeugen.

Wir nehmen also eine Zahl, beispielsweise die $S_0 = 1089$, zur Basis $g = 10$ und strecken sie, indem wir sie noch einmal an sich anfügen: (10891089). Dann schneiden wir die so entstandene Zahl in der Mitte durch (1089 1089) und klappen die zweite Hälfte unter die erste:

$$1089$$
$$9801$$

Schließlich mischen wir beide, indem wir sie addieren:

$$1089$$
$$+\ 9801$$
$$\overline{}$$
$$10890$$

Das wiederholen wir nun, solange unsere Geduld reicht. Wie der fertige Zahlenteig aussieht, zeigt Grafik 60: ein ungeordnetes, strukturloses, chaotisches Durcheinander von bunten Pixeln. In Grafik 61 sind 38 Zeilen daraus ($S_{101} - S_{138}$) in zehnfacher Vergrößerung wiedergegeben. Sie enthalten insgesamt 2002 Pixel. Davon sind:

197 Nullen   das sind   9,83 %

203 Einsen   das sind 10,13 %

182 Zweien   das sind   9,08 %

206 Dreien   das sind 10,28 %

208 Vieren   das sind 10,38 %

187 Fünfen   das sind   9,33 %

212 Sechsen   das sind 10,58 %

201 Siebenen   das sind 10,03 %

205 Achten   das sind 10,23 %

201 Neunen   das sind 10,03 %

Jede der zehn Ziffern der Basis g = 10 besetzt mithin rund 10 Prozent der Fläche der Sequenzenfolge, d. h., die Ziffern sind einigermaßen gleichmäßig über die gesamte Figur verteilt, ohne Muster irgendwelcher Art zu bilden.

    Kneten ist ein nichtlinearer Prozess. Nichtlineare Prozesse haben die Eigenschaft, dass geringfügige Unterschiede in den Anfangsbedingungen zu drastischen Abweichungen in den Ergebnissen führen können, was wiederum letztlich auf Chaos hinausläuft. Die Mathematiker nennen diese Eigenschaft «sensitive Abhängigkeit von den Anfangsbedingungen». Additive Palindromisierung erfüllt auch diese Bedingung für Chaos. Wenn wir bei gegebener Basis und gegebenem additiven Modus die Startzahl S_0 geringfügig ändern, werden sich die Iterierten keineswegs ebenfalls nur geringfügig ändern, sondern die Abweichung schaukelt sich auf und wird früher oder später einen beliebig vorgegebenen Wert übersteigen.

Nehmen wir als Startzahl z. B. die benachbarten natürlichen Zahlen 11 und 12. Der Schritt von einer natürlichen Zahl zur nächsten ist die geringstmögliche Änderung, die wir in Basis $g = 10$ zu Palindromisierungszwecken vornehmen können. Wir geben einen beliebigen Wert für die Abweichung vor, sagen wir eine Million, und überzeugen uns, dass er nach bereits vierzehn Iterationen überschritten ist; hätten wir eine Milliarde vorgegeben, so wäre dieser Wert nach weiteren sechs Iterationen überschritten worden usw.:

Anzahl der Schritte	Iterierte	Iterierte	Abweichung
0	11	12	1
1	22	33	11
2	44	66	22
3	88	132	44
4	176	363	187
5	847	726	– 121
6	1 595	1 353	– 242
7	7 546	4 884	– 2 662
8	14 003	9 768	– 4 235
9	44 044	18 447	– 25 597
10	88 088	92 928	4 840

Anzahl der Schritte	Iterierte	Iterierte	Abweichung
11	176 176	175 857	− 319
12	847 847	934 428	86 581
13	1 596 595	1 758 867	162 272
14	7 553 546	9 447 438	1 893 892
15	14 007 103	17 794 887	3 787 784
16	44 177 144	96 644 658	52 467 514
17	88 354 288	182 289 327	93 935 039
18	176 599 676	906 271 608	729 671 932
19	853 595 347	1 712 444 217	858 848 870
20	1 597 190 705	8 836 886 388	7 239 695 683

Dabei ist es keineswegs so, dass sich die anfängliche Differenz zwischen den beiden Startwerten von Schritt zu Schritt linear vergrößert, bis der vorgegebene Wert erreicht bzw. überschritten ist. In unserem Beispiel kommt es sogar vor, dass der ursprünglich kleinere Anfangswert den ursprünglich größeren im fünften bis neunten Schritt und noch einmal im elften überflügelt, ehe der zweite beginnt, dem ersten in nichtlinearen Riesenschritten davonzulaufen. Der additive Palindromisierungsprozess ist kein linearer Prozess. Seine Sensitivität in den Anfangsbedingungen ist eine Folge seiner Nichtlinearität.

Die sensitive Abhängigkeit der Ergebnisse des additiven Palindromisierungsprozesses hat in unserem Fall noch eine andere, qualitative Erscheinungsform. Zahlen vom gleichen palindromischen Verhaltenstyp gehen durch ein und dasselbe Endpalindrom in die palindromische Ungewissheit ein. Solche Endpalindrome, auf die bei additivem Modus kein weiteres Palindrom folgt, nennen wir Tore in die palindromische Unendlichkeit.[1] Es zeigt sich, dass benachbarte Zahlen, die unterschiedlichen Verhaltenstypen angehören, durch weit voneinander entfernt liegende Tore in die palindromische Unendlichkeit eingehen können. Nehmen wir als Beispiel die Zahlen 116, 117, 118 und 119. Von ihnen führt die 118 als erste durch das sechsstellige Torpalindrom 29 33 92. Als nächstes folgt die 117; die aber braucht schon beträchtlich länger, bis sich ihr das zehnstellige Tor 1784 77 4871 in die palindromische Unendlichkeit öffnet. Die 119 führt auf das elfstellige Palindrom 8954 000 4598, und die 116 gar auf das vierzehnstellige Tor 66 12 66 77 21 66. So erweist sich, dass geringfügige Veränderungen – und der Schritt von einer natürlichen Zahl n zur folgenden n + 1 ist ja der kleinstmögliche im System der natürlichen Zahlen – große und ganz und gar unvorhergesehene Auswirkungen im Verlauf des Palindromisierungsprozesses haben können.

Chaos ist mithin eine Folge des *additiven* Palindromisierungsprozesses. Doch nur, wenn die Startwerte – das Teigmaterial – nicht den Basen $g = 2^n$ ($n = 1, 2, 3, \ldots$) entstammen und nicht die Gestalt $S_0 = 10(g-1)_r(g-2)(g-1)0_r$ mit ($r \geq 2$) haben! Es präsentiert sich als ein horizontal und vertikal ungeordnetes farbiges Pixelgemisch, dessen Prototyp uns in Grafik 61 vorliegt.

Ein rein *subtraktiver* Palindromisierungsprozess hingegen, dessen Startwerte die Gestalt $S_0 = a(a-1)(g-a-1)(g-1)$ mit ($a < g$) haben, führt – wie an anderer Stelle gezeigt wurde[2] – entweder in eine Periode oder stürzt über ein Palindrom in die Null.

Bei gemischten Modi, die sowohl Plus als auch Minus enthalten, ist alles möglich: Perioden, Similaritäten, Fraktale, Chaos oder was es noch immer an anderen Strukturen in den palindromischen Gefilden geben mag.

Typ CH, wie er in Grafik 61 vorgestellt ist, erfüllt den gesamten Sequenzenraum. Bei geeignetem Zusammentreffen von m, S_0 und g können seine Repräsentanten aber auch mit allem ausgestattet sein, was ansonsten dem Typ PER zukommt: mit senkrechten und schrägen Kernbereichen, repetitiven und *OT*-Sequenzen.

Chaos mit Inseln der Ordnung

Chaos existiert nicht immer in so reiner Form wie in den Grafiken 60 bzw. 61. In den meisten Fällen ist die Mehlsorte (Startzahl und Basis) von einer solchen Qualität, dass sie bei der jeweiligen Art des Knetens (Modus) Klumpen oder Streifen bildet, die als Inseln der Ordnung im Zahlenchaos erscheinen. Solche Inseln der Ordnung können mehr oder weniger großflächig und mehr oder weniger zusammenhängend sein. Ein richtiger Bäckermeister würde vor Scham erröten, wenn sein Brot Schliff oder andere klitschige und verklumpte Stellen enthielte. Der Brotteig als solcher – wenn er nicht zwecks besonderer Effekte z. B. mit Sonnenblumen- oder Kürbiskernen versetzt ist – soll so chaotisch wie nur möglich sein. In Palindromien hingegen werden Klumpen oder Lücken im Chaos als Inseln der Ordnung angesehen. Sie werden gelassen zur Kenntnis genommen, interessiert registriert, eingehend studiert und sorgfältig klassifiziert.

Bei Typ CH pflanzt sich Ordnung zumeist vom Rand her nach dem Innern fort. Es hat den Anschein, dass Klumpen oder Schliff im Brot in den palindromischen Gefilden nur dann entstehen, wenn sich bereits ein fester Rand herausgebildet hat. Die Existenz von Inseln der Ordnung scheint an das Vorhandensein von *OT*-Sequenzen gebunden zu sein. Bilden sich keine *OT*-Sequenzen aus, so besteht wenig Aussicht, im Zentrum der Figur auf geordnete Strukturen zu treffen. Sind jedoch *OT*-Sequenzen vorhanden, so lockert sich das Chaos auf, und es bilden sich mehr oder weniger große Substrukturen, die sich mehr oder weniger zu geordneten Mustern zusammenfügen.

Kasten 7 enthält einige Backrezepte (Mehlsorte und Art des Knetens) für die Herstellung von Chaos; sie sollen belegen, mit welchen verschiedenartigen Inseln der Ordnung Chaos ausgestattet sein kann.

**Backrezepte für die Herstellung von Chaos
mit Inseln der Ordnung**

I. Chaos mit temporären Kernbereichen

1. $g = 10$; $S_0 = 1089$; $m = (a_2s_3)_2(a_3s_3)_2a_4$ (26).

Durch diverse kleinflächige Substrukturen – in der Hauptsache kurze temporäre Kernbereiche – aufgelockertes Chaos. Es sind keine großen und markanten Strukturen, die sich hier abzeichnen; auch in ihrer Anordnung zueinander ist keine Tendenz zur Bildung größerer Muster erkennbar. Eingefasst wird das Ganze jedoch durch *OT*-Sequenzen, wenn auch nur durch einzeilige und zweistellige: $O = 44$ und $T = 34$.

II. Chaos mit repetitiven Sequenzen

2. Chaos mit einstelligen repetitiven Sequenzen
$g = 9$; $S_0 = 1078$; $m = a_7s_5a_3s_1a_1s_3a_1s_1a_1$ (23).

Das Zentrum der Figur ist von Chaos erfüllt, das sich immer weiter ausbreitet, ohne jedoch die einstelligen repetitiven Sequenzen [0] und [$g-1$] gänzlich zu verdrängen. Im Zentrum bilden sich gelegentlich temporäre Kernbereiche aus, die sich jedoch nicht stabilisieren können.

3. Chaos mit mehrstelligen vertikalen repetitiven Sequenzen
$g = 10$; $S_0 = 1089$; $m = (a_2s_2)_2a_9(s_2a_2)_2$ (25).

Hier gehen vierstellige und fünfzeilige *OT*-Sequenzen in die vierstelligen repetitiven Sequenzen [1089] über. Die Startzahl erscheint somit als Repetitionseinheit wieder, vermag jedoch nicht, sich bis ins

Zentrum der Figur hinein zu behaupten. Im Zentrum selbst bleibt Chaos mit Inseln der Ordnung – in diesem Fall mit temporären Kernbereichen – bestimmend.

4. Chaos mit schrägen repetitiven Sequenzen
$g = 10$; $S_0 = 1089$; $m = (a_1s_2)_{11}a_3s_4$ (40).
Auch hier ist das Chaos selbst von temporären vertikalen Kernbereichen und anderen Inseln der Ordnung durchzogen.

5. Chaos mit multiplen repetitiven Sequenzen
$g = 10$, $S_0 = 1089$; $m = (s_2a_1)_{10}s_3a_2$ (35).
Neben zentralem Chaos mit Inseln der Ordnung präsentieren sich im Anschluss daran zunächst vertikale wellenförmige repetitive Sequenzen und sodann komplizierter strukturierte schräge repetitive Sequenzen. Noch komplizierter strukturiert sind indes die etwa 20-zeiligen OT-Sequenzen, die ihrerseits aus komplizierten, stabilen Substrukturen bestehen.

III. Chaos mit schrägen Kernen

6. Temporäre schräge Kerne auf einstelligen repetitiven Sequenzen
$g = 5$; S_0, $= 1034$; $m = a_5s_4a_1s_2$ (12); $Z_1 = 2m_1$.
Die schrägen Kernbereiche sind nur temporär und verlaufen auf einstelligen repetitiven Sequenzen.

7. Schräge Kerne auf mehrstelligen vertikalen repetitiven Sequenzen
$g = 10$; $S_0 = 1089$; $m = a_1s_3a_3s_4(a_1s_2)_3a_1$ (21).
Die schrägen Kernbereiche sind hier nicht temporär, sondern durchgehend. Diese Eigenschaft erwerben sie dadurch, dass sie nicht innerhalb des zentralen Chaos existieren, sondern ihm entspringen und parallel zu den OT-Sequenzen verlaufen. Die vertikalen repetitiven Sequenzen, welche die schrägen Kerne durchqueren, sind vierstellig und haben als Repetitionseinheit wieder [1089]. Temporäre

schräge Kernbereiche tauchen allerdings auch hier innerhalb des zentralen Chaos neben anderen Inseln der Ordnung auf.

8. Schräge Kerne auf schrägen repetitiven Sequenzen
$g = 7$; $S_0 = 1056$; $m = (s_2a_1)_9a_1$ (28).
Die durchgehenden schrägen Kerne entspringen zentralem Chaos mit Inseln der Ordnung.

9. Schräge Kerne auf multiplen repetitiven Sequenzen
$g = 7$; $S_0 = 10_{100}$; $m = (s_2a_1)_6a_2$ (20).
Hier entspringt dem zentralen Chaos auf beiden Seiten je ein schräger Kern, der die vertikalen repetitiven Sequenzen in zwei Bereiche teilt, von denen der eine komplementär zu dem anderen ist. Das zentrale Chaos ist von relativ großen Inseln der Ordnung durchsetzt, von denen die meisten temporäre vertikale Kernbereiche sind.

10. Durchgehende schräge Kerne auf einstelligen repetitiven Sequenzen
$g = 5$; $S_0 = 1034$; $m = s_1a_2s_2a_1(a_1s_2)_2a_1s_1a_2$ (16).
Das mit Inseln der Ordnung durchsetzte zentrale Chaos entsendet hier in unregelmäßigen Abständen schräge und parallel zu den *OT*-Sequenzen verlaufende Kerne durch die einstelligen repetitiven Sequenzen hindurch.

IV. Chaos mit SIER-Fragmenten

11. $g = 10$; $S_0 = 1089$; $m = s_2a_7(s_2a_2)_2s_2a_7$ (26).
Das SIER-Fragment befindet sich am Rand der Figur. Es verbindet die *OT*-Sequenzen mit dem zentralen Chaos.

12. $g = 2$; $S_0 = 1001$; $m = a_3s_1a_2s_1$ (7); $Z_1 = 2m_1$.
Die SIER-Fragmente reichen bis ins Zentrum.

Kapitel 5:
Repetitive Sequenzen der besonderen Art

Strukturtyp REPS

«Unter den REPS gibt es gekrümmte, geknickte, verbogene, verwackelte und noch andere krumme Typen. Sie reproduzieren sich nicht progressiv in gerader und zusammenhängender Linie. Ihre Zentren sind zumeist nicht frei von chaotischen Elementen.»

Diese Zusammenfassung soll das nun folgende Kapitel über *Repetitive Sequenzen der besonderen Art* einleiten, die wir auch kurz Strukturtyp REPS nennen. Es sind dies Strukturen, die keine repetitiven Sequenzen im gewöhnlichen Sinne enthalten, wie wir sie beim Typ PER kennen gelernt haben: einstellige oder mehrstellige, vertikale oder schräge. Diese reproduzierten sich progressiv in vertikaler oder schräger Richtung so, dass sie jedes Mal gerade und zusammenhängende Linien bildeten. Anders bei den jetzt vorzustellenden. Die repetitiven Sequenzen des Typs REPS bilden keine geraden und zusammenhängenden Linien, sondern sind in irgendeiner Weise gekrümmt, gebogen, geknickt oder auch einfach nicht zusammenhängend.

Es mag sein, dass die deutschen Ausdrücke «gekrümmt», «geknickt», «verbogen» und «verwackelt» nicht immer genau das wiedergeben, worum es bei den jeweiligen Repräsentanten dieses Typs geht. Ein satirischer Schriftsteller des 18. Jahrhunderts hat gelegentlich bemerkt, «dass viele deutsche Wörter so unbestimmt sind, dass oftmals derjenige, der sie braucht, etwas ganz anderes dabei denkt, als er eigentlich denken sollte; und derjenige, der sie hört, wird, wo nicht gar betrogen, doch leicht irre gemacht».[1] Aber auch in anderen Sprachen – im Englischen, Französischen, Russischen oder Spanischen – dürfte es nicht weniger schwierig sein, genau das wiederzugeben, was die einzelnen Arten von REPS auszeichnet. Mehr und besser als jede Sprache kann in diesem Fall wohl das Bild sagen, worum es jeweils geht. Darum werden in diesem Kapitel vor allem die Grafiken zu Wort kommen.

Arten von REPS

Die REPS sind im Allgemeinen von voller, fülliger Gestalt. Dies rührt daher, dass sie zum einen, um überhaupt zustande zu kommen, in der Regel einen Modus von hinreichender Länge benötigen, und zum anderen, falls sie auch einmal schon bei kürzerem Modus auftreten, die Zykluslänge mindestens verdoppelt werden muss, um die mehrstelligen repetitiven Sequenzen als einfarbige Linien erscheinen zu lassen.

Betrachten wir diese Exoten etwas näher.

Da gibt es, erstens, die gekrümmten repetitiven Sequenzen. Und da sich eine gerade Linie immer entweder nach der einen oder nach der anderen Seite hin krümmen kann, treten auch die gekrümmten REPS in zwei Arten auf: als konvex und als konkav gekrümmte.

1. Gekrümmte repetitive Sequenzen

a) Konvex gekrümmte Sequenzen
Bei diesem Typ handelt es sich um Strukturen, deren Zentrum von mehrstelligen repetitiven Sequenzen umschlossen wird. Das

Zentrum selbst besteht jedoch nicht aus einem durchgängigen vertikalen Kern wie beim Strukturtyp PER, sondern aus nur temporären Kernbereichen oder auch chaotischen Teilabschnitten. Um das Zentrum herum verlaufen die repetitiven Sequenzen nicht vertikal, sondern krümmen sich um dasselbe herum wie der Raum um schwere Masse. Grafik 62 mag in Basis g = 10 als Illustration dienen.

Nach einer kurzen, im Zentrum chaotischen Anlaufphase erkennt man einen zentralen Kernbereich, der durch Zacken eingefasst ist. Während der Kernbereich immer schmaler wird, werden die Zacken immer breiter und länger. Die spitzen Enden der Zacken unterbrechen die vertikalen repetitiven Sequenzen eine nach der anderen, wodurch sich eine konvexe Krümmung ergibt. Der zentrale Kernbereich wird schließlich durch ein chaotisches Intermezzo abgelöst, das seinerseits in einen kompliziert strukturierten neuen Kernbereich übergeht. Temporäre Kernbereiche und chaotische Teilabschnitte wechseln nun im Zentrum der Figur einander ab, während die Zacken immer großflächiger werden und die Krümmung der repetitiven Sequenzen gegen null geht.

Im Detail spielt sich Folgendes ab. Links vom Zentrum verlaufen zunächst vertikale repetitive Sequenzen auf einem $(g - 1)$-Kontinuum; ihre Repetitionseinheit ist [108108]. Die erste Unterbrechung lässt aus [108108] die Repetitionseinheit [03078] werden. Diese ist gegenüber [108108] um eine Stelle nach links versetzt und reproduziert sich in vertikaler Richtung siebenmal. Dann wird [03078] wieder zu [108108], die um zwei Stellen nach links versetzt ist und nur einmal auftaucht. Sie wird ihrerseits wieder abgelöst durch [03078], die wiederum um eine Stelle nach links versetzt ist und sich jetzt siebenmal in vertikaler Richtung reproduziert. Dann folgt [108108] zweimal und um zwei Stellen versetzt usw.

Wir bestimmen die Krümmung K durch das Verhältnis der Anzahl der nach links (nach außen) versetzten Stellen, die konstant gleich 3 ist, und der Anzahl der Reproduktionen in vertikaler Richtung von [108108] und [03078]:

$$K_1 = 3/(7+1) = 0.375$$
$$K_2 = 3/(7+2) = 0.333$$
$$K_3 = 3/(8+3) = 0.273$$
$$K_4 = 3/(9+4) = 0.231$$
$$K_5 = 3/(10+5) = 0.2$$
$$K_6 = 3/(11+6) = 0.176$$
$$K_7 = 3/(12+7) = 0.158$$
usw.

Je weiter der Prozess fortschreitet, umso mehr nähert sich die Krümmung der repetitiven Sequenzen dem Grenzwert null, ohne ihn jedoch je zu erreichen. Der Skalierungsfaktor der gekrümmten repetitiven Sequenzen strebt – wie man erkennt – monoton fallend gegen 1.

Rechts vom Zentrum spielt sich alles analog, jedoch in komplementären Ziffern ab.

Grafik 63 zeigt einen weiteren Repräsentanten dieses Typs. Er belegt zugleich, dass dieser Typ auch mit multiplen repetitiven Sequenzen ausgestattet sein kann. Darüber hinaus ist zu erkennen, dass die Krümmung der repetitiven Sequenzen sich nicht unbedingt gleichmäßig verändert; sie ist vielmehr von der Art des Musters abhängig, das sich im Zentrum befindet. Die gekrümmten repetitiven Sequenzen schmiegen sich gleichsam an die Kanten und Ecken des Musters an, sodass es kurzzeitig auch zu ungleichmäßig verlaufender Krümmung kommen kann. Je weiter entfernt die gekrümmten repetitiven Sequenzen jedoch vom Zentrum sind, umso gleichmäßiger geht ihre Krümmung gegen null. Entsprechend erweist sich der Skalierungsfaktor für die gekrümmten repetitiven Sequenzen wiederum als gegen 1 strebend, wenn auch nicht durchweg monoton fallend.

Wenn es Strukturen mit konvex gekrümmten und nach außen, vom Zentrum weg gerichteten repetitiven Sequenzen gibt, warum sollte es dann nicht auch solche mit konvex gekrümmten, jedoch nach innen, zum Zentrum hin gerichteten repetitiven Sequenzen geben? Es gibt sie tatsächlich, wie die Grafik 64 belegt.

b) Konkav gekrümmte Sequenzen

Neben den zwei Arten konvex gekrümmter gibt es auch REPS, die sich konkav nach innen, zum Zentrum hin krümmen. Bei den konvex und nach außen gekrümmten sind die mehrstelligen vertikalen repetitiven Sequenzen Abschnitt für Abschnitt nach außen versetzt, wobei die versetzten Abschnitte in vertikaler Richtung immer länger werden. Bei den konkav und nach innen gekrümmten repetitiven Sequenzen liegen die Verhältnisse umgekehrt: Die mehrstelligen vertikalen repetitiven Sequenzen sind Abschnitt für Abschnitt nach innen versetzt, wobei die versetzten Abschnitte in vertikaler Richtung regelmäßig immer kleiner werden, sodass sie aufeinander zustreben und schließlich eine geschlossene Figur bilden. Sobald die Figur geschlossen ist, wird die nächstfolgende Repetitionseinheit durchbrochen und versetzt, und das Spiel beginnt von vorne. Der Skalierungsfaktor der konkav nach innen gekrümmten repetitiven Sequenzen ist hier von vornherein kleiner als 1 und strebt für jede geschlossene Figur monoton fallend gegen null.

Grafik 65 zeigt diesen Typ in Basis $g = 10$. Das zentrale Muster ist, wie man sieht, nicht periodisch. Ein zum Zentrum hin gekrümmter Repräsentant der REPS kann allerdings auch so aufgebaut sein, dass das zentrale Muster einen periodischen Kern enthält. In Grafik 66 durchzieht beispielsweise ein Kern der Gestalt $\{(g-1)_{10}\}$ das zentrale Muster.

2. Geknickte repetitive Sequenzen

Was einen Knick von einer Krümmung unterscheidet, ist relativ leicht zu sagen: Der Knick ist ein scharfer Bruch; eine gerade Linie erfährt einen Knick, wenn sie an einer Stelle plötzlich unter einem spitzen oder stumpfen Winkel weiter verläuft. Eine Krümmung hingegen vollzieht sich mehr oder weniger kontinuierlich und allmählich. Bei den nach innen gekrümmten REPS entstand die Krümmung dadurch, dass eine vertikale repetitive Sequenz bzw. ein Teil einer solchen in immer kürzeren zeitlichen Abständen um jeweils den gleichen Betrag nach innen (zum Zentrum hin) versetzt wurde. Bei der jetzt zu besprechenden Variante des Typs REPS erfährt eine vertikale repetitive Sequenz einen Knick, sodass aus ihr ein temporärer schräger Kern wird, der sich in Richtung des Zentrums der Gesamtstruktur hin bewegt. Grafik 67 zeigt diesen Sachverhalt deutlich; als Schrittfolge wurde hier die doppelte Moduslänge gewählt, um wenigstens vier Knickstellen im Bild zu haben.

Es stellt sich die Frage, ob es auch nach außen, vom Zentrum weg geknickte repetitive Sequenzen gibt. Experimentell ist die Frage noch nicht beantwortet, denn bislang ist eine solche Struktur von niemandem beobachtet worden. Eine einfache Überlegung zeigt jedoch, dass sie – wenn sie überhaupt existieren sollte – nur überaus selten vorkommen dürfte. Nehmen wir vertikale repetitive Sequenzen an. Die erste, dem Zentrum am nächsten gelegene werde an der Stelle K_1 unter welchem Winkel auch immer nach außen geknickt. K_2 muss dann «tiefer» liegen als K_1, d. h., der zweite Knick muss später erfolgen als der erste. Würde K_2 «oberhalb» von K_1 liegen, d. h. der zweite Knick vor dem ersten erfolgen, dann gäbe es nur endlich viele Knicke, vielleicht nur drei oder vier, vielleicht auch dreihundert oder vierhundert, aber irgendwann wäre das Spiel unwiderruflich zu Ende, und von einem Typ REPS könnte keine Rede sein. Erfolgt K_{n+1} aber «tiefer» bzw. später als K_n, so muss die $(n + 1)$-te repetitive Sequenz den temporären Kern C_n, der aus der n-ten repetitiven Sequenz hervorgeht, und alle anderen temporären Kerne von C_1 bis C_{n-1} kreuzen. Jede Kreuzung ist aber ein Ort, an dem vertikale repetitive Sequenzen und temporäre schräge Kerne so miteinander wechselwirken können, dass ganz neue Strukturen entstehen, die nicht mehr dem Typ REPS angehören. Dies mag ein Grund sein, weshalb nach außen geknickte REPS – wenn überhaupt – nur ganz selten das Licht der Welt erblicken und überleben. Jedenfalls sind sie noch nicht gesichtet worden. Analoges gilt für konkav und nach außen gekrümmte REPS.

3. Verbogene repetitive Sequenzen

Bei der nächsten Art von REPS wird eine Repetitionseinheit nicht abschnittsweise und regelmäßig nach außen oder nach innen versetzt, wie bei den gekrümmten REPS, sondern in ganz unregelmäßiger Weise nach außen hin *verformt*. Das zentrale, nichtperiodische Muster wird somit von einer Art ungleichmäßig verbogenen repetitiven Sequenzen umgeben. Der Verbiegungseffekt pflanzt sich vom Zentrum nach außen hin fort und erfasst nach und nach eine Repetitionseinheit nach der anderen.

Grafik 68 veranschaulicht, wie diese Art beschaffen ist.

4. Verwackelte repetitive Sequenzen

«Verliebt», «verlobt», «verheiratet» ist eine Steigerung, die jedermann versteht, ein Übergang zu einer immer intensiveren Beziehung zwischen zwei Menschen. Eine noch engere Beziehung zwischen zwei Menschen als die Heirat gibt es vor dem Gesetz nicht. Die Ehe kann nur durch Scheidung oder Tod aufgehoben werden.

«Gekrümmt», «geknickt», «verbogen» ist dagegen keine Steigerung, sondern der Versuch einer Benennung für drei Arten von REPS, von denen jede einfach anders ist als die beiden anderen. Über sie hinaus kann es durchaus auch noch andere Arten geben. Die palindromischen Gefilde warten ja immer wieder mit einer unfassbaren Vielfalt an Arten und Repräsentanten von Strukturen auf, die selbst die blühendste menschliche Phantasie in den Schatten stellt.

Die vierte besondere Art repetitiver Sequenzen, der wir im Bereich der REPS begegnen, habe ich als «verwackelt» bezeichnet. Es sind dies repetitive Sequenzen, die teils gekrümmt sind, teils aber auch ganz unregelmäßig mal nach links und mal nach rechts versetzt oder verbogen sind. In Grafik 69 ist z. B. eine zentrale Periode zu sehen, die von repetitiven Sequenzen umgeben ist, die in vertikaler Richtung teils periodisch aufeinander folgen, teils unregelmäßig links oder rechts versetzt sind. Glatte und verwackelte Abschnitte wechseln dabei in unregelmäßiger Folge einander ab.

Verwackelte repetitive Sequenzen gibt es in den verschiedensten Formen und Varianten. Von besonderem Interesse sind u. a. jene, die auf relativ weitläufiges zentrales Chaos oder auf temporäre schräge Kerne treffen, um die sie herumbiegen, um sodann wieder zu ihrer «normalen» verwackelten Form zurückzufinden.

Sehenswert sind auch solche, die wie lange, dicke Schläuche von den *OT*-Sequenzen herunterhängen und mit ihren unregelmäßigen Wülsten eher an schlecht gestopfte Leberwürste als an repetitive Sequenzen erinnern.

Die Vielfalt ist so groß, dass bei weitem nicht alle Arten beschrieben, geschweige denn in Grafiken vorgeführt werden können.

5. Alternierende repetitive Sequenzen

Selbst wenn wir die Reihe «gekrümmt», «geknickt», «verbogen» mit «verwackelt» als abgeschlossen betrachten, ist das Thema REPS damit nicht erschöpft. Von anderer, wenn auch durchaus besonderer Art sind nämlich die sog. alternierenden repetitiven Sequenzen. Als Demonstrationsobjekt sei die Grafik 70 angeführt, die uns die Basis $g = 4$ zur Verfügung stellte.

Wir bemerken zunächst eine Periode der Länge $l = 324$; deren in Grafik 70 periodisch sich reproduzierender Kern ist $\{213_42_2\}$.

Links vom Kern durchziehen temporäre Abschnitte vertikaler repetitiver Sequenzen das Null-Kontinuum, rechts das $(g-1)$-Kontinuum. Es sind zwei siebenstellige Repetitionseinheiten, die auf jeder Seite einander abwechseln: links die Sequenzen [3203211] und [2113122] und rechts die komplementären Sequenzen [1220211] und [0130122]. Sie sind horizontal durch 35 bzw. 77 Nullen auf der linken Seite und durch 35 bzw. 77 $(g-1)$-Sequenzen auf der rechten Seite voneinander getrennt. Wir könnten also ebenso gut als neunundvierzigstellige Repetitionseinheiten die Sequenz [21131220₃₅3203211] links und die Sequenz [12202110₃₅0130122] rechts betrachten, müssten dabei aber beachten, dass sie nicht unmittelbar aufeinander folgen, sondern jeweils durch 77 Nullen bzw. 77 $(g-1)$-Sequenzen voneinander getrennt sind. Bleiben wir indes bei den siebenstelligen Repetitionseinheiten, so alternieren diese horizontal in den genannten Abständen.

Vor allem aber alternieren sie vertikal – und zwar in zweierlei Hinsicht: Erstens alternieren links die Sequenzen [3203211] und [2113122] in der vertikalen Abfolge; rechts sind es entsprechend die Sequenzen [1220211] und [0130122]. Zwischen beiden alternierenden Sequenzen liegt jeweils eine kurzzeitige Unterbrechung.

Wird die eine Sequenz vertikal nach einer kurzzeitigen Unterbrechung durch die jeweils andere abgelöst, so gilt dies nicht für die ihr horizontal folgende: Diese reproduziert sich – nach einer längeren Unterbrechung – in derselben Gestalt.

Es ist mithin ein mehrfaches – horizontales und vertikales – Alternieren der repetitiven Sequenzen, das für diesen Strukturtyp charakteristisch ist.

Ein weiteres Kennzeichen besteht darin, dass sich an den oberen und unteren Enden der Repetitionseinheiten Miniaturstrukturen bilden. Gegenüber den temporären Abschnitten der alternierenden repetitiven Sequenzen sind sie zwar verschwindend klein, doch sei auf sie hingewiesen, weil sie den Keim bilden für den im nächsten Kapitel zu besprechenden Strukturtyp: Miniaturen.

6. Unterbrochene repetitive Sequenzen

Es sind dies mehrstellige Subsequenzen, die sich in der Sequenzenachse wiederholen und sich auch in zeitlicher Richtung identisch reproduzieren – so weit verhalten sie sich wie andere repetitive Sequenzen auch –, jedoch in beiden Richtungen nicht in strenger Regelmäßigkeit, sondern in unregelmäßigen Unterbrechungen aufeinander folgen.

Grafik 71 zeigt eine solche Struktur in g = 5. Der chaotische Mittelbereich ist von unterbrochenen repetitiven Sequenzen umgeben, die horizontal und vertikal mit unregelmäßigen Unterbrechungen aufeinander folgen, hier und da wohl auch etwas verwackelt sind. Die Repetitionseinheit auf der linken Seite der Figur ist [34$_3$1]; auf der rechten Seite steht die komplementäre Sequenz [10$_3$3]. Grafik 72 zeigt einen Ausschnitt aus der linken Seite in zehnfacher Vergrößerung, bei der die unregelmäßige horizontale wie vertikale Aufeinanderfolge der Sequenz [34$_3$1] gut zu sehen ist.

Es gibt allerdings auch den Fall, dass die Unterbrechungen überaus regelmäßig aufeinander folgen und auch im Zentrum der Struktur alles periodisch zugeht. Grafik 73 belegt das. Indes ist die so entstehende Struktur von einer Regelmäßigkeit, die sie bereits einem neuen Strukturtyp zuweist, der erst im Kapitel über Interaktionen vorgestellt werden wird.

Kapitel 6: Miniaturen

Das *I Ging*, die Dyadik und der genetische Code

Katya Walter hat den Doktortitel in interdisziplinärer Philosophie an der Universität Texas, große leuchtende Augen und gelegentlich Zustände. Zahlen bilden für sie die eigentliche Wurzel aller Prozesse und Muster und sind für sie das Herz aller Dinge. Ihr zufolge spiegelt sich in den Zahlen 0 und 1 implizit die weiblich-männliche Polarität: «Denn die 0 ist rund, weiblich, bewahrend in ihrer hohlen Mitte. Sie schließt das Nichts ein, und als verdoppeltes Nichts ist sie Unendlichkeit: ∞. Die Null vergrößert Zahlen durch ihre beziehungsreiche Stellung – als 10, 1000, 10 000, ohne selbst etwas zu sein. Auf der anderen Seite das Männliche: Die 1 ist aufrecht, linear; aktiv besteht sie auf ihrer stolzen Existenz und definiert sich über ein strahlendes, aufgerichtetes, scharf abgrenzendes ‹Ich bin!› ihres Egos. Immer im Begriff, weiterzugehen zur nächsten Einheit, zur nächsten Summe, zur Lösung. Dieses Paradoxon von linear-analog liegt im Herzen der Zahl. Die Zahl funktioniert immer auf beide Arten.»[1] In ihrem Buch *Chaosforschung, I Ging und genetischer Code* berichtet sie aus eigener Erfahrung von Zuständen, in denen sich lineares Denken mit analogen Betrachtungen zu *analinearen* Wahrnehmungen und Einsichten verbunden hat. In denen schließen sich Zahlen zu dynamischen Mustern zusammen, welche sich sowohl in der Chaosforschung als auch im *I Ging*, dem altchinesischen *Buch der Wandlungen*, und im genetischen Code wiederfinden. Sie verweist auf bemerkenswerte Parallelen zwischen der Struktur der 64 Hexagramme des *I Ging* und der 64 DNS-Muster (Codons) im genetischen Code sowie zwischen den zu Gruppen angeordneten 55 Punkten jener beiden altchinesischen Karten Ho-Tu und Lo-Shu, die dem *Buch der Wandlungen* zugrunde liegen, und der Struktur der ebenfalls aus 55 Atomen bestehenden Basenpaare der DNS. Katya Walter hat sichtliches Vergnügen am Phantasieren. Wendungen wie «Ich phantasiere einfach einmal …», «Alle meine Mutmaßungen … bringen einfach Spaß und sind nicht zu beweisen …» sind in ihrem Buch nicht selten. Doch es macht auch Spaß, an ihrer Seite die Echoräume der Intuition zu durchwandern.

Das *I Ging* baut sich aus 64 «Bildern» auf , deren jedes aus einer Sechserkombination zweier Symbole besteht. Die beiden Symbole sind ein durchgehender (voller) Strich «—» und ein unterbrochener Strich «– –». Beide werden zunächst zu Grundfiguren – Trigrammen – kombiniert, deren jede aus drei Strichen besteht und denen in den verschiedenen Auslegungen des Buches unterschiedliche Bedeutungen beigelegt werden. So symbolisieren in der als Alte Familie bekannten Deutung drei durchgehende Striche «☰» den Himmel oder den Vater, drei unterbrochene Striche «☷» die Erde oder die Mutter. Je zwei Trigramme werden sodann zu einer sechsteiligen Figur – einem Hexagramm – zusammengefügt, wobei Platz und Charakter der Striche sowie ihre Beziehungen zueinander das Bedeutungsspektrum der Gesamtfigur bestimmen. Die aus achtmal acht Trigrammen kombinierte Anordnung der 64 Hexagramme wird dem legendären Kaiser Fu-hsi (Fo-hi), dem mythischen Begründer der chinesischen Kultur, zugeschrieben.

Nimmt man die volle, durchgehende Linie als 1 und die unterbrochene Linie als 0, so stellt sich das *I Ging* als ein binäres Zahlensystem dar. Kein Geringerer als Gottfried Wilhelm Leibniz hatte gegen Ende des 17. Jahrhunderts eine binäre Arithmetik entworfen, in der nur mit den Zahlen 0 und 1 gerechnet wurde.

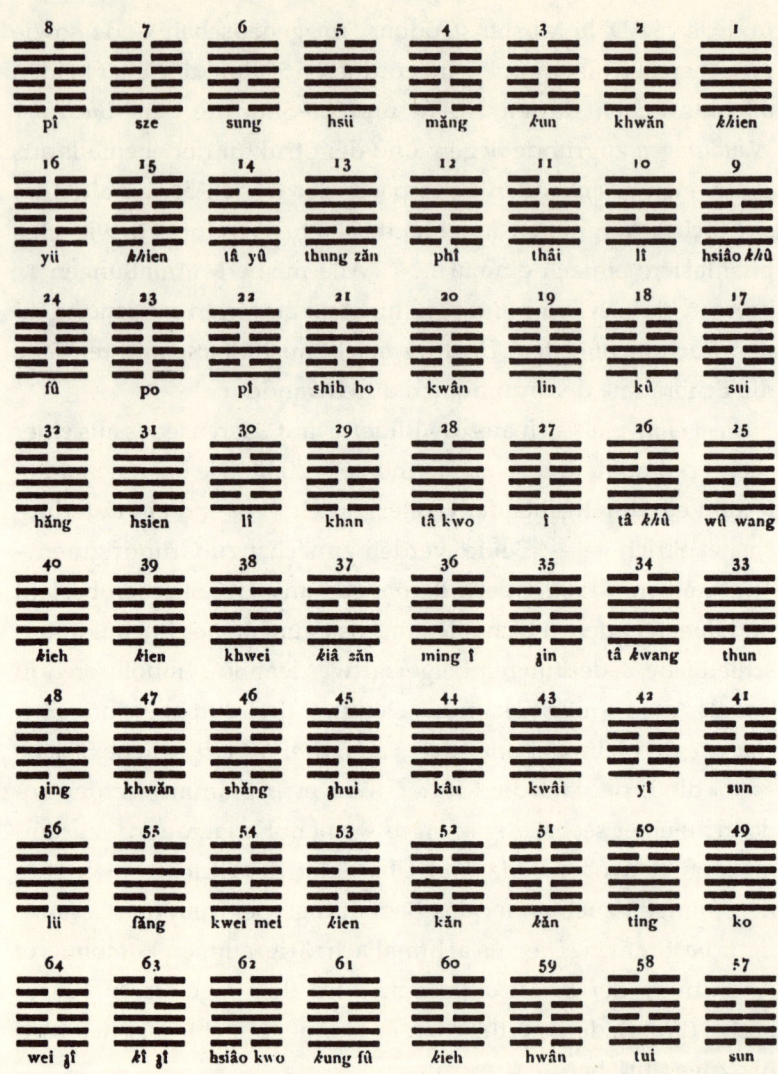

Abb. 5: Hexagramme in der Anordnung des Chou

Leibniz hielt diese Entdeckung für so bedeutsam, dass er der
Académie Royale des Sciences zu Paris, die ihn 1700 zu ihrem
Ausländischen Mitglied gewählt hatte, als erste Abhandlung

seinen *Essay über eine neue Wissenschaft der Zahlen*, eben über die Dyadik, über das Rechnen mit 0 und 1, übersandte.[2] Über den in China tätigen Missionar Pater Bouvet bekam Leibniz sodann Kenntnis vom *I Ging* und interpretierte dieses sogleich als binäres Zahlensystem.[3] Mehr noch: In dem Ursprung der Zahlen aus 0 und 1 sah Leibniz «ein schönes Kennzeichen der ständigen Erschaffung der Dinge aus dem Nichts und ihrer Abhängigkeit von Gott».[4] Das Bild und das Geheimnis der Schöpfung verbindet sich ihm mit der Entstehung von allem aus dem Nichts durch die Eins: «Einer hat alles aus nichts gemacht. Eins ist noth.»[5]

Ich werde hier nicht der äußerlichen Analogie zwischen der Struktur der Hexagramme des *I Ging* und der Codons des genetischen Codes, wie sie Katya Walter verfolgt, nachgehen. Dabei gäbe der Strukturtyp, den wir in diesem Kapitel behandeln wollen, durchaus Anlass und Nahrung für ein derartiges Vorgehen. Und das in zweierlei Hinsicht. Wir werden zum einen Miniaturstrukturen kennen lernen, deren Form an die Form mancher Chromosomen erinnert. Und wir werden es zum anderen mit Pixelfolgen zu tun haben, die in Reihen untereinander in bestimmten Kombinationen angeordnet sind. Doch dazu müssen wir zunächst den Strukturtyp «Miniaturen» selbst betrachten.

Strukturtyp MIN

Es handelt sich um einen äußerst originellen Strukturtyp, bei dem uns keine großflächigen Strukturen begegnen, sondern eher Winzlinge, von denen jeder aber seine besondere Form und Gestalt hat. Ein endloses Gewimmel zierlicher Figuren, die in Reihen untereinander angeordnet sind, bietet sich uns also dar. Mit etwas Phantasie könnte man sogar versucht sein, hier und da in den Miniaturen Hieroglyphen oder gar Buchstaben zu erkennen, ein K etwa oder ein R oder ein B, X und Y sowieso. An anderer Stelle habe ich diesen Typ deshalb «Hieroglyphenchaos» genannt.[6] Da wir es im strengen Wortsinn aber weder mit Chaos noch mit Hieroglyphen zu tun haben, ziehe ich es nunmehr vor, diesen Typ einfach «Miniaturen» (MIN) zu nennen.

Grafik 74 – und in dreifacher Vergrößerung Grafik 75 – zeigen in Basis $g = 9$ Miniaturen, die links und rechts von einer zentralen Periode auf einem $(g-1)$- bzw. auf einem Null-Kontinuum angeordnet sind. Der Kern besteht aus der vierstelligen Sequenz {7888}. Die nähere Sicht auf das Ensemble vielgestaltiger Miniaturen erweist, dass alle aus nur zwei Sequenzen zusammengesetzt sind: links aus (788810) und (01780), rechts aus den dazu komplementären Sequenzen (100078) und (87108). Aus der vertikalen Kombination dieser fünf- und sechsstelligen Sequenzen ergeben sich raumzeitliche Figuren. Ergänzt man die fünfstelligen zu sechsstelligen – links zu (801780) und rechts zu (087108) – und vereinbart man, dass in (100078) die 10 und die 78 als durch zwei Nullen getrennt zu lesen sind und entsprechend in (788810) die 78 und die 10 als durch die zu 00 komplementäre 88 getrennt zu lesen sind, dann bilden die Miniaturen Kombinationen aus vollen, durchgehenden Pixelfolgen (801780) und (087108) und unterbrochenen Pixelfolgen (78..10) und (10..78). Man sieht, dass jetzt außerdem sowohl die durchgehenden als auch die unterbrochenen Pixelfolgen links und rechts vom Kern komplementär zueinander sind.

Der Strukturtyp MIN erinnert an den Typ «Unterbrochene repetitive Sequenzen». Hier wie dort finden wir Subsequenzen in Reihen, jedoch in unregelmäßiger zeitlicher Folge, untereinander angeordnet (vgl. Grafiken 71 und 72). Was den Typ MIN jedoch vom Typ REPS/Unterbrochene repetitive Sequenzen unterscheidet, ist, dass es hier *zwei* Subsequenzen sind, die horizontal und vertikal unregelmäßig alternieren und in Reihen untereinander stehen. Statt gleichförmiger, jedoch unterbrochener vertikaler Sequenzreihen ergeben sich dadurch jene Miniaturstrukturen, die sich nicht mehr zu repetitiven Sequenzen fügen und den Typ MIN *qualitativ* vom Typ REPS/Unterbrochene repetitive Sequenzen unterscheiden.

Der Typ MIN ist nicht auf das Vorhandensein einer zentralen Periode festgelegt. Es gibt auch Miniaturen ohne ein periodisches Zentrum, dafür aber mit durchlöcherten, gestörten Null- und $(g-1)$-Kontinua. In diesen Fällen sind die Miniaturen in der Nachbarschaft der gestörten Regionen nicht mehr streng vertikal angeordnet, sondern in unregelmäßigen, durch die Konturen der Störungen bedingten Windungen.

Der Typ MIN ist – ob mit oder ohne zentrale Periode – auch mit senkrechten oder schrägen repetitiven Sequenzen möglich. In Grafik 76 z. B. befindet sich das endlose Ensemble der Miniaturen unter dem Dach senkrechter repetitiver Sequenzen. Die konstituierenden Sequenzen der Miniaturen sind – wie man sieht – hier andere als in den Grafiken 74 und 75.

Strukturen vom Typ MIN konnten bisher in allen Basen $4 \leq g \leq 32$ nachgewiesen werden.

MIN, *I Ging* und genetischer Code

Strukturtyp MIN bietet sich dar als lange vertikale Kolonne von Figuren, die aus verschieden langen Pixelfolgen bestehen. Was diese Figuren von denen des *I Ging* unterscheidet, ist, dass sie nicht aus nur Tri- oder Hexagrammen bestehen, sondern Kombinationen von einer bis neun untereinander angeordneten Pixelfolgen sind. Wie schlicht und einfach wirken gegenüber diesen verschiedenartigen – horizontalen wie vertikalen – Kombinationen zweier Sequenzen die 64 Hexagramme des *I Ging* oder die 64 Codons des genetischen Codes!

In diesem Zusammenhang sei auf einen Umstand aufmerksam gemacht, der insbesondere für die Interpretation des genetischen Codes von Interesse sein könnte: In den Grafiken 74 und 75 haben wir gesehen, dass alle Miniaturen dieser Struktur nur aus vier Ziffern bestehen. Auch der Kern, das Kontinuum der einstelligen repetitiven Sequenzen und die *OT*-Sequenzen enthalten nur die Ziffern 0, 1, 7 und 8. Die Struktur als Ganzes aber ist in Basis $g = 9$ zu Hause! Der Palindromisierungsprozess bewirkt, dass die in ihm entstehende Struktur nicht alle neun Ziffern enthält, die in Basis $g = 9$ möglich sind, sondern eben nur diese vier, nämlich die ersten beiden *jedes* Zahlensystems und die letzten beiden *desjenigen* Zahlensystems, in dem der Prozess gerade abläuft. Mit anderen Worten: Hat man eine Struktur, die infolge eines Palindromisierungsprozesses aus Kombinationen bestimmter Zahlen, Buchstaben oder anderer Gegebenheiten besteht, und kommen im Aufbau dieser Struktur nicht mehr als n Zahlen, Buchstaben usw. vor, so muss diese Struktur nicht unbedingt in einem Prozess entstanden sein, der zur Basis $g = n$ abläuft, sondern kann einer Basis $g = n + x$ mit $x = 1, 2, 3, \ldots$ angehören.

Wenn der genetische Code aus nur vier Buchstaben aufgebaut ist, so muss er also nicht unbedingt ein System zur Basis $g = 4$ sein. Und wenn das *I Ging* aus nur zwei Zeichen aufgebaut ist, so muss es nicht unbedingt nur ein binäres System sein; es muss sich vielmehr auch aus einem System zur Basis $g \geq 2$ ergeben können. Der springende Punkt hierbei freilich ist der, dass in beiden Fällen Palindromisierungsprozesse vorausgesetzt werden müssten, um die Schlussfolgerung zu stützen. Indes ist es unerfindlich, wie die Tripletts des genetischen Codes oder die Tri- oder Hexagramme des *I Ging* durch Palindromisierung entstanden sein sollen. Merk-

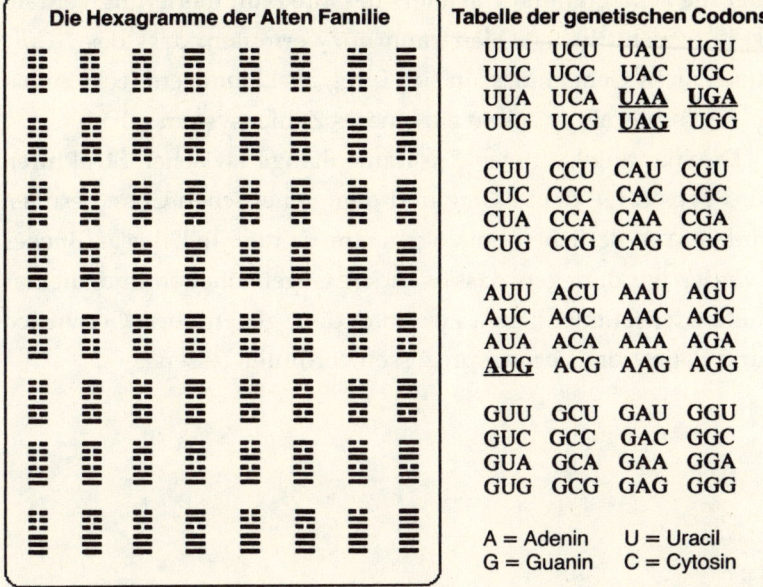

Die Hexagramme der Alten Familie

Tabelle der genetischen Codons

UUU	UCU	UAU	UGU
UUC	UCC	UAC	UGC
UUA	UCA	**UAA**	**UGA**
UUG	UCG	**UAG**	UGG
CUU	CCU	CAU	CGU
CUC	CCC	CAC	CGC
CUA	CCA	CAA	CGA
CUG	CCG	CAG	CGG
AUU	ACU	AAU	AGU
AUC	ACC	AAC	AGC
AUA	ACA	AAA	AGA
AUG	ACG	AAG	AGG
GUU	GCU	GAU	GGU
GUC	GCC	GAC	GGC
GUA	GCA	GAA	GGA
GUG	GCG	GAG	GGG

A = Adenin   U = Uracil
G = Guanin   C = Cytosin

Abb. 6

würdig bleibt in beiden Fällen aber doch, dass sie nicht frei von jedweden palindromischen Gegebenheiten sind. Im Fall des genetischen Prozesses können Basenfolgen, die in der Doppelhelix immer komplementär angeordnet sind, sich zueinander auch wie Folge und Umkehrfolge, d. h. palindromisch, verhalten. Die Folgen «G T A C» und «C A T G» z. B. sind sowohl komplementär als auch palindromisch angeordnet. Im Fall des *I Ging* aber ist in diesem Zusammenhang die auf König Wen und seinen Sohn Chou zurückgehende Anordnung der Hexagramme von Interesse: In ihr stehen nämlich immer Zahl und Umkehrzahl beieinander. Nur wenn die Zahl selbst ein Palindrom ist, folgt die Anordnung einer anderen Regel; dann wird der Zahl nicht ihre Umkehrzahl, sondern ihre komplementäre Zahl angefügt. Niemand vermag zu sagen, warum König Wen und sein Sohn Chou diese Anordnung, der die Hexagramme von alters her ihre Nummerierung verdanken, gewählt haben. Man kann nur vermuten, dass das *I Ging* noch mehr Geheimnisse in sich birgt, als Leibniz entdeckt zu haben glaubte, als er in ihm ein binäres Zahlensystem sah.

Die hier angedeuteten Zusammenhänge zwischen Strukturen des Typs MIN, dem *I Ging* und dem genetischen Code beruhen auf rein äußerlichen Analogien. Im dritten Teil dieses Buches werden wir darlegen, dass es andere Gegebenheiten sind, die uns tiefere Zusammenhänge zwischen dem genetischen Geschehen und Palindromisierungsprozessen vermuten lassen.

Kapitel 7: Interaktionen und Mischtypen

Singles, Mono- und Polygame

Sofern sie nicht in null oder im Chaos enden, sind die in Palin-
dromisierungsprozessen entstehenden Strukturen entweder pe-
riodisch oder similar oder fraktal; einige wenige ordnen sich den
Spezialtypen der REPS und MINs zu. Sie alle, sofern sie in reiner
Form und frei von Störungen auftreten, fristen ihr Dasein als Sin-
gles. Jede steht für sich allein, ist nur sie selbst und keine andere.
Sie teilen das Schicksal aller reinen Typen: Makellosigkeit von
Anbeginn an macht eitel, Reinheit in Vollendung ist steril, und
Schönheit in höchstem Grad gefällt sich selbst vor allem, bevor
sie andere entzückt; sie ist, wie ein Philosoph sich einst ausdrück-
te, «die absolute Idee in ihrer sich selbst gemäßen Erscheinung».[1]
Doch Eitelkeit, Sterilität und Selbstgefälligkeit machen einsam.
So makellos, rein und schön die Grundtypen der PERs, der SIMs
und der SIERs sind, so einsam sind sie auch. Selbst wenn sie in
Clustern auftreten, wovon in Teil 2 dieses Buches die Rede sein
wird, bleiben sie stets unter sich.

Wie ganz anders verhalten sich da alle jene, die nichts von Ein-
samkeit halten, die in fröhlicher Runde mit anderen Grundtypen
sich mischen und sich darin gefallen, bald von dem einen und
bald von einem anderen Typ zu naschen und etwas zu erhaschen,
ein Weilchen eine Periode, ein Weilchen eine Similarität zu sein,
als Sierpinski auf einer Periode aufzuliegen oder Minis zu sein,
die ein Sierpinski konstituieren! Welche Vielfalt an Formen und
Figuren ist hier möglich! Ich bin versucht, das Gewimmel in zwei

Typen einzuteilen: in *Interaktionen* (INTER) und in *Mischtypen* (MIX). Beiden Typen ist gemeinsam, dass sie durch das Zusammenwirken zweier oder mehrerer Grundtypen zustande kommen. Während die Interaktionen jedoch in stabiler Monogamie miteinander auskommen und koexistieren, sind die Mischtypen flatterhaft und polygam: In kürzeren oder längeren zeitlichen Abständen löst ein Typ den anderen ab, der wieder zu einem anderen übergeht, usw.

Strukturtyp INTER

Monogamie oder – wie diese Form des Zusammenwirkens in den palindromischen Gefilden heißt – Strukturtyp INTER bedeutet das ständige Zusammenleben zweier Grundtypen. Es realisiert sich entweder in der Weise, dass die eine Struktur die andere überlagert (Superposition), oder dass die eine die andere aufbaut, sie konstituiert (Konstitution). Der Monogamie scheint besonders der fraktale Typ Sierpinski zugetan zu sein. In allen Fällen, in denen ich den Strukturtyp INTER beobachten konnte, ist Sierpinski im Spiel. Sierpinski ist also keineswegs der Don Juan der palindromischen Gefilde, denn wenn er sich schon mit einer anderen Struktur im Rahmen des Typs INTER einlässt, so läuft das auf Monogamie hinaus, auf lebenslängliches Zusammengehen miteinander und mit keiner anderen. Hier zwei Belege.

Superposition

Grafik 77 zeigt, wie ein Sierpinski in Basis $g = 10$ einer Periode mit einstelligen repetitiven Sequenzen aufliegt: SIER auf PER. Doch auch eine Periode mit mehrstelligen vertikalen repetitiven

Sequenzen kann durch ein Sierpinski-Fraktal überlagert werden. In solchen Superpositionen fällt auf, dass der Kern des Typs PER nicht von den Dreiecksspitzen des Typs SIER durchbrochen wird. Der Typ SIER überlagert nur die repetitiven Sequenzen des Typs PER, lässt den Kern jedoch unberührt.

Ein anderer Fall von Superposition ist gegeben, wenn ein Sierpinski-Fraktal eine Struktur des Typs «Similarität» überlagert: SIER auf SIM. Abwechslungsweise seien anstelle einer Grafik diesmal die Daten einer solchen Struktur mitgeteilt: $g = 10$, $S_0 = 1089$, $m = a_5s_2a_3s_3a_2(a_1s_1)_{18}s_9 (60)$, $Z_l = 2m_l$.

Konstitution

Strukturtyp «Konstitution» im Rahmen des Typs INTER ist beispielsweise dann gegeben, wenn die Elementarzelle eines Sierpinski-Fraktals durch die Struktur eines anderen Typs konstituiert wird.

Diesen Fall haben wir bereits gelegentlich jener Sierpinski-Fraktale in Kapitel 3 kennen gelernt, deren Elementarzellen einen ausgesprochen chaotischen Aufbau hatten, etwa die in der Grafik 51. Im vorliegenden Abschnitt sind jedoch nur solche Konstitutionen gemeint, die *nicht* durch Typ CH bewirkt werden.

Einen besonders interessanten Fall dieser Art von Interaktion zeigt Grafik 78 (siehe Seite 158).

Die Struktur beginnt zunächst als eine des Typs HSIM. Nach $122 \times 39 = 4758$ Operationen erfolgt jedoch der Übergang zum Typ SIER: An den Rändern bilden sich neue HSIMs aus, die sich zum Typ SIER fügen. Das Ganze spielt sich in Basis $g = 2$ ab.

Wer eine Reise durch die palindromischen Gefilde nicht scheut, der kann sich auch am Anblick von Sierpinski-Fraktalen ergötzen, die durch Miniaturen konstituiert werden, oder den noch komplizierteren Fall erleben, dass ein durch Miniaturen konstituiertes Sierpinski eine Periode mit einstelligen oder mehrstelligen repetitiven Sequenzen überlagert. Und wer ganz besonders eifrig ist und überaus geschickt beim Suchen vorgeht, der findet vielleicht noch ganz andere Fälle von Interaktionen, die davon zeugen, dass Monogamie in den palindromischen Gefilden eine durchaus verbreitete und legitime Form des Zusammenlebens von Strukturen ist.

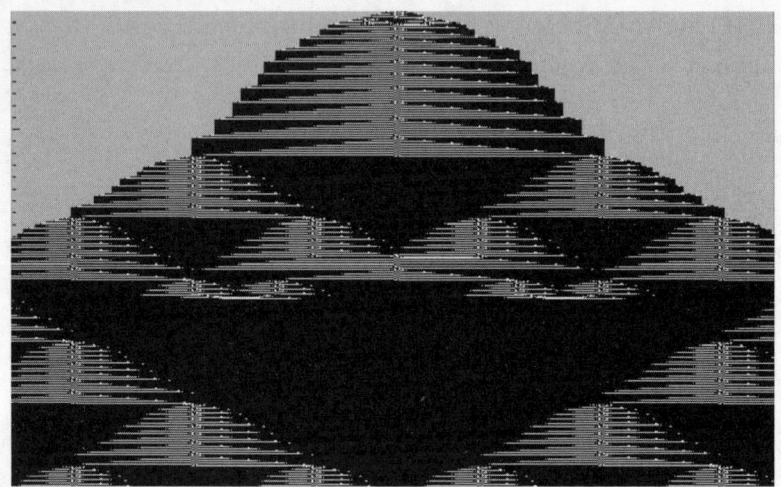

Grafik 78

Strukturtyp MIX

Wenden wir uns abschließend dem erstaunlichen Phänomen zu, dass im Verlauf ein und desselben Palindromisierungsprozesses Strukturen entstehen können, in denen verschiedene der bisher ermittelten Strukturtypen einander ablösen. Es sind Mischtypen (MIX), in denen mehr oder weniger allmählich, mitunter aber auch wie mit dem Messer abgeschnitten, ein Typ in einen anderen übergeht. Als seien verborgene Zauberkräfte am Werk, wird Chaos hier zur Similarität und dann zur Periode, werden Fraktale zu Similaritäten, schräge Kerne zu vertikalen, Similaritäten zu Fraktalen und zu Perioden, Fraktale zu Chaos usw. Die Vielfalt solcher Übergänge ist unerschöpflich. Jeder Typ kann zu jedem anderen werden, kann in ein und demselben Prozess mit ein, zwei, drei oder mehr anderen sukzessive zusammenleben. In den palindromischen Gefilden toleriert jeder den anderen, kein Typ ist vom möglichen Zusammenleben mit anderen ausgeschlossen, jeder kann zu jedem werden.

Drei Beispiele, in denen jeweils drei Typen sukzessive einander ablösen, sollen dieses Kapitel beschließen: ein MIX aus Chaos, SIM und PER in Basis $g = 7$ (Grafik 79) und eine Mischehe in Basis $g = 9$ aus einer selbst nicht reinen similaroiden Struktur und einer Periode mit zwei schrägen zentrumsgerichteten Kernen, die von zwei anderen schrägen Kernen abgelöst werden, welche parallel zu den *OT*-Sequenzen durch das Null-Kontinuum verlaufen und schließlich Ruhe in das unstete Treiben bringen (Grafik 80). Im dritten Beispiel, für das Grafik 81 steht, beginnt die Struktur, als sei sie vom Typ REPS, und zwar mit konvex gekrümmten und nach innen gerichteten repetitiven Sequenzen; sie geht aber dann in den Typ «Nur vertikale repetitive Sequenzen» über und endet schließlich in einer Periode mit einstelligen repetitiven Sequenzen.

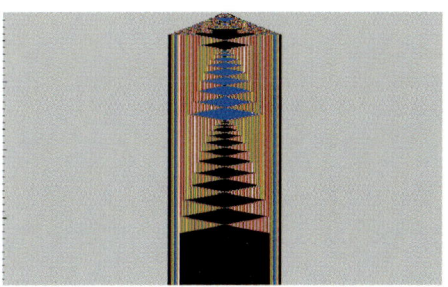

Grafik 2

Grafik 3

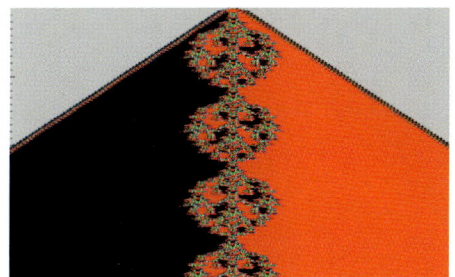

Grafik 4

Grafik 5

Grafik 6

Grafik 7

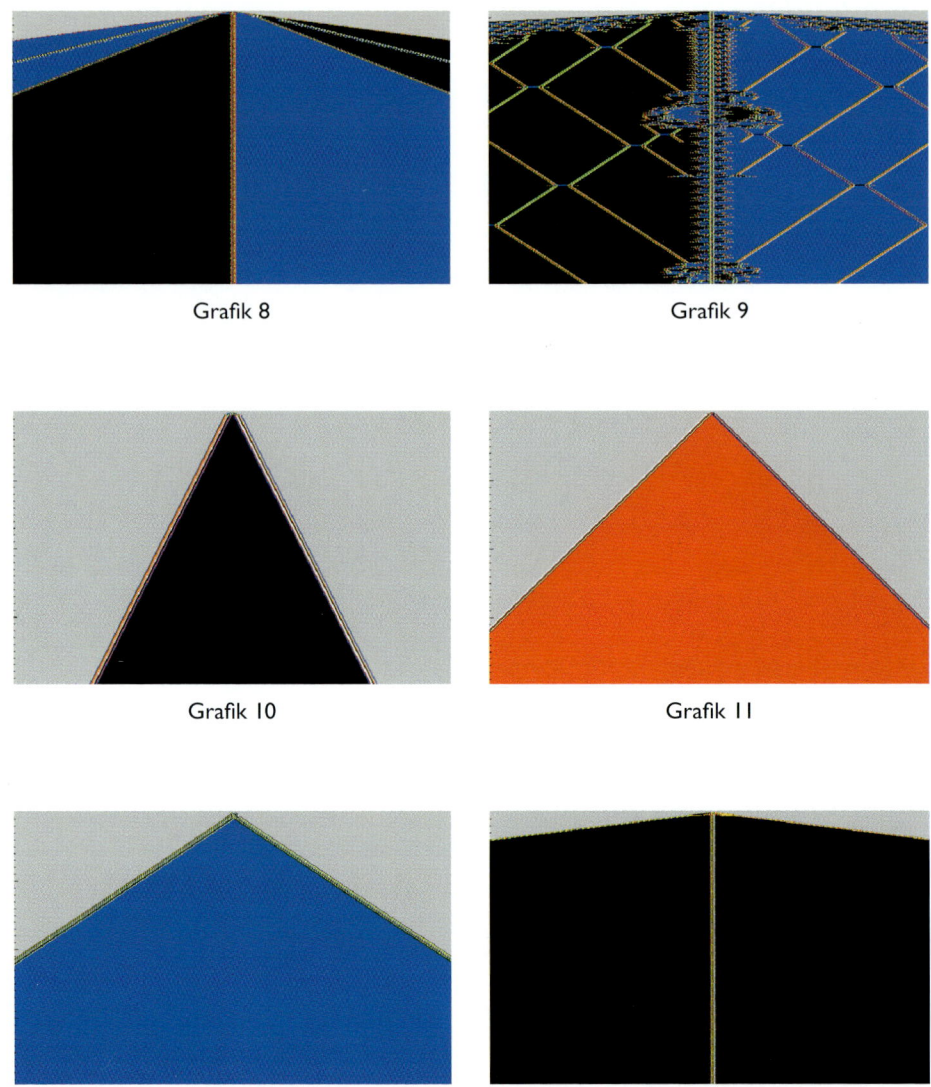

Grafik 8

Grafik 9

Grafik 10

Grafik 11

Grafik 12

Grafik 13

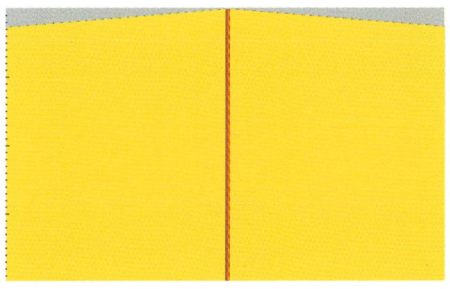

Grafik 14

Grafik 15

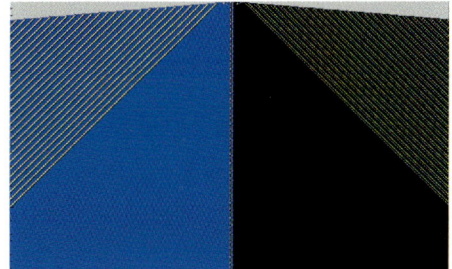

Grafik 16

Grafik 17

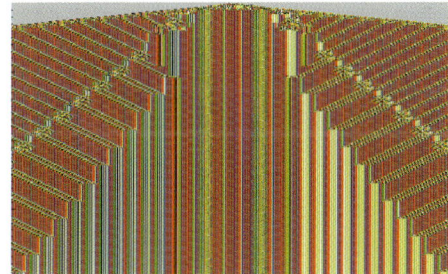

Grafik 18

Grafik 19

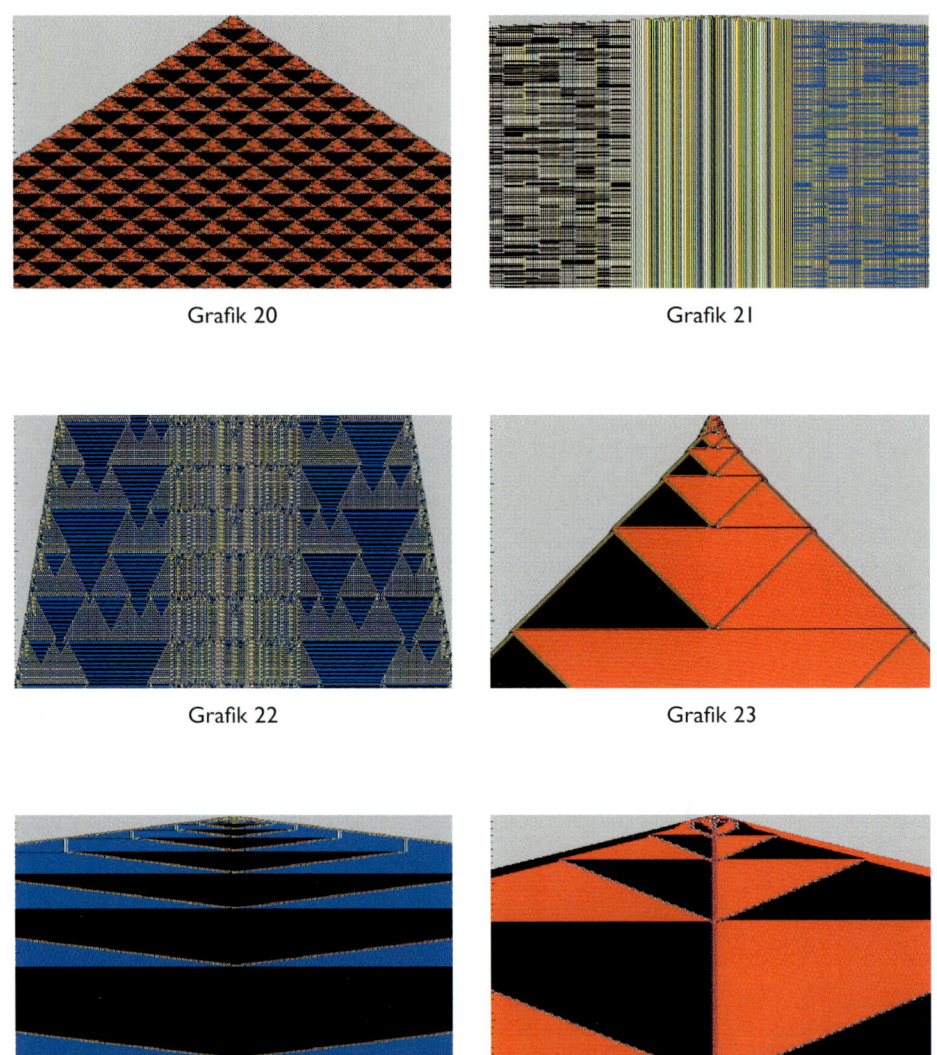

Grafik 20

Grafik 21

Grafik 22

Grafik 23

Grafik 24

Grafik 25

Grafik 26

Grafik 27

Grafik 28

Grafik 31

Grafik 32

Grafik 33

Grafik 34

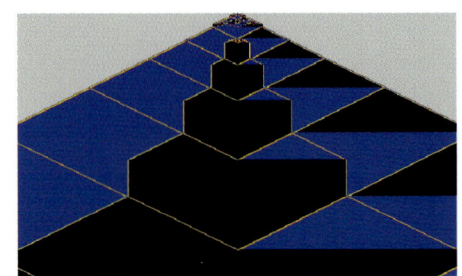

Grafik 35

Grafik 36

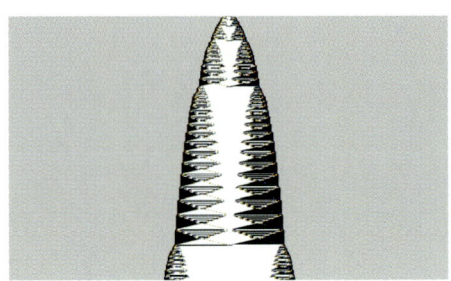

Grafik 37

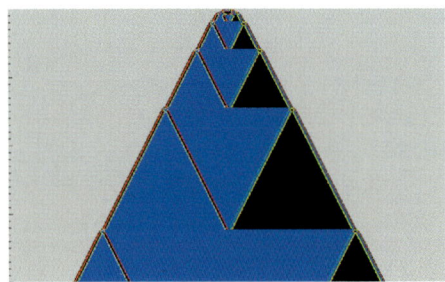

Grafik 38

Grafik 39

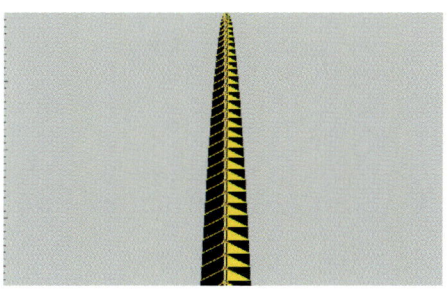

Grafik 40

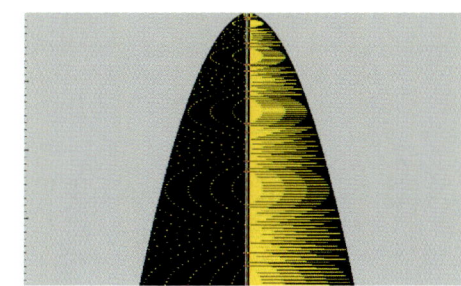

Grafik 41

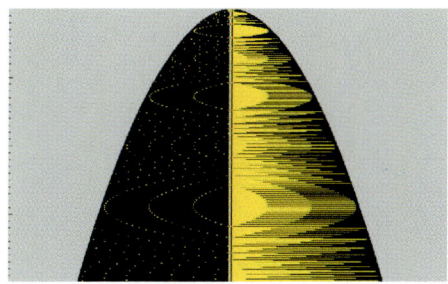

Grafik 42

Grafik 43

Grafik 44

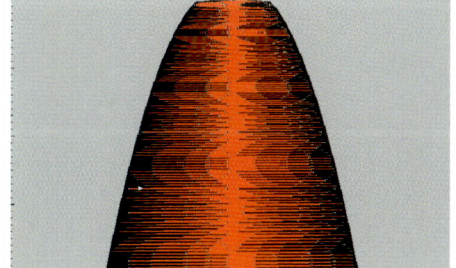

Grafik 45

Grafik 46

Grafik 47

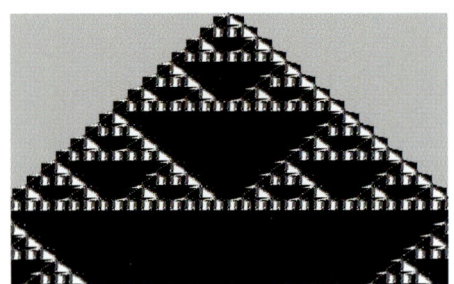

Grafik 48

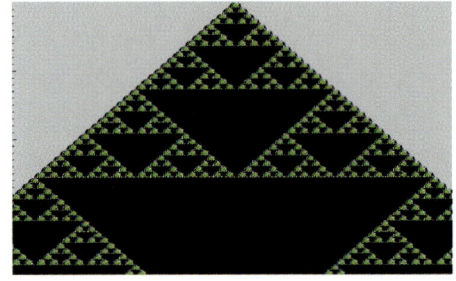

Grafik 49

Grafik 50

Grafik 51

Grafik 52

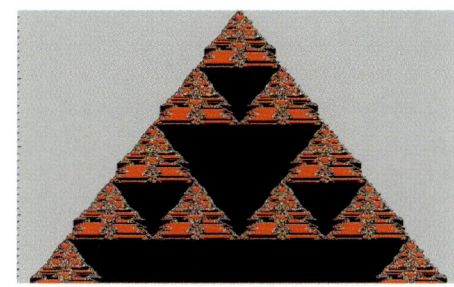

Grafik 53

Grafik 54

Grafik 55

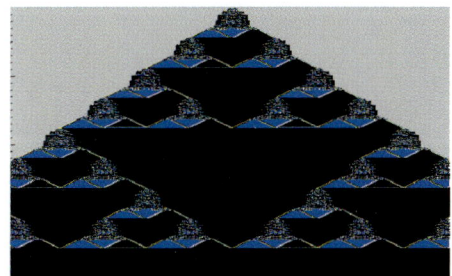

Grafik 56

Grafik 57

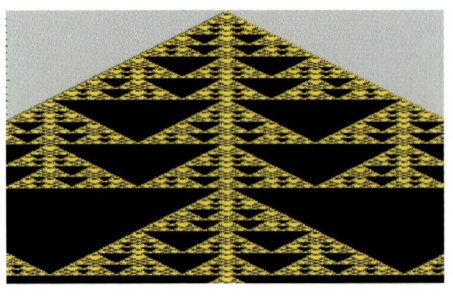

Grafik 58

Grafik 59

Grafik 60

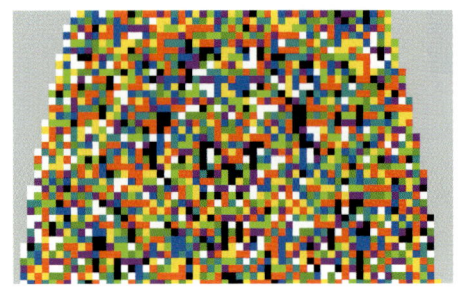

Grafik 61

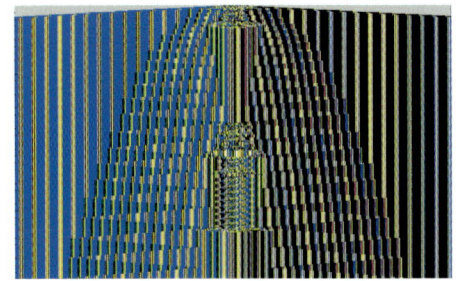

Grafik 62

Grafik 63

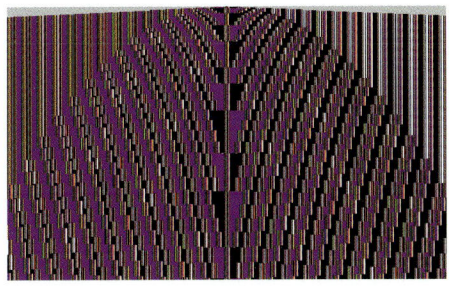

Grafik 64

Grafik 65

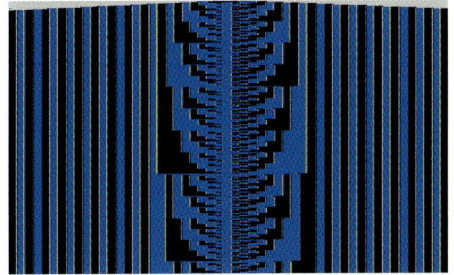

Grafik 66

Grafik 67

Grafik 68

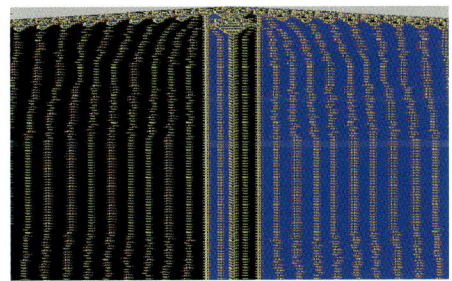

Grafik 69

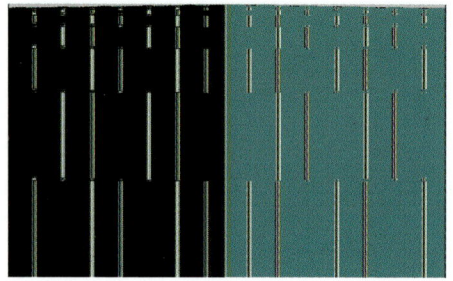

Grafik 70

Grafik 71

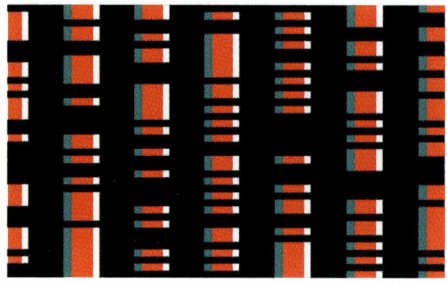

Grafik 72

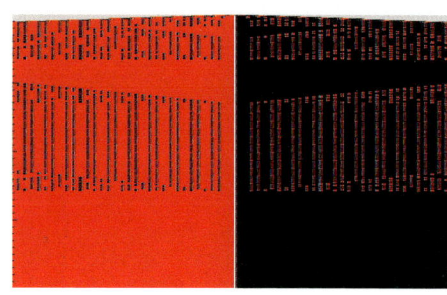

Grafik 73

Grafik 74

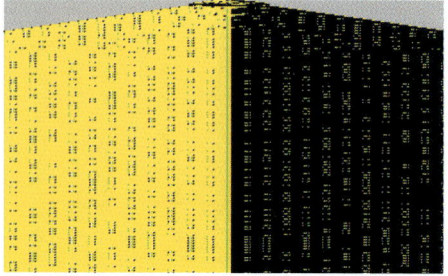

Grafik 75

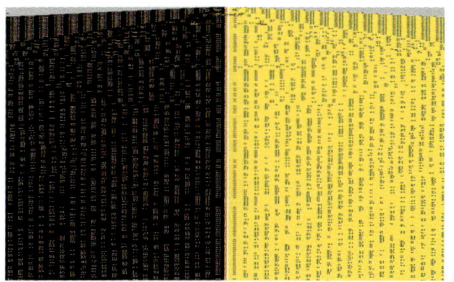

Grafik 76

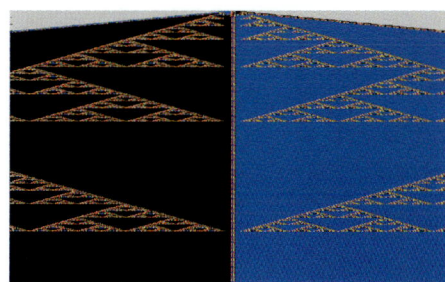

Grafik 77

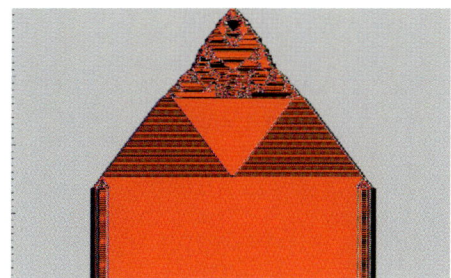

Grafik 79

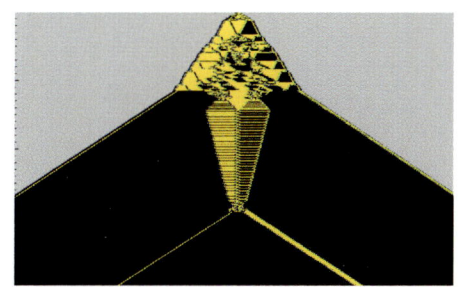

Grafik 80

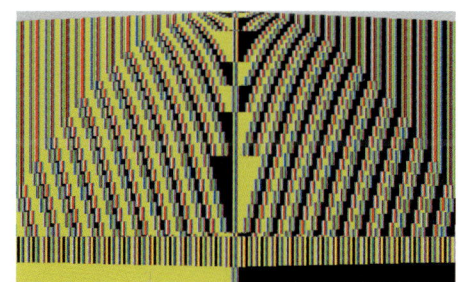

Grafik 81

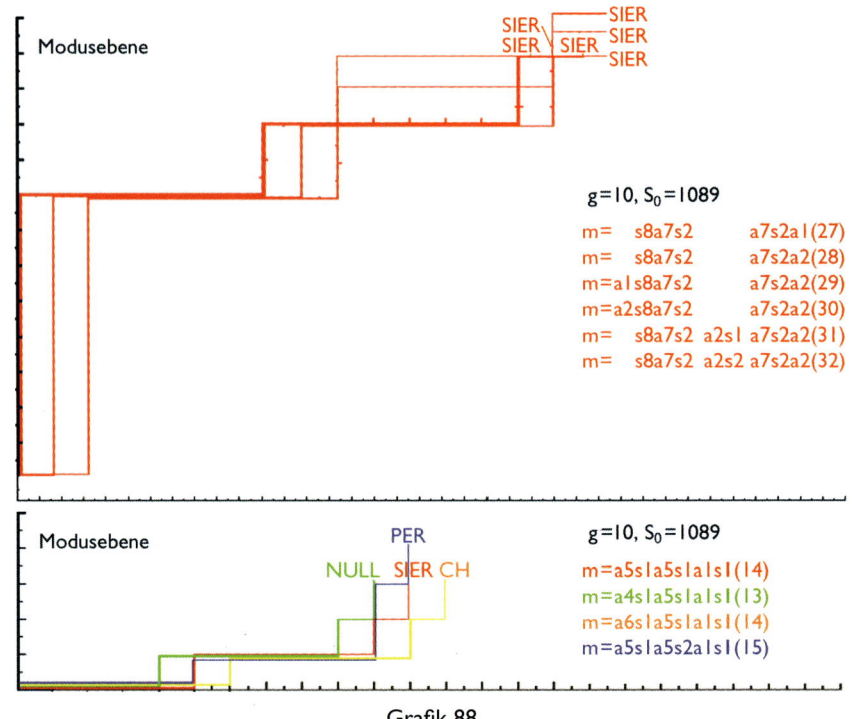

Modusebene

g=10, S₀=1089

$g=10, S_0=1089$

m=   s8a7s2   a7s2a1(27)
m=   s8a7s2   a7s2a2(28)
m=a1s8a7s2   a7s2a2(29)
m=a2s8a7s2   a7s2a2(30)
m=   s8a7s2 a2s1 a7s2a2(31)
m=   s8a7s2 a2s2 a7s2a2(32)

SIER
SIER
SIER
SIER
SIER
SIER

Modusebene

PER
NULL SIER CH

$g=10, S_0=1089$

m=a5s1a5s1a1s1(14)
m=a4s1a5s1a1s1(13)
m=a6s1a5s1a1s1(14)
m=a5s1a5s2a1s1(15)

Grafik 88

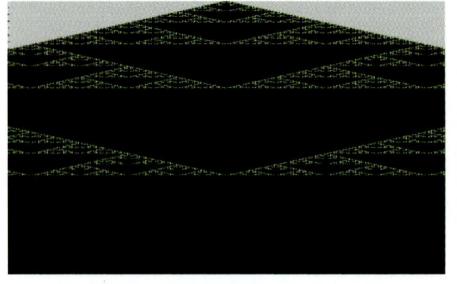

Grafik 93

Grafik 94

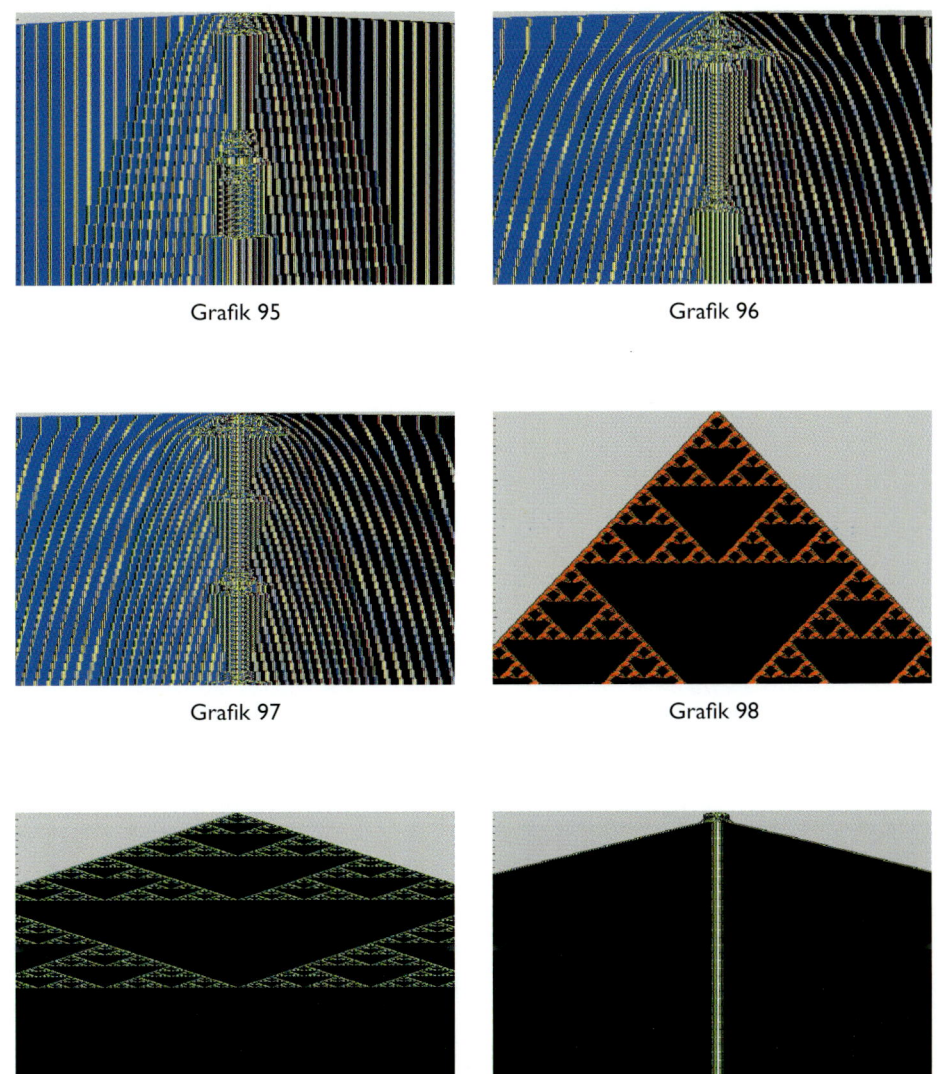

Grafik 95

Grafik 96

Grafik 97

Grafik 98

Grafik 99

Grafik 101

Grafik 102

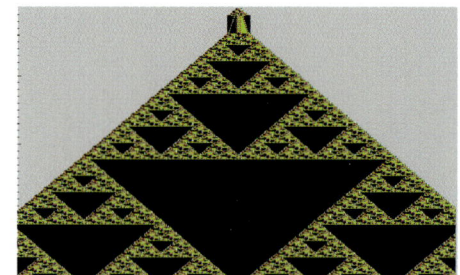

Grafik 103

Grafik 104

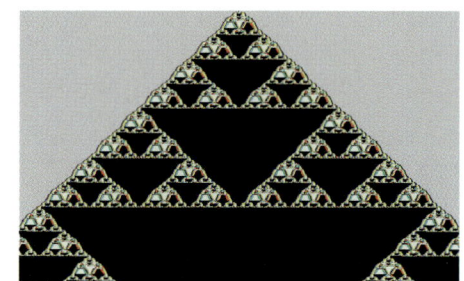

Grafik 105

Grafik 106

Grafik 107

Teil 2: Beobachtungen

Wären die palindromischen Gefilde schon zu Wilhelm Buschs Zeiten entdeckt gewesen, er hätte sie bestimmt aufmerksam durchstreift und in seiner unverwechselbaren Art beschrieben. Was mich das glauben lässt, ist der Traum seines Helden Eduard, der, geschrumpft auf einen denkenden Punkt, unversehens in das «Gebiet der Zahlen» gerät, das er durchaus als eine «freundliche Gegend» empfindet.[1] Ich hege sogar den leisen Verdacht, Buschs «Gebiet der Zahlen» könnte nicht allzu weit weg von den palindromischen Gefilden gelegen haben, denn manche Begebenheiten in Eduards Traum erinnern doch sehr an Begegnungen und Episoden, die sich in den Kapiteln von Teil 1 des vorliegenden Buches zugetragen haben, als wir die verschiedenen Provinzen Palindromiens durchflogen und ihre Bewohner in Gestalt der Strukturtypen PER, SIM, SIER und CH sowie die REPS, die MINs und schließlich noch die INTER und die Mischtypen kennen gelernt haben.

Zunächst sind es noch gewöhnliche Ackerbürger, die in Eduards Traum vor den Toren eines hübschen arithmetischen Städtchens ihr Einmaleins bearbeiten. Schon bald aber treten mathematische Gebilde auf und agieren jedes auf seine Weise. Eine intrigante Null verkörpert das korrupte städtische Beamtentum. Die anderen Zahlen treiben indes vorwiegend auf dem Markt ihr geschäftliches Wesen. Die rationalen Zahlen, die Brüche, aber erscheinen ihm als «arme geschwollene Nenner, die ihre kleinen schmächtigen Zählerchen auf dem Buckel» tragen, an allen Straßenecken hocken und ihn flehentlich ansehen.

Interessant für uns wird es, als Punkt Eduard in eine unbestimmte Gegend kommt, wo gerade das Völklein der Punkte – man könnte auch sagen: der Pixel – sein übliches Freischießen feiert. Eduards Beschreibung dieser Szene könnte als überaus treffender Kommentar unter den Grafiken 60 und 61 stehen, in denen sich die additiv palindromisierte natürliche 1089 als Repräsentantin des Strukturtyps «Chaos» vorgestellt hat: «Alles krimmelte und wimmelte durcheinander wie fröhliche Infusorien in einer alten Regentonne.» Und natürlich wird sowohl in den palindromischen Gefilden als auch in Eduards Traum kräftig getanzt. Bei Katya Walter ohnehin. Aber die Tänze des Lebens, die im palindromischen Kern- und Gendschungel getanzt werden, sind von nicht minderer Qualität als die terpsichorischen Künste der reinen, nur gedachten mathematischen Punkte. Selbst Atome treten zur Française an und tanzen mit großer Sicherheit ihre verzwickten molekülarischen Touren durch. Auch Leibniz kommt nicht nur bei uns, sondern auch in Eduards Traum vor. Bei uns sind es allerdings sein binäres Zahlensystem und das palindromisch geordnete *I Ging*, von denen in Palindromien vor allem Kenntnis genommen wurde, während auf Eduards Tanzplatz Leibniz' alte Dame, die Monade, mit ihren mageren Valenzen umherwirbelt.

Dann geht es aus dem Reich der Zahlen weiter in die geometrische Ebene. Wir können dem Punkt Eduard auch dahin folgen, denn unsere Zahlensequenzen legen wir als Punktfolgen, als Linien, in ebendiese Ebene und studieren, wie sich aus ihnen mehr oder weniger füllige Strukturen bilden. Hier nun tritt Eduard in Gestalt des Oberkellners zum ersten Mal eine richtige mathematische Linie entgegen. Sie beschert ihm das Erlebnis der Schlankheit: «Etwas Schlankeres gibt's nicht», ruft er bei ihrem Anblick entzückt aus. Es muss ihm wohl ähnlich ergangen sein wie mir, als ich zum ersten Mal jener schlanken Schönen in Basis $g = 9$ ansichtig wurde, die ich, um sie des Öfteren vor Augen zu haben, mit Grafik 40 in den Rang einer Repräsentantin des Strukturtyps HSIM erhoben habe.

Für bemerkenswert halte ich ferner, dass unter den mathematischen Strichen sich auch ein Pole befand; er litt an unruhigen Träumen, vielleicht verfolgten ihn irgendwelche mathematischen Monster, und er gab erst Ruhe, als ihn die anderen durch zwei Punkte festlegten. Seinen Namen bemüht sich Eduard vergeblich auszusprechen: «Chrr…», doch ich vermute, dass er sein Traumerlebnis einfach nicht korrekt reproduziert, denn bestimmt begann der Name des polnischen Mathematikers nicht mit «Chrr…», sondern mit «Sier…».

Aus der geometrischen Ebene erhebt sich Eduard schließlich in die dritte Dimension, wo im Gegensatz zur Ebene stereometrische Freiheit herrscht und normalerweise der Kongruenz räumlich gleichgestimmter Paare keine Hindernisse im Wege stehen. Normalerweise! Wenn das Kongruenzamt, eine Einrichtung, die etwa unserem Standesamt entspricht, die Besonderheit der dritten Dimension nicht zu hoch spielen würde. Zwei sphärische Dreiecke nämlich, von denen das eine das Spiegelbild des anderen war, wurden von ihm schnöde abgewiesen. In den palindromischen Gefilden geht es allerdings in dieser Beziehung wesentlich toleranter zu, wie wir gesehen haben: Hier darf jeder mit jeder, Singles sind genauso geduldet und geachtet wie Strukturen, die in Mono- oder in Polygamie zu leben wünschen. Und haben Sie bemerkt, dass von Spiegelbildern die Rede war? Ohne die geht aber in den palindromischen Gefilden gleich gar nichts; denn was ist die Inversion von Zahlen anderes als ihre Spiegelung, wenn man «Spiegelung» nur darauf bezieht, welche Stelle eine Ziffer in einer Zahl einnimmt, und wenn man dabei von ihrer Schriftform absieht! Übrigens hatte Eduard ganz zu Beginn seiner Reise schon einmal vor einem Spiegel gesessen, und zwar, um zu prüfen, ob er überhaupt reflexfähig sei.

Das möge genügen, um meinen Verdacht zu begründen, dass das Gebiet der Zahlen, in das Wilhelm Busch seinen Eduard im Traum versetzte, nur unweit von den palindromischen Gefilden gelegen haben muss. In einem allerdings unterscheidet es sich gravierend von diesen: Eduards Reich der Zahlen ist nur ein *Traum*; unser Reich der Zahlen, der Sequenzen von Zahlen und Pixeln und der Strukturen, die sich aus ihnen aufbauen, ist *Realität*; jeder Schritt, jeder Prozess, jede Struktur ist eindeutig nachvollziehbar!

Die Strukturen, denen wir in Teil 1 begegnet sind, waren – abgesehen von Chaos – vom Stamm der PERs, der SIMs, der SIERs, der REPS und MINs sowie der Interaktionen und Mischtypen. Wir haben staunend zur Kenntnis genommen, auf welch wunderbare Weise sie zustande kommen, und verneigen uns in Ehrfurcht vor dem schöpferischen Elan mathematischer Gebilde wie der Zahlen zu allen Basen und der einfachen Operationen der Spiegelung, Addition und Subtraktion. Doch neues Wissen bringt neue Fragen. Sie betreffen vor allem die Rolle der Anfangsbedingungen jedes Palindromisierungsprozesses: der Startzahl, der Basis und des Modus. Diese drei Ausgangsbedingungen sind voneinander unabhängig, wenn man davon absieht, dass eine Startzahl zur Basis g stets nur Ziffern enthalten kann, die kleiner sind als g. Es stellt sich insbesondere die Frage, wie diese drei Bedingungen, jede für sich genommen, das Ergebnis des Prozesses beeinflussen, d. h.

- die Startzahl bei gleich bleibender Basis und gleich bleibendem Modus,
- die Basis bei gleich bleibender bzw. gleich strukturierter Startzahl und gleich bleibendem Modus,
- der Modus bei gleich bleibender Basis und Startzahl.

Dazu bietet dieser Teil des Buches einige Beobachtungen. Sie betreffen gewisse Merkwürdigkeiten des Palindromisierungsgeschehens; sie sind jedoch nicht von der Art, dass sie sich zu Regelmäßigkeiten oder gar Gesetzmäßigkeiten verdichten ließen, weil sie zu viele Ausnahmen aufweisen. Dennoch sind sie der Erwähnung wert, weil sie – andererseits – auch nicht selbstverständlich sind.

Kapitel 8: Die Startzahl

Mutuanten und Kommutanten

In den Kapiteln 8 bis 10 werden wir an einigen Knöpfen drehen. Der Knopf, um den es in diesem Kapitel geht, ist die Startzahl. Welchen Einfluss hat die Startzahl auf die im Prozess ihrer Palindromisierung entstehende Struktur?

Natürlich wissen wir schon, dass, wenn wir eine Startzahl gewählt und uns für einen bestimmten Modus entschieden haben, wir dann im Allgemeinen nicht sagen können, welchem Typ die resultierende Struktur angehören wird. Ein und dieselbe Startzahl kann für den einen Modus im Chaos enden, für einen anderen in die Null abstürzen oder in einer Periode oder irgendeinem anderen Strukturtyp enden. Die natürliche 196 erzeugt bei rein additivem Modus Chaos, bringt es bei rein subtraktivem Modus zu einem mageren dreistelligen Kreisläufer, endet für $m = a_1 s_1$ (2) in der Null und bringt für $m = a_1 s_2$ (3) eine ganz ansehnliche Periode hervor. Im ersten Teil haben wir vorwiegend mit der Startzahl $S_0 = 10(g-2)(g-1)$ gearbeitet. Ein Blick auf die Vielfalt der Strukturen, die für diese Startzahl in den einzelnen Basen und bei den verschiedensten Modi entstanden, genügt, um einzusehen, dass eine Startzahl nicht eine ganz bestimmte Struktur für sich gepachtet hat. Aus der Startzahl allein lässt sich also nicht auf die resultierende Struktur schließen, nicht einmal auf den Strukturtyp. Etwas mehr als nur die Startzahl müsste uns schon gegeben sein.

Wenn uns z. B. bekannt wäre, welche Struktur eine gegebene

Startzahl zu gegebener Basis und bei gegebenem Modus hervorbringt, könnten wir sofort viele andere Zahlen benennen, die bei gleicher Basis und gleichem Modus diese Struktur ebenfalls entstehen lassen. Der Grund liegt in dem kollektiven Palindromisierungsverhalten von Zahlen, das wir bereits kennen gelernt haben: Mutuanten zeigen bei rein additivem Modus das gleiche Palindromisierungsverhalten, Kommutanten bei rein subtraktivem Modus. Und damit sind wir bei den Knöpfen, an denen gedreht werden soll.

Mutuanten sind n-stellige Zahlen (n = ≥ 2), die durch gegenläufige Knopfdrehung auseinander hervorgehen. Die Knöpfe sind die Ziffern an der k-ten und der (n − k + 1)-ten Stelle, also z. B. an der ersten und der letzten Stelle oder an der zweiten und der vorletzten Stelle usw. Wenn wir an der k-ten Stelle den Knopf um eine Position nach rechts drehen, erhöhen wir die Ziffer um 1 und müssen entsprechend an der (n − k + 1)-ten Stelle den Knopf nach links drehen, d. h. die Ziffer um 1 vermindern. Das Drehen an den Knöpfen ist nur so lange möglich, bis der Anschlag erreicht ist, d. h., bis auf der einen Seite null oder auf der anderen Seite (g − 1) steht. Mutuanten der natürlichen Zahl 1089, die wir in Basis g = 10 in der Mehrzahl der Fälle als Startzahl benutzt haben, sind mithin die 2088, 3087, 4086, 5085, 6084, 7083, 8082 und 9081; sie alle sind 1–4-Mutuanten, weil an der ersten und an der vierten Stelle in entgegengesetzter Richtung gedreht wurde. Aber auch 1179, 1269, 1359, 1449, 1539, 1629, 1719 und 1809 sind Mutuanten der 1089, nämlich 2–3-Mutuanten, weil an der zweiten und der dritten Stelle in entgegengesetzter Richtung gedreht wurde. Mutuanten der 1089 sind darüber hinaus alle Kombinationen von 1–4- und 2–3-Mutuanten, wie z. B. 4176, 9621, 3807 u. a. Bei rein additiver Palindromisierung zeigen Mutuanten gleiches Palindromisierungsverhalten, weil bei Inversion und Addition sie alle auf ein und dieselbe Ergebniszahl führen, sodass ab derselben der Prozess für alle Mutuanten gleich verläuft und damit auch das Ergebnis für alle das gleiche ist.[2]

Analoges gilt für Kommutanten. Das sind Zahlen, bei denen die Knöpfe an den besagten Stellen in der gleichen Richtung – beide nach rechts oder beide nach links – gedreht werden, bis entweder $(g-1)$ oder null erreicht ist. Die natürliche Zahl 1089 z. B. hat nur zwei Kommutanten – 0088 und 1199 –, weil ihre letzte Ziffer, die 9, nicht erhöht und ihre zweite Ziffer, die 0, nicht vermindert werden kann. Kommutanten zeigen bei rein subtraktivem Modus gleiches Palindromisierungsverhalten, weil sie nach dem ersten Schritt auf ein und dieselbe Ergebniszahl führen.[3]

Da Mutuanten nach dem ersten additiven Palindromisierungsschritt zu ein und derselben Ergebniszahl führen, zeigen sie von dieser an für ein und denselben Modus auch ein und dasselbe Palindromisierungsverhalten. Es gilt mithin der Satz:

Mutuanten führen auf ein und denselben Strukturtyp, wenn der Palindromisierungsmodus mit a beginnt.

Und analog:

Kommutanten führen auf ein und denselben Strukturtyp, wenn der Palindromisierungsmodus mit s beginnt.

Es ist jedoch darüber hinaus nicht nur der gemeinsame Struktur*typ*, den Mutuanten bzw. Kommutanten jeweils erzeugen, sondern es ist ein und dieselbe spezifische *Erscheinungsform* des jeweiligen Strukturtyps, die alle Mutuanten bzw. Kommutanten einer bestimmten Startzahl jeweils hervorbringen.

Tabelle 1 veranschaulicht, welche Strukturtypen die zweistelligen natürlichen Zahlen hervorbringen, wenn sie nach dem Modus $m = a_5(s_2a_2)_2$ (13) palindromisiert werden.

		10	20	30	40	50	60	70	80	90	
10		$SIER_1$	$SIER_1$	$SIER_1$	$SIER_1$	0	$SIER_1$	0	$SIER_1$	$SIER_2$	
11		$SIER_1$	$SIER_1$	$SIER_1$	0	$SIER_1$	0	$SIER_1$	$SIER_2$	$SIER_1$	
12		$SIER_1$	$SIER_1$	0	$SIER_1$	0	$SIER_1$	$SIER_2$	$SIER_1$	$SIER_1$	|
13		$SIER_1$	0	$SIER_1$	0	$SIER_1$	$SIER_2$	$SIER_1$	$SIER_1$	0	
14		0	$SIER_1$	0	$SIER_1$	$SIER_2$	$SIER_1$	$SIER_1$	0	$SIER_1$	|
15		$SIER_1$	0	$SIER_1$	$SIER_2$	$SIER_1$	$SIER_1$	0	$SIER_1$	0	
16		0	$SIER_1$	$SIER_2$	$SIER_1$	$SIER_1$	0	$SIER_1$	0	$SIER_1$	|
17		$SIER_1$	$SIER_2$	$SIER_1$	$SIER_1$	0	$SIER_1$	0	$SIER_1$	CH	
18		$SIER_2$	$SIER_1$	$SIER_1$	0	$SIER_1$	0	$SIER_1$	CH	$SIER_2$	|
19		$SIER_1$	$SIER_1$	0	$SIER_1$	0	$SIER_1$	CH	$SIER_2$	$SIER_2$	

Tabelle 1: Strukturtypen bei Palindromisierung der zweistelligen natürlichen Zahlen nach dem Modus m $= a_5(s_2 a_2)_2$ (13).

Man sieht, dass die meisten ein Sierpinski erzeugen, andere in die Null stürzen und drei im Chaos enden. Mutuanten stehen jeweils in den diagonalen Feldern, wenn man von links unten nach rechts oben bzw. umgekehrt schaut. Wenn also die 14 in die Null stürzt, dann tun dies ebenso die 23, die 32, die 41 und die 50; wenn die 97 im Chaos endet, dann auch die 88 und die 79, und wenn die 18 ein Sierpinski ergibt, dann auch die 27, die 36, die 45, die 54, die 63, die 72, die 81 und die 90. Aus der Tabelle ist überdies zu entnehmen, dass der Strukturtyp SIER in zwei Erscheinungsformen auftritt: Während die Elementarzelle des einen mit der Sequenz (208791) beginnt ($SIER_1$), setzt die Elementarzelle des anderen mit (1197801) ein ($SIER_2$). Global und mit bloßem Auge besehen, sind beide Erscheinungsformen allerdings kaum unterscheidbar.

Der Umstand, dass Mutuanten ein und denselben Strukturtyp in immer der gleichen Erscheinungsform hervorbringen, wenn der Palindromisierungsmodus mit *a* beginnt, ermöglicht es, dass wir nur 18 zweistellige natürliche Zahlen prüfen müssen, um zu wissen, welche der 90 zweistelligen natürlichen Zahlen welche Strukturtypen erzeugen. Zum Beispiel könnten dies die Zahlen in der obersten Reihe der Tabelle 1 sein, also die 10, 20 usw. bis 90, und die in der letzten Spalte, also die 91 bis 99. Und um zu wissen, welche Strukturtypen in welchen Erscheinungsformen die *drei*stelligen natürlichen Zahlen hervorbringen, genügt es, zu prüfen, welche von den Zahlen 100 bis 199 und 900 bis 999 erzeugt werden. Alle dazwischen liegenden dreistelligen natürlichen Zahlen sind ja als Mutuanten der in diesen beiden Hunderter-Blöcken stehenden Zahlen darstellbar.

Damit sind wir in der Lage, alles, was wir bei früherer Gelegenheit über den Aufbau von Systemen palindromischer Ordnungen bei additiver Palindromisierung, über Darstellungsweisen A und B dieser Systeme, über horizontale und vertikale Bewegungsrichtungen in solchen Systemen, über kreative Zeilen, Spalten und Ecken u. a. gefunden haben,[4] auch auf die Systeme von Strukturtypen, die sich in der gleichen Weise aufbauen lassen wie die Systeme palindromischer Ordnungen, übertragen zu können. Analog zur Matrix B1–B9 des Systems der palindromischen Ordnungen der dreistelligen natürlichen Zahlen[5] können wir etwa eine solche auch für einen bestimmten Modus, der mit *a* beginnt, angeben und würden damit alle Strukturtypen kennen, die von diesem Modus für alle dreistelligen natürlichen Zahlen hervorgebracht werden.

In analoger Weise gilt das früher für Kommutanten Gesagte über den Aufbau von Systemen palindromischer Ordnungen bei subtraktiver Palindromisierung auch für Systeme von Strukturtypen, wenn der Modus mit *s* beginnt.

Tabelle 1 zeigt nun aber noch mehr als nur, dass Mutuanten ein und dasselbe Ergebnis zeitigen. So erzeugen 10, 20, 30, 40, 60 und 80 alle ein und dasselbe Sierpinski, ohne jedoch Mutuanten zu sein! Dies hat seinen Grund darin, dass irgendwo im ersten

Durchlauf des Palindromisierungsmodus die betreffenden Zahlen auf die gleiche Ergebnissequenz führen wie $S_0 = 10$, und von da an zeigen sie natürlich das gleiche Palindromisierungsverhalten und bringen den gleichen Strukturtyp hervor. In Tabelle 2 ist dies im Einzelnen dargestellt für die Startzahlen 10, 20, 30, 40, 60, 80, 91, 92, 94 und 96 für $SIER_1$.

S_0:	10	20	30	40	60	80	91	92	94	96
S_1:	11	22	33	44	66	88	110	121	143	165
S_2:	22	44	66	88	132	176	121	242	484	726
S_3:	44	88	132	176	363	847	242	484	968	1353
S_4:	88	176	363	847	726	1595	484	968	1837	4884
S_5:	176	847	726	1595	1353	7546	968	1837	9218	9768
S_6:	495	<u>099</u>	←099	4356	2178	**1089**	←099	5544	←**1089**	←**1089**
S_7:	099	891		2178	6534	8712		1089		
S_8:	**1089**	←**1089**		*10890*	←*10890*	←*10890*		←*10890*		
S_9:	10890			20691						
S_{10}:	**01089**			←**01089**						
S_{11}:	96921									
S_{12}:	109890									
S_{13}:	208791									

Tabelle 2: Palindromisierungsverhalten der zweistelligen natürlichen Zahlen, die für $m = a_5(s_2a_2)_2\,(13)$ auf $SIER_1$ führen, ohne Mutuanten zu sein.

Allerdings steht den 10, 20, 30, 40, 60 und 80 nicht wie den Mutuanten im Gesicht geschrieben, dass sie ein und denselben Strukturtyp und sogar ein und dieselbe Erscheinungsform desselben hervorbringen. Erst im Prozess der Palindromisierung selbst erweist es sich, dass sie ein und denselben Typ in ein und derselben Erscheinungsform erzeugen.

Um noch einmal zu den Knöpfen zurückzukehren: Nur wenn an zwei komplementären Knöpfen – am k-ten und am (n – k + 1)-ten – gleichzeitig gedreht wird, und zwar um den gleichen Betrag und in entgegengesetzter Richtung bei additivem Modus bzw. in der gleichen Richtung bei subtraktivem Modus, lässt sich zuverlässig vorhersagen, dass die Strukturen, die im Ergebnis der Palindromisierung erscheinen werden, ein und dieselben sein werden.

Besondere Startzahlen

$$1.\ S_0 = a(a - 1)(g - a - 1)(g - a)$$

Gibt es Startzahlen, die im Palindromisierungsgeschehen eine besondere Rolle spielen? S. T. Nagaraj von der Universität für Agrarwissenschaften in Bangalore bejaht die Frage nachdrücklich. Er verweist auf die natürliche 2178, die bei subtraktivem Modus sofort eine Periode der Länge l = 2 erzeugt und sich zusammen mit der 6534 im Kreise dreht: $|2178 - 8712| = 6534$, $6534 - 4356 = 2178$ usw. Nagaraj nennt solche vierstelligen natürlichen Kreisläufer *oszillatorische* Zahlen. Die 2178, die 6534 und ihre Umkehrzahlen sind ihm «*fundamentale vierstellige oszillatorische Konstanten*», weil sie selbst Perioden erzeugen und sich im subtraktiven Palindromisierungsprozess nicht verändern. So viel Fundamentalität bedarf eines eigenen Namens! Und der ist auch schnell gefunden: Ordnet man den Ziffern der 2178 in der Reihenfolge des lateinischen Alphabets Buchstaben zu, dann entspricht der 2 das B, der 1 das A, der 7 das G und der 8 das H, sodass die Zahl 2178 zum Wort «Bagh» wird. Dieses Wort aber bedeutet im Indischen «Garten». Und weil Bangalore die Gartenstadt Indiens ist, schlug S. T. Nagaraj vor, die

2178 die «Lalbagh»-Zahl zu nennen. Doch natürlich wollte unter diesen Umständen auch die 6534 nicht ohne einen hübschen Namen bleiben. Das Spiel mit dem Alphabet ergibt für sie aber nur ein kümmerliches und bedeutungsloses «Fecd». Damit sie jedoch nicht eine ganz und gar Namenlose bleibe, die unser volles Mitleid verdiente, entschloss sich Herr Nagaraj, der 6534 seinen eigenen Namen zu leihen: Sie möge künftig und für alle Zeiten die «Nagaraj»-Zahl heißen.[6] Mir ist nicht bekannt, wie die 6534 auf das Angebot reagiert hat. Fakt ist jedoch, dass beide – die «Lalbagh»- und die «Nagaraj»-Zahl – Mutuanten der 1089 und Sonderfälle von $a(a-1)(g-a-1)(g-a)$ bei $(a < g)$ sind.

Die Sequenz $a(a-1)(g-a-1)(g-a)$ hat schon wiederholt Mathematiker durch besondere Fähigkeiten fasziniert. Sie liebt es z. B., was die Reihenfolge ihrer Ziffern betrifft, sich zu spiegeln. Möglicherweise ist das einer der Gründe, warum sie in den palindromischen Gefilden gern gesehen ist. Man braucht sie nur mit $(g-a)/a$ zu multiplizieren, und schon verwandelt sie sich in ihre Spiegelsequenz.[7] Ist, um das an zwei Beispielen zu demonstrieren, $g = 10$ und $a = 2$, dann wird $2178 \times 8/2 = 8712$. Oder: Ist $g = 6$ und $a = 2$, dann wird $2134 \times 4/2 = 4312$.

Ich glaube jedoch eher, dass es eine andere Besonderheit ist, welche die $a(a-1)(g-a-1)(g-a)$ eine besondere Affinität zum Palindromisierungsgeschehen haben lässt. Ihre Spezifik ist, dass sie aus zwei Komponenten besteht, von denen die eine von der Basis g unabhängig ist – die 10 –, während die andere – die $(g-a-1)$ $(g-a)$ – die Basis g enthält. Beide Komponenten sind zudem komplementär zueinander. Für $a = 1$ wird $a(a-1)(g-a-1)(g-a)$ zu $10(g-2)(g-1)$, und *diese* Zahl nun ist wirklich etwas Besonderes: Sie besteht aus den *ersten beiden* Ziffern *jedes* Zahlensystems und den *letzten beiden* Ziffern des mit g gegebenen Zahlensystems; sie repräsentiert gewissermaßen ein gegebenes Zahlensystem von der ersten bis zur letzten Ziffer.

2. $S_0 = 10(g-1)_r(g-2)(g-1)0_r$

Diese Sequenz hat sich als Startzahl in Basen $g = 2^n$ und für $r \geq 2$ bei additiver Palindromisierung bereits klar legitimiert. Doch auch bei kombinierten Modi tauchen sie und ihre Verwandten häufig auf. In palindromischen Netzwerken, und zwar sowohl in deren additiven als auch in den subtraktiven Zweigen, gefallen sie sich gern als Knotenpunkte.[8]

Für den Spezialfall $r = 0$ wird diese Sequenz zu $10(g-2)(g-1)$. Nachdem uns gerade die $a(a-1)(g-a-1)(g-a)$ auf die $10(g-2)$ $(g-1)$ als ihren Sonderfall verwiesen hat, erleben wir dies also jetzt noch einmal für $10(g-1)_r(g-2)(g-1)0_r$. Es bietet sich deshalb wahrlich an, beim Experimentieren mit Palindromisierungsprozessen gleich mit der Startzahl $S_0 = 10(g-2)(g-1)$ zu beginnen, anstatt eine Vielzahl unterschiedlicher Startzahlen durchzuprobieren. In vielen Fällen erhält man mit dieser Startzahl ein Ergebnis, das für den betreffenden Modus kennzeichnend zu sein scheint, denn auch manche andere Startzahlen führen beim gleichen Modus auf den betreffenden Strukturtyp, da sie irgendwann eine Sequenz der Art $10(g-1)_r(g-2)(g-1)0_r$ passieren.

3. $S_0 = 10_r$

Besondere Startzahlen ganz anderer Art sind solche, die völlig basisunabhängig sind, also nur aus Nullen und Einsen bestehen, und zwar in einer extremen Weise – als eine Eins mit r Nullen am Ende oder umgekehrt als s Einsen mit einer Null am Ende. Solche Sequenzen eignen sich besonders gut zum Experimentieren und sogar zur Konstruktion bestimmter Strukturtypen aus anderen. Wir betrachten hier jedoch nur $S_0 = 10_r$ und überlassen es dem interessierten Leser, $S_0 = 1_s0$ auf ihre entsprechenden Eigenschaften zu prüfen.

Nehmen wir z. B. an, wir wollten aus irgendeinem Grund eine Periode mit einem durch Grundkerne markierten vertikalen Kern aus einer Periode mit nur einem Grundkern erhalten, dann könnten wir folgendermaßen vorgehen.

Als Periode mit einem Grundkern wählen wir die Struktur, die sich ergibt, wenn $S_0 = 10$ in Basis $g = 2$ rein additiv palindromisiert wird (Grafik 82). Der bei Zykluslänge = doppelte Moduslänge erscheinende Grundkern ist {01}.

Grafik 82

Wenn wir jetzt die Anzahl r der Nullen in der Startzahl sukzessive erhöhen, so erscheint nach dem ersten Schritt eine Sequenz, die mit einer Eins beginnt und mit einer Eins endet, wobei sich zwischen beiden Einsen eine wachsende Zahl von Nullen befindet. Am linken wie am rechten Rand der Figur entsteht jetzt die gleiche Struktur wie für $S_0 = 10$; da, wo die T-Sequenzen der linken mit den O-Sequenzen der rechten zusammenstoßen, die als schräger Kern erscheinen, wird es entweder Chaos oder eine Periode geben. Das Experiment zeigt, dass bei hinreichend großem r eine Periode mit einem durch $\{01\}$ doppelt markierten Kern entsteht, in dessen Zentrum $\{10\}$ steht und der $(r/2-2)$ interne repetitive Sequenzen $[0]$ und $[g-1]$ enthält. Grafik 83 zeigt das Ergebnis für $r = 100$.

Grafik 83

Das Verfahren, durch sukzessive Erhöhung der Anzahl der Nullen eine Struktur zu erzeugen, die am linken wie am rechten Rand die Struktur wie für $S_0 = 10$ hervorbringt, wobei beide Randstrukturen durch einen mehr oder weniger großen Null-Bereich verbunden sind, wollen wir das *Verfahren der dehnenden Nullen* nennen: Je mehr Nullen die Startzahl enthält, umso mehr Nullen dehnen die beiden Randstrukturen voneinander.

Spannender, aber auch komplizierter wird es, wenn wir zu höheren Basen und zu kombinierten Modi übergehen. Interessierten Lesern sei empfohlen, in $g = 10$ mit dem Modus $m = a_5(s_2a_2)_2$ (13) zu experimentieren und dabei r sukzessive wachsen zu las-

sen. Sie werden viel Vergnügen haben und viel Interessantes und
Geheimnisvolles finden!

Kapitel 9: Die Basis

Basisabhängige und partiell basisunabhängige Strukturen

Im Allgemeinen sind die in Palindromisierungsprozessen entstehenden Strukturen *basisabhängig*. Für eine gegebene Startzahl und einen gegebenen Modus erscheinen bei variierenden Basen variierende Strukturtypen. So führt der Modus m = $a_5(s_2a_2)_2$ (13) bei der Startzahl $S_0 = 10(g-2)(g-1)$ für g = 2 und g = 3 zum Absturz in die Null, während die Basen g = 4, 5 und 6 bei diesem Modus und dieser Startzahl den Typ CH hervorbringen, g = 7 einen Kreisläufer gebiert, g = 8 und g = 9 den Typ PER mit einstelligen repetitiven Sequenzen erzeugen und g = 10 ein Sierpinski-Fraktal präsentiert.

Das Beispiel zeigt außer der Abhängigkeit des Strukturtyps von der Basis aber auch zugleich, dass benachbarte Basen unter Umständen den gleichen Strukturtyp hervorbringen können: g = 2 und 3 den Absturz in die Null, g = 4, 5 und 6 den Typ CH, g = 8 und 9 den Typ PER. In einem solchen Fall, wenn mehrere Basen bei gleicher oder gleich strukturierter Startzahl und gleichem Modus den gleichen Strukturtyp erzeugen, sprechen wir von *partiell basisunabhängigen* Strukturen.

Die Anzahl der Basen, für die partielle Basisunabhängigkeit eines Strukturtyps bei gleichem Modus und gleich strukturierter Startzahl gegeben ist, kann mehr oder weniger groß sein. Doch sind es zumeist zusammenhängende Bereiche, also benachbarte Basen, die – wenn überhaupt – den gleichen Strukturtyp hervorbringen. Zum Beispiel bringt der Modus m = $(a_3s_1)_2a_3s_2$ (13) bei

$S_0 = 10(g-2)(g-1)$ für Basen $g \geq 8$ die Variante «NET» des Strukturtyps PER hervor.

Als größten zusammenhängenden Bereich an Basen, die den gleichen Strukturtyp erzeugen, habe ich bisher $g \geq 4$ gefunden. Beispielsweise erzeugt der Modus $m = (a_2 s_1)_3 (a_1 s_1)_{19} s_1$ (48) bei der Startzahl $S_0 = 10(g-2)(g-1)$ für Basen $g \geq 4$ eine Struktur vom Typ INTER, nämlich eine Periode mit einstelligen repetitiven Sequenzen, die von einem Sierpinski-Fraktal überlagert sind, das sich seinerseits aus Miniaturen konstituiert.

Unter diesen partiell basisunabhängigen Strukturen verdienen besonderes Interesse solche, bei denen zudem ein Zusammenhang zwischen Basis und Modus aufscheint. So erzeugt beispielsweise der Modus $m = [(a_1 s_2)(a_2 s_2)(a_2 s_1)](a_1 s_1)_{11} s_1 a_1$ (34) die Superposition «SIER auf PER» für Basen $4 \leq g \leq 32$, wenn am Ende des Modus sukzessive ein a angefügt wird. (Für $g = 3$ erscheint zwar ebenfalls der Typ «SIER auf PER», aber in anderer Gestalt als für $4 \leq g \leq 32$, während ab $g = 4$ sowohl Typ als auch Gestalt gleich sind). Im Überblick heißt das:

Modus	Typ	Basis
… a_1	SIER auf PER	4 bis 32
… a_2	SIER auf PER	6 bis 32
… a_3	SIER auf PER	12 bis 32
… a_4	SIER auf PER	24 bis 32

Man sieht, dass die Folge der Basen, mit denen die Serie der Superpositionen «SIER auf PER» jeweils eröffnet wird, die allgemeine Gestalt $2^{n-1} \times 3$ ($n = 2, 3, 4, \ldots$) hat, wenn am Ende des Modus a_n steht. Es ist zu fragen, ob allgemein gilt, dass für den Modus $m = [(a_1 s_2)(a_2 s_2)(a_2 s_1)](a_1 s_1)_{11} s_1 a_n$ ($n \geq 1$) der Typ «SIER auf PER» bei $g \geq 4$ erscheint. Um die Frage zu beantworten, müsste die Gültigkeit dieser vermeintlichen Beziehung entweder allgemein nachgewiesen oder zumindest für Basen $g > 32$ empirisch gezeigt werden. Dieser Nachweis steht indes aus, sodass nicht sicher ist, ob wir eine durchgängige Regelmäßigkeit vor uns haben oder nicht.

In Kasten 8 werden weitere Fälle angeführt, in denen sich ähnliche Zusammenhänge beobachten bzw. vermuten lassen.

Partiell basisunabhängige Strukturen sind ebenfalls ein Thema für das 10. Kapitel («Modus»), denn sie lassen vermuten, dass die Basis einen geringeren Einfluss auf den entstehenden Strukturtyp hat als der Modus. Wir werden deshalb im nächsten Kapitel auf diesen Fall zurückkommen.

Ganz und gar basisunabhängige Strukturen hingegen scheint es in den palindromischen Gefilden nicht zu geben; zumindest sind mir bisher keine begegnet.

Kasten 8

Zusammenhänge zwischen Modus und Basis

$m = (s_2a_1)(a_1s_1)(a_3s_1)a_1s_n$:

Modus	Typ	Basis	Besonderheit
... s_0	OT + rep. Sequ.	6 bis 32	für g = 8: VS
... s_1	OT + rep. Sequ.	9 bis 32	für g = 16: VS
... s_2	OT + rep. Sequ.	17 bis 32	für g = 32: VS
... s_3	?	?	?

$m = a_1s_na_3(s_2a_1)_2s_1$:

Modus	Typ	Basis	Besonderheit
... s_2	OT + rep. Sequ.	8 bis 32	für g = 8: VS
... s_3	OT + rep. Sequ.	9 bis 32	für g = 16: VS

Modus	Typ	Basis	Besonderheit
... s_4	OT + rep. Sequ.	17 bis 32	für g = 32: VS
... s_5	?	?	?

$m = (a_3 s_1)_3 s_n$:

Modus	Typ	Basis	Besonderheit
... s_1	OT + rep. Sequ.	8 bis 32	
... s_2	OT + rep. Sequ.	8 bis 32	für g = 8: SIER
... s_3	OT + rep. Sequ.	9 bis 32	für g = 16: SIER
... s_4	OT + rep. Sequ.	17 bis 32	für g = 32: SIER
... s_5	?	?	

$m = (a_2 s_1)_3 (a_1 s_1)_{19} s_1 a_n$:

Modus	Typ	Basis	Besonderheit
... a_0	SIER auf PER	4 bis 32	
... a_1	SIER auf PER	7 bis 32	
... a_2	SIER auf PER	13 bis 32	
... a_3	SIER auf PER	25 bis 32	
... a_n	?	?	

Besondere Basen

Aus Kasten 8 ist zu ersehen, dass in einigen Fällen Basen der Gestalt $g = 2^n$ eine besondere Rolle im Palindromisierungsgeschehen spielen: Während für $g = 2^n$ Sierpinskis bzw. Verallgemeinerte Sierpinskis (VS) entstehen, liefern die $g \neq 2^n$ den Typ «OT + repetitive Sequenzen».

Basen der Gestalt $g = 2^n$ ($n \geq 1$) sind uns bereits bei rein additiver Palindromisierung aufgefallen. Dort ergaben sie bei der Startzahl $S_0 = 10(g-1)_r(g-2)(g-1)0_r$ $(r \geq 2)$ einhellig den Strukturtyp PER mit einstelligen repetitiven Sequenzen, einer Periode der Länge $l = 2(n+1)$ und einem Index der erweiterten Reproduktion $e = 2$. Ihre besondere Rolle resultierte aus dem Umstand, dass bei rein additiver Palindromisierung das Palindromisierungsschema die Gestalt

1 ......

2 ......

4 ......

8 ......

usw.

hat.[1]

Sind es bei rein additiver Palindromisierung Basen der Gestalt $g = 2^n$, die bei gleich strukturierter Startzahl eine besondere Rolle spielen, so sind es bei rein subtraktiver Palindromisierung Zahlen der Gestalt $g = 2^n \pm 1$, aber auch Primzahlen, für die sich bei der Startzahl $S_0 = a(a-1)(g-a-1)(g-a)$ angeben lässt, welche Perioden sie als Kreisläufer hervorbringen. Für Basen, die Primzahlen sind, konnten wir z. B. zeigen, dass die Eigenperiode l_E von g_{prim} gleich ihrer Gesamtlänge L ist ($l_E = L$), wenn L selbst eine Primzahl ist.[2]

Die genannten Basen beanspruchen ihre besondere Rolle entweder bei rein additiver oder bei rein subtraktiver Palindromisierung, also bei ganz speziellen Modi. In Kasten 8 ist indes zu beobachten, dass Basen der Gestalt $g = 2^n$ und auch $g = 2^n + 1$ – zumindest im Ansatz – auch für zusammengesetzte Modi eine besondere Rolle spielen können. Selbstverständlich ist es aber nie die Basis allein, die einen bestimmten Strukturtyp hervorbringt. Entscheidend ist letztlich immer das Zusammenspiel von Basis, Modus und Startzahl. Doch ist zu vermuten, dass von diesen drei Bedingungen neben der Basis vor allem der Modus eine ausschlaggebende Rolle spielt. Bevor wir jedoch zur Betrachtung des

Modus übergehen, sei noch ein Zahlensystem erwähnt, das ohne eine feste Basis auskommt: das Fibonacci-Zahlensystem.

Das Fibonacci-Zahlensystem, Basis F_k

Haben wir zu Beginn des vorigen Kapitels, das der Startzahl gewidmet war, an Knöpfen gedreht, so bekommen wir es am Ende dieses Kapitels, in dem die Basis zur Debatte steht, mit Kaninchen zu tun.

Kaninchen sind im Allgemeinen die Lieblinge von Kindern. Die, um die es hier geht, sind jedoch die Lieblinge von Mathematikern; sie stammen aus dem 13. Jahrhundert und haben in der Geschichte der Mathematik einen festen Platz gefunden. Entdeckt hat sie der italienische Mathematiker Leonardo von Pisa, auch Fibonacci genannt, als er sich dafür interessierte, wie sich Kaninchenpaare unter bestimmten Bedingungen vermehren. Die Zahlenfolge, die er als Lösung des Problems fand, lautet 1, 1, 2, 3, 5, 8, 13 usw., d. h., jede Zahl ist die Summe der beiden vorangegangenen:

$$F_n = F_{n-1} + F_{n-2}$$

Diese heute als Fibonacci-Folge bekannte Zahlenreihe hat einige überaus bemerkenswerte Eigenschaften. Teilt man jede in ihr vorkommende Zahl F_k durch ihren Vorgänger – F_k/F_{k-1} –, so strebt die Folge der Quotienten gegen den Wert 1,6180339… bzw. gegen 0,6180339…, wenn jedes F_k durch das nachfolgende F_{k+1} geteilt wird. Der Wert = 0,6180339… aber ist aus anderem Zusammenhang als Goldener Schnitt bekannt. Dieser ergibt sich, wenn man eine Strecke der Länge 1 so teilt, dass der kleinere Teil (1 − a) sich zum größeren (a) so verhält wie der größere zur ganzen Strecke:

$$(1-a)/a = a/1$$

Daraus ergibt sich

$$a^2 + a - 1 = 0$$

und

$$a_{1,2} = -0{,}5 \pm 0{,}5\,\sqrt{5},$$

also

$$a_1 = 1{,}6180339\ldots$$

und

$$a_2 = 0{,}6180339\ldots$$

Der Goldene Schnitt spielt in der Natur und in der bildenden Kunst eine herausragende Rolle, die schon wiederholt Gegenstand eingehender Betrachtungen gewesen ist.[3] Wir wollen uns jedoch jetzt nicht bei diesem spannenden Thema aufhalten, sondern ein Zahlensystem aufbauen, das nicht auf einer festen Zahl, der Basis g, sondern auf den Zahlen der Fibonacci-Folge beruht.

Erinnern wir uns: In einem Zahlensystem zur Basis g ist jede Zahl Z darstellbar als Summe der Potenzen von g:

$$Z = a_0 g^n + a_1 g^{n-1} + \ldots + a_{n-1} g^1 + a_n g^0$$

Zum Beispiel ist die natürliche Zahl 1544 im Zehnersystem darstellbar als

$$1544 = 1 \times 10^3 + 5 \times 10^2 + 4 \times 10^1 + 4 \times 10^0$$

Oder: Im binären System ($g = 2$) ist die 1544 darstellbar als

$$1544 =$$
$$1 \times 2^{10} + 1 \times 2^9 + 0 \times 2^8 + 0 \times 2^7 + 0 \times 2^6 + 0 \times 2^5 + 0 \times 2^4 + 1 \times 2^3 + 0 \times 2^2 + 0$$
$$\times 2^1 + 0 \times 2^0 = 11000001000$$

Wir ersetzen jetzt einfach die Potenzen der betreffenden Basis durch Fibonacci-Zahlen und stellen eine natürliche Zahl durch eine Summe von Fibonacci-Zahlen dar:

$$Z = a_0 F_n + a_1 F_{n-1} + \ldots + a_{n-1} F_1 + a_n F_0$$

Die oben betrachtete natürliche Zahl 1544 erscheint dann im Fibonacci-Zahlensystem – wenn wir die Folge der F_n mit 1 und 2 beginnen lassen – als

$$1544 =$$
$$1 \times F_{15} + 0 \times F_{14} + 1 \times F_{13} + 0 \times F_{12} + 1 \times F_{11} + 0 \times F_{10} + 0 \times F_9 + 1 \times F_8 + 0 \times$$
$$F_7 + 0 \times F_6 + 0 \times F_5 + 0 \times F_4 + 0 \times F_3 + 1 \times F_2 + 0 \times F_1$$
$$= 101010010000010$$

Das ist der Inhalt eines von Zeckendorf bewiesenen Theorems:

$$Z = \sum_{k=1,}^{m} b_k F_k,$$

wobei die F_k Fibonacci-Zahlen und die b_k entweder Nullen oder Einsen sind.[4]

Die Darstellung einer Zahl im Fibonacci-System erinnert somit an ihre Darstellung im binären System. Hier wie dort treten nur Nullen und Einsen in Erscheinung. Es gibt jedoch zwei grundlegende Unterschiede zwischen beiden Zahlensystemen. Der eine besteht darin, dass das Fibonacci-System nicht auf einer Zahl als der durchgängigen Basis dieses Systems aufbaut, sondern auf einer – allerdings wohl definierten – Zahlenfolge. Für die Darstellung einer Zahl im Fibonacci-System sind folglich nicht die Potenzen der konstanten Basis relevant, sondern die Indizes der variablen Glieder der Folge. Der zweite Unterschied ergibt sich aus der Definition der Fibonacci-Folge: Da jede Fibonacci-Zahl die Summe der zwei ihr vorausgehenden Fibonacci-Zahlen ist, können zwei Fibonacci-Zahlen in der Darstellung einer Zahl in diesem System nicht unmittelbar aufeinander folgen. Mit anderen Worten: In der Darstellung einer Zahl im Fibonacci-System kann es keine unmittelbar benachbarten Einsen geben. Zwei aufeinander folgende Einsen ergeben vielmehr einen Übertrag, der die nächstfolgende Fibonacci-Zahl bezeichnet; anstelle von 011 erscheint also jedes Mal 100.

Wir fragen nun, was passiert, wenn wir Zahlen im Fibonacci-System – oder zur Basis F_k – palindromisieren. Eine Zahl zu spiegeln, ihre Ziffern in umgekehrter Reihenfolge zu schreiben, bereitet ja keine Schwierigkeiten. Komplizierter wird es schon, wenn Zahlen im Fibonacci-System addiert bzw. subtrahiert werden sollen. Die Addition von 0 und 1 ergibt, wie im binären System, 1. Zwei Einsen zu addieren, ist jedoch schon nicht mehr trivial, prinzipiell aber möglich. Das Resultat erhält man mittels einer «virtuellen» Rechnung. Hier sollen jedoch nicht Einzelheiten des Programms zur Debatte stehen, das es gestattet, Palindromisierungsprozesse im Fibonacci-Zahlensystem ablaufen zu lassen. Das Verdienst, ein solches Programm erarbeitet zu haben, gebührt Herrn M. Zauner (Berlin). Ich danke ihm für die Erlaubnis, mit diesem Programm arbeiten und experimentieren zu dürfen. Zugleich versteht es sich, dass ich für die Richtigkeit der Ergebnisse und die Schlussfolgerungen aus ihnen ganz allein verantwortlich bin.

Welche Strukturtypen erscheinen bei Palindromisierung zur Basis F_k? Sind es die gleichen wie für feste Basen? Werden wir neue finden, die wir bisher nicht kennen gelernt haben?

Im Fibonacci-Zahlenystem scheinen keine grundsätzlich neuen Strukturtypen aufzutauchen. Wenngleich in der Wissenschaft immer Vorsicht geboten ist, sobald es um Aussagen geht, in denen die Nichtexistenz von etwas erklärt wird, ohne dass sie schlüssig bewiesen werden kann, wage ich doch, die Vermutung auszusprechen, dass es in der Welt von Fibonaccis Kaninchen-Basen nicht grundsätzlich anders zugeht als in derjenigen der festen natürlichen Basen.

Bei Palindromisierung zur Basis F_k treffen wir in der Mehrzahl der Fälle auf Chaos oder Absturz in die Null. Nur gelegentlich, für ganz spezielle Startzahlen und entsprechende Modi, erscheinen Kreisläufer, d. h. Strukturen mit gleich bleibender Länge der Sequenzen, in deren Innern entweder ein periodisches Muster abläuft oder ein Null-Kontinuum von vertikalen Kernen eingeschlossen ist. Grafik 84 zeigt einen solchen periodischen Kreisläufer.

Grafik 84

Für andere Startzahlen und Modi spannen sich verallgemeinerte Sierpinskis, jedoch von konstanter Sequenzenlänge, auf, die aber mehr einem Chaos von Dreiecksstrukturen gleichen, als dass sie einen geordneten Aufbau zeigen. Die Ordnung tritt indes zutage, sobald wir die Zykluslänge um einige Vielfache erhöhen; dann zeigen sich nämlich senkrechte Streifenmuster, die sich aus miniaturähnlichen Mustern aufbauen. Solche Streifenmuster können so beschaffen sein, dass jede Säule ein anderes Zeichen aufweist und auch innerhalb jeder Säule verschiedene Zeichen stehen oder dass jede Säule aus den gleichen Zeichen besteht, es aber verschiedene Säulen gibt, oder dass überhaupt alle Zeichen einander gleich sind.

Die Grafiken 85a bis 85c zeigen sierpinskiartig angeordnete Dreiecksstrukturen in drei verschiedenen Darstellungen: Grafik 85a bei $Z_l = 1$, Grafik 85b bei $Z_l = m_l$ und Grafik 85c bei $Z_l = 16m_l$. Alle Säulen bestehen hier aus den gleichen Zeichen, jedoch sind die Zeichen innerhalb einer Säule verschieden voneinander.

Grafiken 85a bis 85c

Perioden mit einstelligen repetitiven Sequenzen und Similaritäten wurden jedoch bisher nicht gesichtet. Es kann sie im Fibonacci-System auch nicht geben. Der Grund ist einfach: Da zwei Einsen nicht aufeinander folgen können, sind Strukturen, die Einsen als einstellige repetitive Sequenzen enthalten, nicht möglich. Aus demselben Grund kann es keine Similaritäten geben, denn die Figurenebene einer Similarität besteht immer aus Gebieten, die lokale Null- oder $(g-1)$-Kontinua sind. Der Ausdruck $(g-1)$ gibt im Fibonacci-System keinen Sinn; außer der Null gibt es hier nur die Eins, und die kann kein – und sei es ein noch so kleines – Kontinuum bilden.

Indes sind Perioden mit einem Null-Kontinuum auf der einen Seite des Kerns und einem (01)-Kontinuum auf der anderen Seite durchaus möglich, wie Grafik 86 belegt.

Grafik 86

Auch Perioden, die beiderseits vom Kern Null-Kontinua zeigen, sind grundsätzlich nicht ausgeschlossen. Selbst der Typ «*OT* + nur Nullen» existiert im Fibonacci-System (vgl. Grafik 87); jedoch fehlt das komplementäre Pendant «*OT* + nur (g – 1)», das wiederum nicht möglich ist.

Grafik 87

Daraus folgt: Palindromisieren im Fibonacci-Zahlensystem scheint keine grundsätzlich neuen Strukturen gegenüber Zahlensystemen zu festen Basen hervorzubringen. Im Gegenteil: Einige Strukturtypen entfallen hier aufgrund der Restriktion, dass Einsen nicht aufeinander folgen dürfen.

Kapitel 10: Der Modus

Singles und Cluster

Der Modus funktioniert wie eine Weiche. Ist die Weiche nach links gestellt, geht die Fahrt nach links; ist sie nach rechts gestellt, so rast der Zug in diese Richtung. Beginnt der Modus auf a, bewegt sich der Palindromisierungsprozess in den additiven Zweig des palindromischen Netzwerks hinein; steht am Anfang ein s, geht die Fahrt in den subtraktiven Zweig.[1] Und so nach jedem Schritt: Jedes Mal wenden wir uns entweder nach links oder nach rechts, addieren entweder Zahl und Umkehrzahl oder subtrahieren sie voneinander. Der Modus ist gleichsam eine Art Fahrplan durch das palindromische Netzwerk, der für jeden Verzweigungspunkt anzeigt, ob an ihm nach rechts (plus) oder nach links (minus) fortgeschritten werden soll.

Wie die Startzahl, so verfügt auch der Modus über Knöpfe, an denen gedreht werden kann. Hier sind es die Indizes der a und s. Eine Drehung nach rechts am Index von a bedeutet Hinzufügen eines a – aus a_i wird a_{i+1} –, d.h. eine Addition mehr. Einer Drehung nach links entspricht analog eine Subtraktion mehr.

Jede Drehung bewirkt, dass wir an einer anderen Stelle im palindromischen Netzwerk landen. An dieser anderen Stelle steht eine andere Ergebniszahl als die, die wir ohne Drehung gefunden hätten. Wird der Modus mehrere Male durchlaufen, so schaukelt sich diese Veränderung auf, sodass wir in der Regel bei Änderung des Index um auch nur eine einzige Position nach n Zyklen ein völlig anderes Resultat erhalten.

Wir wollen nun in das palindromische Netzwerk nicht die Ergebniszahlen der einzelnen Palindromisierungsschritte eintragen, sondern den Strukturtyp, der im Ergebnis eines gegebenen Modus zustande kommt. Wir denken uns zu diesem Zweck in einem rechtwinkligen Koordinatensystem die x-Achse als die Plusachse und die y-Achse als die Minusachse. Die durch beide Achsen aufgespannte Fläche nennen wir *Modusebene*. Der Palindromisierungsmodus kann dann als eine gebrochene Linie dargestellt werden, die nach l Schritten zu einem Punkt führt, den wir durch die Struktur repräsentiert denken können, die der betreffende Modus für gegebene S_0 und g hervorbringt. Modi gleicher Länge, aber unterschiedlicher Struktur und mit unterschiedlichem Plus-minus-Verhältnis erscheinen dann als verschiedene Linien, die zu unterschiedlichen Punkten führen. Im Regelfall entsprechen diesen unterschiedlichen Punkten Strukturen verschiedenen Typs. Es kommt aber auch vor, dass die Strukturen in der Nachbarschaft eines Punktes vom selben Typ oder gar identisch sind mit der Struktur, die durch besagten Punkt selbst repräsentiert wird. Ein Beispiel soll dies verdeutlichen.

Wir entsenden unsere gute Bekannte, die natürliche $S_0 = 1089$, auf die Modusebene. Der Fahrplan, den wir ihr an die Hand geben, lautet m = $(a_5s_1)_2a_1s_1$ (14). Sie arbeitet ihn ab, immer und immer wieder, und sendet uns schließlich Grafik 56 zum Beleg dessen, dass ihr eines der schönsten Sierpinskis gelungen sei, das sie für uns an dem Punkt P (11;3) der Modusebene stationiert. Jetzt dreht sie am Index des ersten a ihres Fahrplans und macht aus der 5 eine 4: m = $a_4s_1a_5s_1a_1s_1$ (13). Dadurch landet sie im Nachbarhaus P (10;3), aber nicht als Sierpinski, sondern als Null. Nun versucht sie es in der umgekehrten Richtung und wählt anstatt der 5 am ersten a eine 6: m = $a_6s_1a_5s_1a_1s_1$ (15). Doch auch dieser Versuch bringt kein Sierpinski: Im Nachbarhaus P (12;3) herrscht vielmehr Chaos.

In einem dritten Versuch dreht sie zur Abwechslung einmal nicht an einem a-Index, sondern greift nach dem s in ihrer Mitte und erhöht den Index von 1 auf 2: $m = a_5s_1a_5s_2a_1s_1$ (15). Diesmal landet sie im Nachbarhaus P (11;4), in dem sie von einer Periode begrüßt wird. Sie führt uns noch weitere Nachbarn vor, darunter neben Nullen und Chaos auch Kreisläufer, doch als Sierpinski steht sie in dieser Gegend der Modusebene einsam und allein, ohne Gefährtinnen gleichen Typs, ein Single. Mit einem Ausdruck von Traurigkeit und Enttäuschung übergibt sie uns den unteren Teil der Grafik 88, die sie als Sierpinski und ihre Nachbarn NULL, CH und PER zeigt.

Doch schnell nehmen wir uns ihrer an, um ihre Traurigkeit und Enttäuschung in Freude und Stolz zu verwandeln. «Wer hat je ein so einzigartiges Sierpinski gesehen?», muntern wir sie auf. «Elementarzellen, konstituiert durch CH und SIM, makellos eine mit der anderen zusammengefügt zu einem Sierpinski! Eine einmalige Leistung, auf die sie zu Recht stolz sein kann. Ihre Nachbarn bestaunen und bewundern sie.»

Um ihr aber auch das Erlebnis guter Nachbarschaft von Gleichgesinnten zu verschaffen, entsenden wir sie nochmals in die Modusebene, diesmal ausgerüstet mit dem Fahrplan $m = s_8(a_7s_2)_2a_2$ (28). Ihr Zielbahnhof ist jetzt der Punkt P (15;12). Als sie ihn erreicht, hat sie wieder die Gestalt eines Sierpinskis, aber eines bei weitem nicht so exklusiven wie im vorigen Experiment. In den fünf Versuchen, die nun folgen, vermindert sie das letzte a in ihrem Fahrplan um 1, fügt am Anfang des Modus erst ein a, dann noch ein zweites an und klemmt sich schließlich in ihre Mitte – zwischen die beiden (a_7s_2) – den Modul (a_2s_1) und dann (a_2s_2). Und jedes Mal schaut ihr aus den Häusern nebenan ihr Ebenbild entgegen, nicht etwa eine Verwandte gleichen Typs, doch anderer Gestalt, nein, sie selbst ist es, die sich dergestalt sechsfach wiederfindet. Aber so richtig froh macht sie dieses Ergebnis auch nicht. Denn so angenehm es ist, in Gemeinschaft von seinesgleichen auf der Modusebene zu liegen, so eintönig ist es zugleich, in allen anderen nur immer sich selbst zu erkennen. So hält sie die Szene im oberen Teil der Grafik 88 fest.

Doch ganz und gar ohne jeden Kommentar möchten wir die Ereignisse auf der Modusebene nun doch nicht übergangen wissen. Dass im Ergebnis eines veränderten Modus auch ein anderer Strukturtyp entsteht, das ist plausibel und entspricht unserer Erwartung. Dass wir aber immer auf ein und dieselbe Struktur treffen, und zwar nach Typ und Gestalt, selbst wenn wir auf der Modusebene verschiedene Wege gehen und an verschiedenen Orten ankommen, das ist keineswegs selbstverständlich und lässt uns fragen, warum das so ist. Warum bilden sich bei bestimmten Veränderungen des Modus Cluster von Strukturen gleichen Typs und gleicher Gestalt?

Um die Frage zu beantworten, schauen wir uns doch einfach an, was unserer Startzahl widerfährt, wenn sie einmal nach dem einen Modus und das andere Mal nach dem veränderten Modus palindromisiert wird.

Beginnen wir mit $m_1 = s_8(a_7s_2)_2a_2$ (28). Dieser Fahrplan schreibt zunächst acht Subtraktionen vor. Auf diesem Streckenabschnitt gerät unsere S_0 in eine Periode, in der sich die Lalbagh-Zahl und die Nagaraj-Zahl einander die Hände reichen und sich im Kreis drehen. Gerade als die Nagaraj-Zahl als S_8 wieder einmal an der Reihe ist, setzen die Additionen ein. Nun ist es völlig belanglos, ob die Additionen bei 2178 oder 6534 einsetzen, denn in jedem Fall ergibt sich als Summe 10890: 2178 + 8712 = 10890 und 6534 + 4356 = 10890. Wir erhalten also $S_9 = 10890$, und ihr stehen als Nächstes noch sechs Additionen bevor.

Werfen wir bereits an dieser Stelle einen Blick auf den Fahrplan $m_2 = a_1m_1$, der sich vom ersten dadurch unterscheidet, dass er mit einem Plus beginnt. S_0 wird dadurch zunächst zur 10890, und dann beginnen die acht Subtraktionen. Zur $S_1 = 10890$ wird sie? Aber das ist doch unsere S_9 bei m_1! Das «Aha», das uns bei dieser Beobachtung entfahren könnte, nützt uns aber gar nichts, denn die 10890 gerät ja erst einmal in die subtraktive Phase, während sie bei m_1 gerade in die additive Phase eingetreten war. Doch nun kommt das Wunderbare! Die Subtraktionen bewirken nämlich, dass nach acht Schritten die 10890 zu sich selbst zurückkehrt: $S_9 = 10890$! Und ab jetzt geht es genauso weiter wie bei m_1.

Und wenn wir jetzt schon einmal den Weg ins Auge fassen, den $S_0 = 1089$ bei $m_3 = a_2 m_1$ geht, wenn vor dem m_1 also zwei Additionen stehen, dann zeigt sich, dass diese ersten beiden Additionen uns auf $S_2 = 20691$ führen, die, mit ihrer Umkehrzahl subtraktiv verbunden, 01089 ergibt. Die erste Subtraktion bei m_3 liefert $S_3 = 01089$, genau wie die erste Subtraktion bei m_2, nur, dass diese dort $S_2 = 01089$ war. m_3 spult sich von hier an genauso ab wie m_2, jedoch sind alle Zahlen um einen Schritt verschoben.

Alle drei Durchläufe enden somit beim gleichen Ergebnis: $(10890)_2$. Der Unterschied zwischen den drei Modi ist lediglich, dass die $(10890)_2$ bei m_1 als S_{28} erscheint, bei m_2 als S_{29} und bei m_3 als S_{30}. Dieser Unterschied ist aber genau das, was gebraucht wird, denn die Länge von m_1 ist 28, die von m_2 29 und die von m_3 30.

Die bange Frage, die sich jetzt stellt, ist: Wird auch der zweite Durchlauf, der jetzt mit der Startzahl $(10890)_2$ beginnt, für alle drei Modi mit dem gleichen Ergebnis enden? Denn es ist ja keineswegs ausgemacht, dass m_1, m_2 und m_3 auch für diese Startzahl nach 28 bzw. 29 bzw. 30 Schritten auf das gleiche Ergebnis führen. Doch auch beim zweiten Durchlauf fügen sich die Zahlen bei allen drei Modi wie durch geheime Zauberkraft so zusammen, dass am Ende dieses Zyklus immer die $(10890\ 0_5\ 10890)$ steht, und zwar als S_{56} bei m_1, als S_{57} bei m_2 und als S_{58} bei m_3. Dieses Spektakel wiederholt sich in jedem Durchlauf, und im Ergebnis baut sich für jeden der drei Modi ein und dasselbe Sierpinski auf, die alle auf der Modusebene durch jeweils einen Schritt in der *a*-Richtung voneinander entfernt liegen.

Zugegeben, dies ist keine *Erklärung* dafür, warum $S_0 = 1089$ für verschiedene Modi zu ein und demselben Sierpinski führt, doch es lässt immerhin ahnen, auf welche seltsame Weise das ganz unterschiedliche Verhalten von Zahlen stabile Strukturen erzeugen kann. Wir hätten, übrigens, noch eine Menge anderer Modi wählen können, die alle so geartet sind, dass sie $S_0 = 1089$ auf der Modusebene in der Nachbarschaft von besagtem Sierpinski und in seinem Gewand landen lassen, z. B. alle Modi, die aus m_1 dadurch entstehen, dass wir diesen Fahrplan durch beliebig viele Subtraktionen ergänzen.

Halten wir bis hierhin fest: *Die in Palindromisierungsprozessen entstehenden Strukturen können Singles sein oder in Clustern auftreten.*

Eine notwendige Bedingung dafür, dass sie in Clustern auftreten, besteht darin, dass am Ende des ersten Durchlaufs des veränderten Modus dasselbe Ergebnis steht wie am Ende des ersten Durchlaufs des ursprünglichen Modus. Diese Bedingung ist jedoch nicht hinreichend. Erst wenn auch der zweite Durchlauf des veränderten Modus dasselbe Ergebnis zeigt wie der zweite Durchlauf des ursprünglichen Modus, darf man hoffen, dass dies auch für alle weiteren Durchläufe gilt und dass die Gesamtstruktur für den veränderten wie für den ursprünglichen Modus ein und dieselbe sein wird.

Modi mit Schleifen, Spiralen und Perioden

Das Cluster, von dem wir soeben einen verschwindend kleinen Teil im oberen Teil der Grafik 88 kennen gelernt haben, besteht aus Sierpinskis, die alle in Typ und Gestalt identisch sind und sich nur durch ihre Lage auf der Modusebene unterscheiden. Es gibt indes auch noch andere Cluster, in denen sich Strukturen vom gleichen Typ zusammenfinden, die aber von verschiedener Gestalt sind. Wann und wie können Modi verändert werden, sodass die resultierende Struktur entweder nach Typ *und* Gestalt oder zumindest dem Typ nach der ursprünglichen Struktur gleicht?

Dieses Phänomen wird möglich, sobald wir es mit Modi zu tun haben, die Schleifen oder Spiralen bewirken.

Es sind dies Modi, die Abschnitte enthalten, die entweder einen periodischen Verlauf des Prozesses und damit Erhaltung von Typ und Gestalt der resultierenden Struktur auslösen oder bewirken, dass zumindest der Strukturtyp bewahrt bleibt. Je nachdem, ob das periodische Verhalten durch einen Modul, ein Minus oder ein Plus ausgelöst wird, können modulare, subtraktive oder additive Schleifen unterschieden werden. Analog wollen wir von modularen oder additiven Spiralen sprechen, wenn der Modus so strukturiert ist, dass bei bestimmten Veränderungen in ihm zumindest der Strukturtyp erhalten bleibt.

1. Schleifen

Eine *modulare Schleife* liegt dann vor, wenn durch Einfügen eines Moduls in einen Modus die Ergebnisstruktur identisch – also nach Typ und Gestalt – erhalten bleibt.

Schauen wir uns auch für diesen Fall an, wie das Phänomen Schritt für Schritt zustande kommt. Nehmen wir z. B. den im vorigen Abschnitt erwähnten Einschub des Moduls (a_2s_1) in den Modus $m_0 = a_2s_8 (a_7s_2)_2a_2$ (30) ($S_0 = 1089$, $g = 10$) vor. Dann wird $m_1 = a_2s_8(a_7s_2)(a_2s_1)(a_7s_2)a_2$ (33). Nach dem ersten (a_7s_2), also nach 19 Operationen, steht $S_{19} = 0729630$. Würden wir jetzt sofort zum nächsten (a_7s_2) übergehen, erhielten wir

S_{19}: 0729630
+ 0369270

S_{20}: 1098900

Schieben wir aber den Modul (a_2s_1) zwischen die beiden (a_7s_2), so ergibt sich:

S_{19}: 0729630
+ 0369270

S_{20}: 1098900
+ 0098901

S_{21}: 1197801
− 1087911

S_{22}: 0109890
+ 0989010

S_{23}: 1098900

S_{23} ist mithin wieder unser S_{20}! Wir erhalten ein und dasselbe Ergebnis, ob wir mit oder ohne besagten Einschub palindromisieren. Es ist klar, dass wir den Modul beliebig oft einschieben können, ohne dass sich das Ergebnis ändert.

Am Ende des ersten Durchlaufs des Modus steht mithin immer ein und dasselbe Ergebnis, wie oft der Modul (a_2s_1) auch zwischen die beiden (a_7s_2) eingeschoben wird. Darüber hinaus ist auch nach dem zweiten Durchlauf das Ergebnis für den ursprünglichen Modus und den oder die veränderten Modi ein und dasselbe: Ohne den Einschub (a_2s_1)$_k$ – also für k = 0 – ist S_{30} = 1089010890 und S_{60} = 10890 0_5 10890; für k = 1 ist S_{33} = 1089010890 und S_{66} = 10890 0_5 10890; für k = 2 ist S_{36} = 1089010890 und S_{72} = 10890 0_5 10890 usw. Auch die resultierende Gesamtstruktur ist somit immer ein und dieselbe.

Von einer *subtraktiven Schleife* sprechen wir dann, wenn der

Modus ein Minus enthält, dem in beliebiger Anzahl weitere hinzugefügt werden können, ohne dass sich an der Ergebnisstruktur auch nur das Geringste ändert.

Auch dieser Fall lässt sich am Beispiel des Sierpinskis von Grafik 88 demonstrieren. Wir haben uns soeben überzeugt, dass die modulare Schleife, die durch Einfügen des Moduls (a_2s_1) zwischen die beiden (a_7s_2) entsteht, Typ und Gestalt des Sierpinskis bewahrt. Jetzt werden wir in dem Modul (a_2s_1) am Index von s drehen und die Anzahl der Minus sukzessive erhöhen: von (a_2s_1) auf (a_2s_2), (a_2s_3), (a_2s_4) usw.

Mit dem eingefügten Modul (a_2s_1) erhielten wir $S_{22} = 0109890$. Wenn wir jetzt weiter *subtraktiv* palindromisieren, ergibt sich:

$$
\begin{array}{ll}
S_{22}: & 0109890 \\
- & 0989010 \\
\hline
S_{23}: & 0879120 \\
- & 0219780 \\
\hline
S_{24}: & \mathbf{0659340} \\
- & 0439560 \\
\hline
S_{25}: & 0219780 \\
- & 0879120 \\
\hline
S_{26}: & \mathbf{0659340}
\end{array}
$$

Wie man sieht, geraten wir in eine Periode der Länge $l = 2$ und haben es mit Mutuanten zu tun. Wir können von einer beliebigen Stelle der Periode aus zum additiven Schritt übergehen und gelangen jedes Mal zur Sequenz 1098900, von der an der Prozess dann wie gehabt weiterläuft:

$$
\begin{array}{lll}
S_{23}: 0879120 & S_{24}: 0659340 & S_{25}: 0219780 \\
+ \ 0219780 & + \ 0439560 & + \ 0879120 \\
\hline
1098900 & 1098900 & 1098900
\end{array}
$$

Für jedes Minus, das zusätzlich dem Modul (a_2s_1) angefügt wird, erhalten wir ein Resultat, das sich in keinem einzigen Punkt, in keiner einzigen Ziffer vom ursprünglichen Sierpinski unterscheidet.

Unser Modus verfügt jedoch noch über eine andere subtraktive Schleife: Das s_8 kann ebenfalls beliebig erhöht werden (s_9, s_{10}, s_{11} usw.)! Der Grund: Bei m = a_2s_8 $(a_7s_2)_2a_2$ (30) lautet S_{10}: 03 960 und S_{11}: 10 890. Wenn wir nach S_{10} jedoch nicht additiv, sondern subtraktiv weiter palindromisieren, geraten wir wieder in eine Periode:

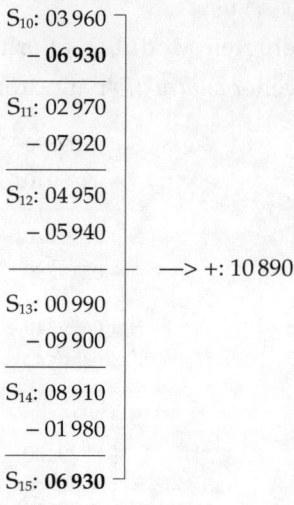

$$
\begin{array}{l}
S_{10}: 03\,960 \\
\quad - 06\,930 \\
\hline
S_{11}: 02\,970 \\
\quad - 07\,920 \\
\hline
S_{12}: 04\,950 \\
\quad - 05\,940 \\
\hline
\quad\quad\quad\quad\quad -> +: 10\,890 \\
S_{13}: 00\,990 \\
\quad - 09\,900 \\
\hline
S_{14}: 08\,910 \\
\quad - 01\,980 \\
\hline
S_{15}: 06\,930
\end{array}
$$

Die Periode hat die Länge $l = 5$ und enthält nur Mutuanten. Von jeder Stelle der Periode ausgehend, erhalten wir im nächsten additiven Schritt 10 890. Wie viele Minus wir dem Modus m = $a_2s_8(a_7s_2)_2a_2$ (30) bei s_8 auch hinzufügen, wir erhalten immer das gleiche Sierpinski!

Cluster, welche dadurch entstehen, dass Mutuanten eine subtraktive Schleife bilden, sollen *mutuationsbedingte Cluster* heißen. Ein Cluster kann jedoch auch aus anderen Gründen entstehen, z. B. aufgrund von Teilbarkeitseigenschaften des Indexes; darüber gibt Kasten 9 Auskunft.

Schließlich soll noch die *(endliche) additive Schleife* vermerkt werden. Auch sie haben wir schon kennen gelernt, als wir dem Modus m $= s_8(a_7s_2)_2a_2$ (28) ein und dann noch ein Plus vorangestellt haben, ohne dass sich in Typ und Gestalt des resultierenden Sierpinskis etwas änderte. Wir wollen das jetzt präzisieren. Es ergeben sich, wenn wir sukzessive ein Plus nach dem anderen voranstellen:

$\underline{m_0}$:	$\underline{m_1}$:	$\underline{m_2}$:	$\underline{m_3}$:	$\underline{m_4}$:
S_0: 1 089	S_0: 1 089	S_0: 1 089	S_0: 1 089	S_0: 1 089
− 9 801	+ 9 801	+ 9 801	+ 9 801	+ 9 801
S_1: 8 712	S_1: 10 890	S_1: 10 890	S_1: 10 890	S_1: 10 890
− 2 178	− 09 801	+ 09 801	+ 09 801	+ 09 801
S_2: 6 534	S_2: **01 089**	S_2: 20 691	S_2: 20 691	S_2: 20 691
− 4 356		− 19 602	+ 19 602	+ 19 602
S_3: 2 178		S_3: **01 089**	S_3: 40 293	S_3: 40 293
− 8 712			− 39 204	+ 39 204
S_4: 6 534			S_4: **01 089**	S_4: 79 497
− 4 356				− 79 497
S_5: 2 178				S_5: 00 000
− 8 712				
S_6: 6 534				
− 4 356				
S_7: 2 178				
− 8 712				
S_8: 6 534				
+ 4 356				
S_9: 10 890				
S_{28}:**(10 890)₂**	S_{29}:**(10 890)₂**	S_{30}:**(10 890)₂**	S_{31}:**(10 890)₂**	S_{32}: 00 000

Man sieht, dass für den ersten Durchlauf gilt: Dem Modus können so viele Plus vorangestellt werden, wie die additiv-palindromische Ordnung der Startzahl beträgt. Diese ist für $S_0 = 1089$: $a(1089) = 4$. Beim vierten Plus, das vorangestellt wird, erscheint ein Palindrom, sodass der Prozess wegen des nachfolgenden subtraktiven Schritts in die Null stürzt. Weitere Plus liegen jetzt außerhalb der additiven Schleife, deren Länge somit gleich $a(S_0)$ ist.

Am Beispiel der endlichen additiven Schleife ist zu ersehen, dass für eine Schleife nicht unbedingt zu fordern ist, dass sie beliebig oft durchlaufen werden kann. Es gibt übrigens auch subtraktive Schleifen, die nur endlich viele Male durchlaufen werden können; wir überlassen es dem Leser, sich anhand des in Kasten 9 diskutierten Modus davon zu überzeugen, wenn er den Index von s im Ausdruck $(a_9 s_1)$ von 1 bis 9 verändert.

2. Spiralen

Wir wenden uns nun den Fällen zu, in denen bei sukzessiver Veränderung eines Modus zwar der Strukturtyp wiederkehrt, jedoch in veränderter Gestalt.

Dies sei am Modus m = $a_{10} s_1 a_6 s_1 a_4 s_1 a_3 (s_1 a_2)_2 (s_1 a_1)_2 s_1$ (37) demonstriert. Für ihn ergibt sich bei $S_0 = 1001$ in Basis $g = 2$ eine Struktur vom Typ HSIM, die bei Schrittfolge = doppelte Moduslänge ein linkes Null-Kontinuum offenbart (Grafik 89).

Wenn wir im Modus das Glied a_6 um zwei Plus erhöhen, liefert der neue Modus ebenfalls eine HSIM-Struktur mit linkem Null-Kontinuum (Grafik 90). Diese ist mit der ersten jedoch nicht identisch, sondern gleicht ihr lediglich im Typ.

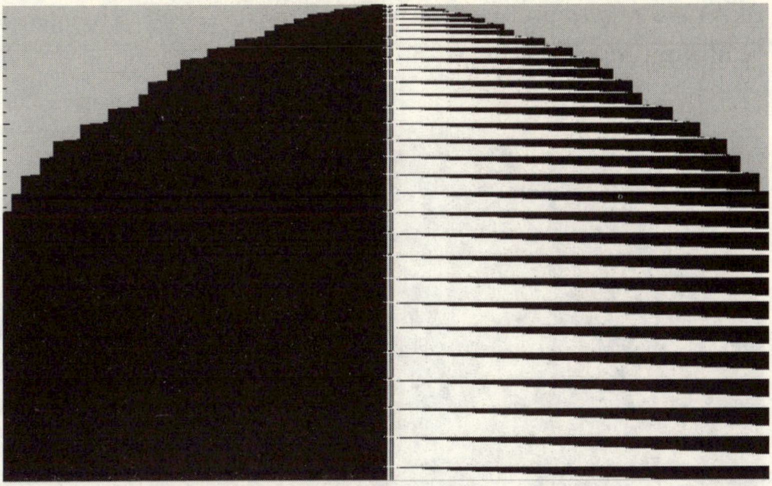

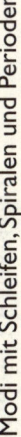

Grafik 89

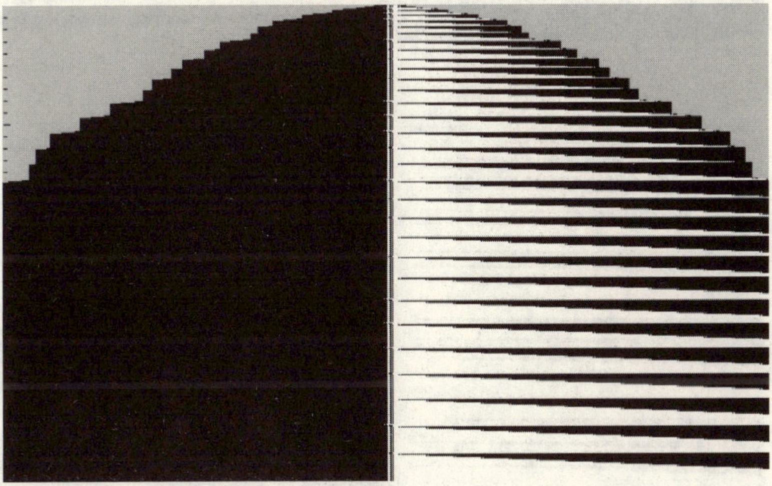

Grafik 90

Auch für a_{10}, a_{12} usw. erhalten wir Strukturen vom Typ HSIM, jedoch keine identischen. Die Grafiken 91 und 92 zeigen Ergebnisstrukturen gleichen Typs für a_{20} und a_{50}. Man beachte, dass in Gra-

fik 91 ein *rechtes* und von vertikalen Punktreihen durchzogenes
Null-Kontinuum erscheint.

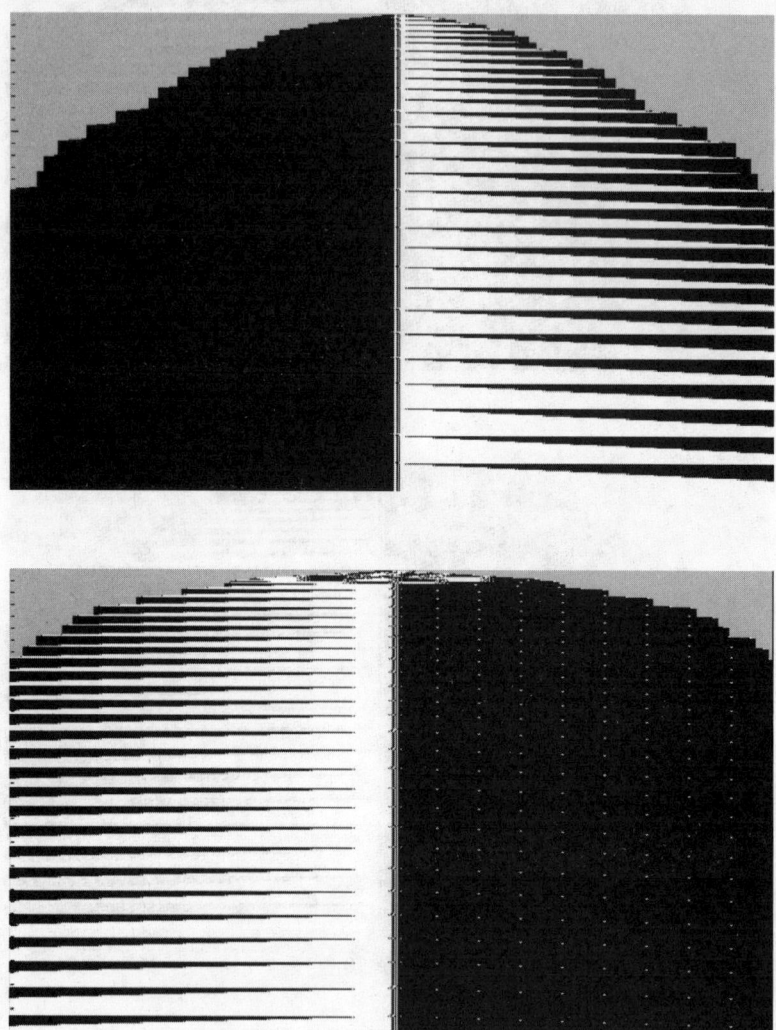

Grafik 91, 92

Was wir hier beobachten, ist natürlich keine Schleife. Die Situation ist vielmehr vergleichbar mit einer Spirale, die mit jeder Umdrehung zwar zum gleichen Punkt (zum gleichen Typ) zurückkehrt, jedoch auf einem jeweils höheren Niveau (mit anderen Sequenzen). In unserem Beispiel erfolgt die Rückkehr zum selben Typ nach Einfügen von zwei additiven Schritten. Darum sagen wir, dass die Spirale den additiven Typenabstand 2 hat.

Im Unterschied zu einer Schleife, die als subtraktive oder modulare beliebig oft – oder als endliche additive $a(S_0)$-mal – durchlaufen werden kann, kann von einer Spirale nicht mit Sicherheit vorausgesagt werden, ob der Strukturtyp bei beliebig vielen Durchläufen erhalten bleibt oder ob nicht irgendwann auch der Typ sich ändert. Auch der jeweilige Abstand ist lediglich ein experimenteller Befund, zumindest auf dem Niveau, auf dem sich Theorie und Praxis der Palindromisierungsprozesse gegenwärtig befinden.

Betrachten wir noch ein weiteres Beispiel.

Der Modus $m = (a_1s_2)_8(a_2s_2)$ (28) erzeugt in Basis $g = 3$ für $S_0 = 1012$ ein Sierpinski, das in Grafik 93 zu sehen ist. Der Modus besteht aus den beiden Modulen (a_1s_2) und (a_2s_2).

Wir beobachten hier zwei Sachverhalte:

Modul (a_2s_2) bewirkt eine Schleife, und zwar ab $(a_2s_2)_3$: Mit jedem neuen Modul (a_2s_2), den wir hinzufügen, entsteht immer wieder ein und dasselbe Sierpinski-Fraktal.

Der Modus $m = (a_1s_2)_8(a_2s_2)_3$ (36) ist nun aber so beschaffen, dass er neben (a_2s_2) noch den Modul (a_1s_2) enthält, und zwar in achtfacher Ausfertigung. Was geschieht, wenn wir den Index *dieses* Moduls erhöhen: $(a_1s_2)_9$, $(a_1s_2)_{10}$ usw.?

Mit jedem Modul (a_1s_2), der zu den schon vorhandenen hinzukommt, bleibt der *Typ* der Ergebnisstruktur, also ein Sierpinski-Fraktal, erhalten, jedoch ändert sich die Erscheinungsform, sozusagen der Phänotyp, indem die Struktur immer mehr «ausgedünnt» wird und die Null-Löcher immer größer werden. Für $(a_1s_2)_{50}$ zeigt Grafik 94, dass das SIER nur noch aus wenigen Miniaturen besteht, zwischen denen große Null-Löcher gähnen. Wir haben es hier mit einer modularen Spirale zu tun, deren modularer Abstand von Typ zu Typ $(a_1s_2)_1$ beträgt.

In dem soeben betrachteten Fall bleibt der Strukturtyp SIER bei jeder Erhöhung des Indexes von (a_1s_2) erhalten. Wir sprechen deshalb von einer *modularen Spirale mit dem Abstand 1*. Dies empfiehlt sich deshalb, weil es andere Modi gibt, für welche die Erhöhung des Indexes erst nach mehreren Schritten zu einer Struktur desselben Typs führt.

Da modulare Spiralen die Erscheinungsform des Strukturtyps ändern, ist es, streng genommen, nicht ausgeschlossen, dass die Änderung in gewissen Fällen auch so vonstatten geht, dass nicht nur die Erscheinungsform, sondern irgendwann auch der Strukturtyp selbst sich ändert. Die Beobachtung modularer Spiralen ist deshalb zunächst nicht mehr als ein empirisches Faktum.

Modulare Spiralen konnten wir für alle hier aufgeführten Strukturtypen nachweisen. Dabei zeigte es sich, dass manche auch nur einige wenige «Umdrehungen» aufweisen.

3. Schleifen und Perioden

Eine an Schleifen reiche Sierpinski-Struktur ist in Basis g = 18 zu Hause. Sie entsteht nach dem Grundmodus $m = a_7(s_2a_1)_4s_n (19 + n)$ bei $S_0 = 10(g - 2)(g - 1)$ und lädt uns ein, an zwei Knöpfen zu drehen: Am s im Modul (s_2a_1) und am allein stehenden s_n.

Drehen am s im Modul (s_2a_1) fördert eine endliche subtraktive Schleife zutage: Durch Hinzufügen von zunächst einem und sodann einem zweiten Minus an das s_2 im Modul (s_2a_1) erhalten wir wieder unser ursprüngliches Sierpinski. Ab dem dritten Minus baut sich kein Sierpinski mehr auf.

Nun aber zu dem unvergleichlich interessanteren Knopf s_n!

Wir lassen an ihm n die Folge der natürlichen Zahlen durchlaufen: n = 0, 1, 2, 3, … Dabei entstehen Sierpinski-Strukturen teils unterschiedlicher, teils gleicher Gestalt. Die genauere Betrachtung zeigt, dass Sierpinskis überhaupt erscheinen bei

n = 2, 3, 4, 6, 7, 10, 13, 14, 15, 18, 22, 24, 33, 36, 39, 42, 43, 48, 55, 69, 72, 75, 78, 79, 84, 91, 105, 108, 111, 114, 115, 120, 127, 141, 144, 147, 150, 151, 156, 163, 177, 180, 183, 186, 187, 192, 199 usw.

Diese Zahlenreihe weist eine durchgängige Periodizität auf. Betrachtet man die Strukturen bis n = 24 als «Einlaufkurve», dann beginnt ab n = 33 ein Rhythmus, der zunächst in drei Dreierschritten fortschreitet, dann folgen ein einzelner Schritt, ein Fünfer- und ein Siebenerschritt, bis nach abermals vierzehn Schritten das Spiel von vorne beginnt: 3, 3, 3, 1, 5, 7, 14; 3, 3, 3, 1, 5, 7, 14 usw. Das «Periodensystem» der n, für die Sierpinski-Strukturen entstehen, hat mithin die Gestalt

2, 3, 4, 6, 7, 10, 13, 14, 15, 18, 22, 24, … («Einlaufkurve»)

          33, 36, 39, 42, 43, 48, 55,
          69, 72, 75, 78, 79, 84, 91,
     105, 108, 111, 114, 115, 120, 127,
     141, 144, 147, 150, 151, 156, 163,
     177, 180, 183, 186, 187, 192, 199 usw.

Abgesehen von den Strukturen der «Einlaufkurve» weist dieses «Periodensystem» insgesamt sieben Gruppen von Sierpinski-Strukturen auf. In jeder Gruppe, d. h. für alle untereinander stehenden n, ergibt sich die gleiche Struktur. Die Periodenlänge, d. h. die Anzahl der Stellen, um die n weiterschreiten muss, damit eine Struktur sich identisch wiederholt, beträgt 36.

Teilbarkeits- und primzahlbedingte Cluster

In Basis $g = 20$ begegnet uns bei der Startzahl $g = 10(g-2)(g-1)$ ein Phänomen, das möglicherweise auf tiefer liegende Zusammenhänge zwischen den Teilbarkeitseigenschaften eines Indexes, der Basis und vielleicht dem ganzen Modus verweist, die uns noch ganz und gar verborgen sind.

Das Phänomen ist ein Sierpinski. Es kommt zunächst ganz harmlos beim Modus $m = a_9 s_1 a_1 s_2 a_1$ (14) daher. Wer etwas an seinen Knöpfen dreht, erfährt, dass es kein Single ist, sondern in einem Cluster lebt. Und zwar für beide s. Dreht man am ersten s, so erscheint ein und dasselbe Sierpinski für s_1 bis s_9. Das zweite s aber bringt die eigentliche Überraschung. Wird dessen Index verändert, so erscheint besagtes Sierpinski für eine Folge von n, die sich nach einer leicht durchschaubaren Regel aufbaut. Die n, die ein solches Sierpinski hervorbringen, sind, wenn wir nur die für $n \leq 100$ anschreiben:

n_{SIER}:

2, 3, 4, 6, 8, 9, 10, 12, 14, 15, 16, 18, 20, 21, 22, 24, 26, 27, 28, 30, 32, 33, 34, 36, 38, 39, 40, 42, 44, 45, 46, 48, 50, 51, 52, 54, 56, 57, 58, 60, 62, 63, 64, 66, 68, 69, 70, 72, 74, 75, 76, 78, 80, 81, 82, 84, 86, 87, 88, 90, 92, 93, 94, 96, 98, 100, …

Man sieht:
1. Die Zahlen folgen in Intervallen $1 - 1 - 2 - 2 - 1 - 1 - 2 - 2 -$ usw. aufeinander.
2. Bei entsprechender Anordnung erweist sich, dass die Folge aus 4 Reihen von Zahlen, die in jeder Reihe in Sechserschritten aufeinander folgt, besteht:

2, 3, 4, 6,

8, 9, 10, 12,

14, 15, 16, 18,

20, 21, 22, 24,

26, 27, 28, 30,

32, 33, 34, 36,

38, 39, 40, 42,

44, 45, 46, 48,

50, 51, 52, 54,

56, 57, 58, 60,

62, 63, 64, 66,

68, 69, 70, 72,

74, 75, 76, 78,

80, 81, 82, 84,

86, 87, 88, 90,

92, 93, 94, 96,

98, 100 usw.

3. Aus dieser Anordnung springt sofort ins Auge, dass in der ersten und dritten Reihe nur gerade Zahlen stehen (2, 4, 8, 10, …) und in der zweiten und vierten Reihe alle natürlichen Zahlen, die durch 3 teilbar sind (3, 6, 9, 12, …).

Das besagte Sierpinski ergibt sich mithin *für alle n, die durch 2 oder 3 teilbar sind, und nur für sie*. Wir sprechen deshalb auch von einem *teilbarkeitsbedingten Cluster*.

Ebenfalls in Basis g = 20 treffen wir für den Modus m = $a_6s_2a_7s_2a_1s_2a_2s_n$ gewissermaßen auf das Gegenstück des soeben beschriebenen Clusters. Wir drehen hier am letzten *s* und stellen fest, dass für folgende **n** Sierpinskis entstehen (wir schreiben diesmal nur die für n < 500 an):

n_{SIER}:

5, 7, 11, 17, 19, 23, 29, 31, 35, 41, 43, 47, 53, 55, 59, 65, 67, 71, 77, 79, 83, 89, 91, 95, 101, 103, 107, 113, 115, 119, 125, 127, 131, 137, 139, 143, 149, 151,

155, 161, 163, 167, 173, 175, 179, 185, 187, 191, 197, 199, 203, 209, 211, 215, 221, 223, 227, 233, 235, 239, 245, 247, 251, 257, 259, 263, 269, 271, 275, 281, 283, 287, 293, 295, 299, 305, 307, 311, 317, 319, 323, 329, 331, 335, 341, 343, 347, 353, 355, 359, 365, 367, 371, 377, 379, 383, 389, 391, 395, 401, 403, 407, 409, 413, 415. 419, 425, 427, 431, 437, 439, 443, 449, 451, 455, 461, 463, 467, 473, 475, 479, 485, 487, 491, 497, 499 usw.

Die Frage ist, ob auch diese Folge eine Regelmäßigkeit offenbart. Zunächst lassen sich wieder rein äußerlich folgende Beobachtungen anstellen:

1. Das Sierpinski hat immer die gleiche Struktur, tritt aber in drei Erscheinungsformen A, B, C auf, die sich farblich geringfügig, doch immerhin sichtbar unterscheiden und stets in der Reihenfolge A, B, C, A, B, C, A, B, C usw. aufeinander folgen.

2. Die Zahlen folgen in Intervallen von 2 – 4 – 6, 2 – 4 – 6 usw. aufeinander.

3. Bei entsprechender Anordnung erweist sich, dass die Folge aus 3 Reihen von Zahlen besteht, die in jeder Reihe in 12er Schritten aufeinander folgen:

5, 7, 11,	173, 175, 179,	341, 343, 347,
17, 19, 23,	185, 187, 191,	353, 355, 359,
29, 31, 35,	197, 199, 203,	365, 367, 371,
41, 43, 47,	209, 211, 215,	377, 379, 383,
53, 55, 59,	221, 223, 227,	389, 391, 395,
65, 67, 71,	233, 235, 239,	401, 403, 407,
77, 79, 83,	245, 247, 251,	413, 415, 419,
89, 91, 95,	257, 259, 263,	425, 427, 431,
101, 103, 107,	269, 271, 275,	437, 439, 443,
113, 115, 119,	281, 283, 287,	449, 451, 455,
125, 127, 131,	293, 295, 299,	461, 463, 467,
137, 139, 143,	305, 307, 311,	473, 475, 479,
149, 151, 155,	317, 319, 323,	485, 487, 491,
161, 163, 167,	329, 331, 335,	497, 499 usw.

4. Es fällt weiter auf, dass die Folge nur aus *ungeraden* Zahlen besteht, von denen keine durch 3 teilbar ist. Für *gerade* n ergibt sich entweder Chaos oder ein Kreisläufer, oder der Prozess endet in der Null.

5. Schließlich sieht man, dass die Folge mit Primzahlen beginnt: 5, 7, 11, 17, 19, 23, 29, 31. Allerdings fehlt die Primzahl 13, und im Verlauf der Folge fehlen auch noch andere Primzahlen: 37, 61, 73, 97, 109, 157, 181, 193 u. a. Dafür schließen sich nach der 31 auch Zahlen an, die keine Primzahlen sind: 35, 55, 65, 77, 91, 95 u. a.

Die Folge enthält also Primzahlen, aber nicht alle Primzahlen und nicht nur Primzahlen. So drängt sich die Frage auf, welche Primzahlen in unserer Folge enthalten sind. Indem wir der Frage nachgehen, stoßen wir auf den verblüffenden Sachverhalt, dass unser Cluster nicht nur durch Teilbarkeitseigenschaften der Indizes, sondern auch durch das Auftreten bestimmter Primzahlen bedingt ist.

Um dies einzusehen, sind einige Vorbemerkungen erforderlich. Sie betreffen die innere Struktur der Folge der Primzahlen. In dieser kommen bekanntlich Teilfolgen mit nachstehenden Eigenschaften vor:

- Primzahlen, die den von Fermat vermuteten Zwei-Quadrate-Satz erfüllen, d. h. die sich in der Form $a^2 + b^2$ schreiben lassen, wobei a und b natürliche Zahlen sind, und
- Primzahlen, die sich in der Form $a^2 - ab + b^2$ schreiben lassen.

Wir nennen die ersteren Primzahlen vom Typ F oder kurz F, die letzteren wegen ihrer Nähe zur Welt der Eisenstein'schen ganzen Zahlen[2] Primzahlen vom Typ E oder kurz E.

Primzahlen vom Typ F sind $5 = 2^2 + 1^2$, $13 = 3^2 + 2^2$, $17 = 4^2 + 1^2$, $29 = 5^2 + 2^2$ usw., solche vom Typ E sind $3 = 2^2 - 2 \times 1 + 1^2$, $7 = 3^2 - 3 \times 1 + 1^2$, $13 = 4^2 - 4 \times 1 + 1^2$, $19 = 5^2 - 5 \times 2 + 2^2$ usw. Außer diesen beiden Arten von Primzahlen gibt es weiterhin diejenigen, die sowohl vom Typ F als auch vom Typ E sind (13, 37, 61, 73, 97 usw.; sie seien kurz mit E + F benannt), sowie diejenigen, die weder vom Typ F noch vom Typ E sind (11, 23, 47, 59 usw.; wir werden sie kurz mit P − (E + F) bezeichnen). Außer E, F, E + F und P – (E + F) gibt es keine weiteren Primzahlen.

Man findet diese Kategorien von Primzahlen leicht, indem man entsprechende Sätze zu Hilfe nimmt. Für die vom Typ F gilt der Zwei-Quadrate-Satz von Fermat: Eine Primzahl p lässt sich genau dann als Summe zweier Quadrate ausschreiben, wenn p + 1 kein Vielfaches von 4 ist.[3] Für die vom Typ E gilt der analoge Satz: Eine Primzahl p kann in der Form $a^2 - ab + b^2$ geschrieben werden, falls 3 kein Teiler von p + 1 ist.[4] Die vom Typ E + F müssen dann beiden Sätzen genügen, die vom Typ P – (E + F) hingegen weder dem einen noch dem anderen. Für die Primzahlen p_n des Typs P – (E + F) gilt dann, dass die p_n + 1 Vielfache von $3 \times 4 = 12$ sein müssen.

Werfen wir jetzt wieder einen Blick auf unsere drei Reihen von Indizes, so wird sichtbar, dass die Primzahlen, die in der ersten Reihe stehen, vom Typ F sind, die in der zweiten Reihe vom Typ E und die in der dritten weder E noch F, also vom Typ P – (E + F) sind. Alle n in jeder der drei Reihen ergeben sich außerdem aus dem ersten n in jeder Reihe (n_1, n_2, n_3) durch sukzessives Hinzufügen von 12 (1. Reihe: $n_1 + 12k$ (k = 0, 1, 2, …), 2. Reihe: $n_2 + 12k$, 3. Reihe: $n_3 + 12k$).

Woher sich dieser Zusammenhang der Indizes unseres Sierpinski-Clusters mit den verschiedenen Typen von Primzahlen ergibt, liegt für uns bislang im Dunkeln. Das hier mitgeteilte Ergebnis ist lediglich ein empirisches, eine experimentelle Beobachtung. Es bleibt die Frage, wie es bewiesen werden kann.

Eine weitere Beobachtung betrifft den Modus, für den unser Cluster entsteht. Wir lassen ihn nämlich jetzt mit s_n beginnen, d. h., wir stellen ihm ein s_n voran und lassen n von 0 an wachsen. Dann zeigt sich, dass bis n = 12 ebenfalls SIER-Cluster entstehen, deren Indizes in drei Reihen geordnet werden können. Für ungerade n (n = 1, 3, 5, …) stehen in jeder Reihe nur gerade Zahlen. Für n = 0 und die geraden Indizes n = 2, 4, 6, … erscheinen in den drei Reihen wieder unsere Primzahltypen, wie in der folgenden Tabelle gezeigt:

n	Reihe 1	Reihe 2	Reihe 3
0	F	E	$P - (E + F)$
2	n = 3k	F	n = 3k
4	E + F	n = 3k	E
6	E + F	F	$P - (E + F)$
8	n = 3k	n = 3k	$P - (E + F)$
10	E + F	E	n = 3k

Ab n = 12 wiederholt sich das Ganze.

Permutationen

Das Knopfdrehen, dem wir uns in den letzten Abschnitten hinge-
geben haben, läuft darauf hinaus, dass einem Modus an einer
ganz bestimmten Stelle ein oder mehrere Plus oder Minus hinzugefügt werden. Die Gesamtlänge m_l des Modus verändert sich
dadurch jedes Mal, und wenn der Modus bereit ist, das Spiel mit-
zuspielen, entstehen auf der Modusebene Cluster von Strukturen, die sich im Typ oder sogar in Typ und konkreter Gestalt gleichen.

Als Nächstes werden wir den Modus in der Weise manipulie-
ren, dass sowohl seine Länge als auch das Verhältnis von Plus
und Minus in ihm erhalten bleiben. Dies kann so erfolgen, dass
wir die erste Operation – ein Plus oder ein Minus – an das Ende
des Modus verlagern und diese Prozedur so lange wiederholen,
bis der ursprüngliche Modus wiederhergestellt ist. Ein solches

Verschieben von a und s in einer Zeichenfolge nennt man eine *Permutation*. Wir werden die a und s jedoch nicht willkürlich umstellen, sondern wollen vereinbaren, dass immer vom Rand her, sagen wir vom linken nach dem rechten Rand hin, permutiert wird. Wir werden es demzufolge nur mit *Randpermutationen* zu tun haben. Wie sind dann die den einzelnen Permutationen entsprechenden Ergebnisstrukturen beschaffen?

Eines lässt sich sofort sagen, wenn wir das Bild der Modusebene zurate ziehen: Jede Randpermutation eines Modus stellt sich als eine bestimmte Linie in der Modusebene dar, und weil die Gesämtlänge m_l des Modus und das Verhältnis von Plus und Minus sich bei Randpermutationen nicht ändern, landen wir jedes Mal in ein und demselben Punkt der Modusebene. Nicht Cluster sind es mithin, die auf diese Weise entstehen, sondern es ist ein einziger Punkt, der alle Ergebnisstrukturen repräsentiert. Dieser eine und einzige Punkt, der allen Randpermutationen eines gegebenen Modus entspricht, steht für genauso viele Strukturen, wie die Länge des Modus ausmacht. Sind aber diese Strukturen alle identisch wie die durch Schleifen zustande kommenden, oder gleichen sie sich nur im Typ wie die durch Spiralen entstehenden, oder sind darunter auch ganz verschiedene?

Kasten 10 enthält ein einfaches Beispiel, in dem der Modus $m = s_2a_5\,(7)$ in Basis $g = 10$ bei $S_0 = 1089$ einen Kreisläufer mit einer Periodenlänge von $l = 7$ gebiert. Von den insgesamt sieben möglichen Randpermutationen führen drei auf Kreisläufer mit den gleichen neunstelligen Sequenzen, die sich nur dadurch voneinander unterscheiden, dass für jeden Kreisläufer die Periode mit einer anderen Sequenz beginnt. Drei andere Randpermutationen begründen drei andere Kreisläufer mit ebenfalls gleichen, aber zehnstelligen Sequenzen, die sich wiederum nur dadurch voneinander unterscheiden, dass für jeden Kreisläufer die Periode mit einer anderen Sequenz beginnt. Beide Gruppen von Kreisläufern sind durch einen Absturz in die Null voneinander getrennt. Das Beispiel lehrt: *Bei Randpermutationen des Modus kann der Strukturtyp erhalten bleiben, aber in verschiedenen Erscheinungsformen zutage treten.*

Dieses Ergebnis ist jedoch keineswegs allgemein gültig. Bei Modi von einer wesentlich größeren Länge kommt es viel häufiger vor, dass *bei Randpermutationen des Modus sich mehrere Strukturtypen bilden, deren unterschiedliche Erscheinungsformen in kürzeren oder längeren, aber zusammenhängenden Permutationsfolgen auftreten.*

Wir bitten unsere gute Bekannte, die natürliche $S_0 = 1089$, uns dieses Schauspiel anhand des Modus $m = a_7 s_7 a_3 s_3 a_2 s_3$ (25) vorzuführen. Hoch erfreut, auch diesmal als Demonstrationsobjekt dienen zu dürfen, legt sie zugleich los und zeigt sich für den Ausgangsmodus (Perm01) zunächst als Sierpinski. Sie erweckt anfangs den Anschein, als wolle sie für jede Permutation einen anderen Strukturtyp hervorbringen: für Perm02 = $a_6...a_1$ (25) eine Periode, für Perm03 = $a_5...a_2$ (25) eine Periode mit einem senkrechten und zwei schrägen Kernen, von denen der linke schräge Kern durch ein Null-Kontinuum führt, während Perm04 = $a_4...a_3$ (25) einen Absturz in die Null bewirkt. Dann aber steigen von Perm05 bis Perm17 dreizehn Erscheinungsformen einer anderen Periode mit einem senkrechten und zwei schrägen Kernen aus der Modusebene hervor, deren schräge Kerne von komplementären repetitiven Sequenzen umgeben sind, und für Perm18 bis Perm25 liegen am selben Punkt der Modusebene neun Erscheinungsformen des Sierpinskis von Perm01.

Insgesamt registrieren wir

- dreizehn Erscheinungsformen der Periode mit einem senkrechten und zwei schrägen Kernen, die von komplementären repetitiven Sequenzen umgeben sind,
- neun Erscheinungsformen des Strukturtyps SIER,

Kasten 10

Permutationen des Palindromisierungsmodus

Beispiel: $g = 10$; $S_0 = 1089$; $m = s_2a_5$. Strukturtyp: Kreisläufer; $l = 7$, $e = 0$.

	s_2a_5	$s_1a_5s_1$	a_5s_2	$a_4s_2a_1$	$a_3s_2a_2$	$a_2s_2a_3$	$a_1s_2a_4$
S_0:	1089	1089	1089	1089	1089	1089	1089
1:	8712	8712	10890	10890	10890	10890	10890
2:	6534	10890	20691	20691	20691	20691	01089
3:	10890	20691	40293	40293	40293	01089	96921
4:	20691	40293	79497	79497	01089	96921	109890
5:	40293	79497	158994	**0**	96921	109890	208791
6:	79497	158994			109890	208791	
7:	158994				208791		
8:	340857						
9:	417186						

10: 1098900	8: 406593	18: 1099998900
11: 1197801	9: 802197	19: 1198998801
12: 2285712	10: 1593405	
13: 4461534		19: 1099998900
14: 8813178	11: 3450546	20: 1198998801
	12: 2999997	
15: 0099990		20: <u>1099998900</u>
16: 0899910	13: 10999989	21: **1198998801**
	14: 109999890	
17: 1099890		
18: 2069791	15: 208999197	
19: 4069593	16: 406999593	
20: 8029197	17: 802999197	
21: 15948405		
	18: 010999989	
22: 34536546	19: 978999021	
23: 30026997		
	20: <u>1099998900</u>	
24: 109989000	21: **1198998801**	
25: 110978901		

s_2a_5

	S_0:	1089
26:	220857912	
27:	440615934	
28:	880131978	
29:	001000890	
30:	096999210	
31:	109998900	
32:	119898801	
33:	228797712	
34:	446595534	
35:	**882191178**	
36:	010999890	
37:	087999120	
38:	109998900	

$s_1a_5s_1$

	S_0:		1089
27:	—		
28:	—		
29:	—	30:	109998900
30:	—	31:	119898801
		32:	228797712
		33:	446595534
		34:	882191178
		35:	**010999890**
		36:	087999120
		37:	109998900

a_5s_2

	S_0:		1089
	—	29:	109998900
	—	30:	119898801
		31:	228797712
		32:	446595534
		33:	882191178
		34:	010999890
		35:	**087999120**
		36:	109998900

$a_4s_2a_1$

	S_0:	1089

$a_3s_2a_2$

	S_0:	1089
22:	2287997712	
23:	4465995534	
24:	8821991178	
25:	0109999890	
26:	0879999120	
27:	1099998900	

$a_2s_2a_3$

	S_0:	1089
20:	**2287997712**	
21:	4465995534	
22:	8821991178	
23:	0109999890	
24:	0879999120	
25:	1099999900	

$a_1s_2a_4$

	S_0:	1089
20:	2281197712	
21:	**4465995534**	
22:	8821991178	
23:	0109999890	
24:	0879999120	
25:	1099999900	

- eine Periode mit einem senkrechten Kern,
- eine Periode mit einem senkrechten und zwei schrägen Kernen, von denen der linke durch ein Null-Kontinuum führt, und
- einen Absturz in die Null.

Wenn der Absturz in die Null als ein besonderer Strukturtyp zugelassen wird, kann man also sagen, dass die Länge des Modus gleich der Gesamtzahl an Erscheinungsformen ist, in denen sich eine bestimmte Anzahl von Strukturtypen in dem einen und einzigen Punkt, der dem Modus auf der Modusebene entspricht, präsentiert. Dieser Punkt schillert und glitzert gleichsam in den Farben der verschiedenen Erscheinungsformen; er funkt wie ein Leuchtfeuer auf hoher See: $13 \times$ PER1, $9 \times$ SIER, $1 \times$ PER2, $1 \times$ PER3, $1 \times$ null.

Oder: $30 \times$ REPS, $3 \times$ PER, $3 \times$ REPS, $9 \times$ PER, $12 \times$ REPS. Dieses Funkfeuer entsteht durch die Randpermutationen des Modus $m = s_1 a_2 (s_2 a_1)_{18}$ (57) für $S_0 = 1089$ in $g = 10$. Wer es sehen möchte, ist aufgefordert, die Permutationen auszuführen und die entsprechenden Palindromisierungsprozesse auszulösen.

Module und Rümpfe

Eine weitere Beobachtung betrifft den modularen Aufbau mancher Modi. Unter einem *Modul* sei eine bestimmte Kombination von Plus und Minus verstanden, die in einem Palindromisierungsmodus in mehrfacher Wiederholung vorkommt und in gewisser Weise strukturgenerierend wirkt.

Am häufigsten sind mir bisher Module als Strukturgeneratoren begegnet, die nur ein oder zwei Plus oder Minus enthalten: $(a_1 s_1)$ bzw. $(s_1 a_1)$, $(a_1 s_2)$ bzw. $(s_2 a_1)$, $(a_2 s_2)$ bzw. $(s_2 a_2)$. Hingegen scheint der Modul $(a_2 s_1)$ bzw. $(s_1 a_2)$ weniger strukturaktiv zu sein, möglicherweise weil bei hochrepetitivem Vorkommen dieser Kombination in einem Modus die additive Komponente so stark überwiegt, dass die Ergebnisstruktur zu Chaos tendiert.

Ein modular aufgebauter Modus enthält neben dem Modul noch andere Bestandteile, die wir den *Rumpf* des Modus nennen. Beispielsweise besteht der Modus m = $a_1s_5a_2s_4(a_1s_1)_{21}$ (54), der für g = 10 und S_0 = 1089 die in Kapitel 1 als Grafik 16 vorgestellte Struktur (Periode mit einstelligen und schrägen repetitiven Sequenzen) hervorbringt, aus dem Rumpf ($a_1s_5a_2s_4$) und dem Modul (a_1s_1) in 21facher Wiederholung. Rumpf und Modul bilden zusammen den Modus, der nur als Ganzes die jeweilige Struktur erzeugt. In unserem Beispiel führt der Rumpf, für sich genommen, zu Chaos mit einzelnen Inseln der Ordnung, während der Modul, ebenfalls für sich genommen, einen Absturz in die Null bewirkt.

Man kann also nicht sagen, dass es ein bestimmter Modul für sich genommen ist, der einen bestimmten Strukturtyp hervorbringt. Vielmehr lässt sich beobachten, dass ein bestimmter Modul in Verbindung mit einem bestimmten Rumpf den einen Strukturtyp, mit einem anderen Rumpf dagegen einen anderen Strukturtyp erzeugen kann. Und ebenso kann es vorkommen, dass ein bestimmter Rumpf in Verbindung mit dem einen Modul den einen Strukturtyp hervorbringt, in Verbindung mit einem anderen Modul jedoch einen anderen. Dennoch gehen mit bestimmten Modulen bei geeigneten Rümpfen auch bestimmte Strukturtypen einher. Das soll im Folgenden gezeigt werden, wobei wir auf bereits vorgestellte Strukturen zurückgreifen können.

I. Der Modul (a_1s_1)

Dem Modul (a_1s_1) sind wir bereits in Verbindung mit besonderen *repetitiven Sequenzen* begegnet, wie in Grafik 16. Ihm verdanken offenbar auch die Perioden mit beiderseits Nullen bzw. $(g-1)$-Sequenzen in den Grafiken 13 und 14 sowie die REPS in den Grafiken 64 bis 66 ihre Existenz. Auch die Modi, für welche die verbogenen repetitiven Sequenzen in Grafik 68, die alternierenden repetitiven Sequenzen in Grafik 70 und die unterbrochenen repetitiven Sequenzen in den Grafiken 71 und 73 erscheinen, enthalten den Modul (a_1s_1).

Der Modul (a_1s_1) zeigt des Weiteren eine Affinität zum Strukturtyp *Miniaturen*. Die beiden Belege sowie die Grafiken 74 und 76, die in Kapitel 6 für diesen Strukturtyp angeführt wurden, enthalten in ihrem Modus den Modul (a_1s_1).

Schließlich ist der Modul (a_1s_1) auch an der Bildung von Strukturen beteiligt, in denen ein *Sierpinski*, bestehend aus Miniaturen oder auch nicht, eine Periode mit einstelligen oder mehrstelligen repetitiven Sequenzen überlagert. Dieser Fall ist repräsentiert in Grafik 77.

Von den aufgezeigten Fällen, in denen der Modul (a_1s_1) an der Strukturbildung beteiligt ist, sind besondere repetitive Sequenzen sowie Fraktale und Interaktionen für diesen Modul jedoch nicht ausschließlich spezifisch; sie können auch bei anderen Modulen entstehen, so z. B. beim Modul (a_1s_2). Spezifisch an den Modul (a_1s_1) bzw. (s_1a_1) gebunden scheinen nach den bisherigen Beobachtungen lediglich die Repräsentanten der Strukturtypen *Miniaturen* und *nach innen gekrümmte (konvexe oder konkave) repetitive Sequenzen* zu sein.

2. Der Modul (a_1s_2)

Ebenso wie der Modul (a_1s_1) kann auch der Modul (a_1s_2) an der Bildung von besonderen repetitiven Sequenzen, Sierpinski-Fraktalen und Interaktionen beteiligt sein. Die Strukturtypen, die für ihn spezifisch sind, scheinen jedoch *konvex und nach außen ge-*

krümmte repetitive Sequenzen, verwackelte repetitive Sequenzen und *uneigentliche repetitive Sequenzen* zu sein; jedenfalls sind mir diese Typen bisher nur bei Modi begegnet, die den Modul (a_1s_2) bzw. (s_2a_1) enthielten.

Als Belege für den Typ *konvex und nach außen gekrümmte repetitive Sequenzen* mögen die Grafiken 62 und 63 dienen. Der Typ *verwackelte repetitive Sequenzen* wird repräsentiert durch Grafik 69. Und Grafik 21 schließlich demonstriert den Typ *uneigentliche repetitive Sequenzen*.

3. Andere Module

Auch andere Kombinationen von Plus und Minus können in Modi als Module auftreten und in Verbindung mit geeigneten Rümpfen strukturbildend wirken.

Auffällig verhält sich insbesondere der Modul (a_3s_3). Experimentieren Sie doch einmal mit dem Modul (a_3s_3) in vier- und mehrfacher Wiederholung in Verbindung mit dem Rumpf $(s_1a_1s_2)$. Sie werden gewiss Ihre Freude an den entstehenden Strukturen haben, wenn Sie als Zykluslänge jeweils die vier- bis sechzehnfache Moduslänge wählen. Prüfen Sie bitte auch, inwieweit der jeweilige Modus partiell basisunabhängig ist. Und hier als Zugabe noch zwei weitere interessante Rümpfe: $(s_3a_1s_1)$ und $(a_3s_3a_2s_2a_1s_2)$. Viel Vergnügen!

4. Der Rumpf

Modular aufgebaute Modi bestehen aus Rumpf und Modul(en). Wenn es auch so aussieht, als hätten bestimmte Modi eine gewisse Affinität zu bestimmten Strukturtypen [(a_1s_1) zu nach innen gekrümmten repetitiven Sequenzen oder zu Miniaturen, (a_1s_2) zu nach außen gekrümmten oder zu uneigentlichen repetitiven

Sequenzen], so werden diese doch immer durch den Gesamtmodus, bestehend aus Rumpf *und* Modulen, hervorgebracht. Natürlich ließe sich im Prinzip auch der Modul (a_1s_1) oder irgendein anderer für sich genommen als Gesamtmodus auffassen. Ein solcher Gesamtmodus hätte aber dann keinen modularen Aufbau, weil (a_1s_1) oder welche Operationenfolge auch immer erst dann zu einem Modul wird, wenn sie an einen Rumpf gebunden ist und/oder als sich wiederholende Folge im Modus vorkommt.

Modi können mit den verschiedenartigsten Rümpfen Strukturen erzeugen. Ich habe bis jetzt keine Anhaltspunkte dafür, dass bestimmte Rümpfe – ähnlich wie bestimmte Modi – vorzugsweise bestimmte Strukturtypen hervorbringen, wenn sie mit geeigneten Modulen verknüpft werden. Doch kann ein Rumpf mehr oder weniger strukturaktiv sein, wobei diese Fähigkeit der Strukturaktivität auch basisabhängig ist. Ein Rumpf etwa, der aus vielen – bis zu mehreren Dutzend – Plus besteht, wird in höheren Basen, z. B. in $g = 10$, kaum zu etwas anderem als Chaos führen, mit welchen Modi man ihn auch verbinde (es sei denn, es erfolgt ein Absturz in die Null). In Basis $g = 2$ hingegen sind solche Rümpfe in Verbindung mit geeigneten Modi wohl bekannt dafür, Sierpinskis oder Verallgemeinerte Sierpinskis zu erzeugen, z. B. m $= a_{30}(s_1a_2)_2(s_1a_1)_2s_5$ (45), m $= a_{36}(s_1a_2)_2(s_1a_1)_2$ (46), m $= a_{31}(s_1a_6)(s_1a_2)_2(s_1a_1)_2s_1$ (49), m $= a_{49}(s_1a_2)_2(s_1a_1)$ (59) u. a.

Auffällig ist jedoch *ein* Rumpf, der in Verbindung sowohl mit (a_1s_1) und (a_1s_2) als auch mit anderen Modulen überaus strukturaktiv ist und dabei mitunter sogar partiell basisunabhängige Strukturen hervorbringt. Dieser Rumpf ist die Operationenfolge $[(a_1s_2)(a_2s_2)(a_2s_1)]$, die ihrerseits aus drei verschiedenen Modulen besteht und gelegentlich auch in der Gestalt $[(s_2a_1)(s_2a_2)(s_1a_2)]$ oder als $[(a_2s_1)\ (a_2s_2)(a_1s_2)]$ auftritt. Es folgt eine kleine Galerie dessen, was dieser Rumpf in Basis $g = 10$ und für $S_0 = 1089$ zu bieten hat:

m = $s_7[(a_2s_1)(a_2s_2)(a_1s_2)]_2(a_2s_1)$ (30) – nur mehrstellige vertikale repetitive Sequenzen;

m = $[(a_1s_2)(a_2s_2)(a_2s_1)](a_1s_2)_{18}$ (64) – uneigentliche repetitive Sequenzen;

m = $(a_1s_2)_{25}[(a_2s_1)(a_2s_2)(a_1s_2)]$ (85) – verwackelte repetitive Sequenzen;

m = $a_7[(s_2a_1)(s_2a_2)(s_1a_2)]s_7(a_1s_1)_{22}s_1$ (69) – Miniaturen;

m = $[(a_1s_2)(a_2s_2)(a_2s_1)][(a_2s_2)(a_2s_4)]_2(a_2s_2)(a_2s_1)$ (37) – Sierpinski-Fraktal;

m = $(s_1a_2)[(s_2a_1)(a_2s_2)(a_1s_2)](s_1a_1)_{12}a_{14}$ (51) – Similarität auf Periode mit einstelligen repetitiven Sequenzen.

Die bewundernswerteste Leistung aber, die dieser Rumpf gemeinsam mit den Modulen (a_1s_2) und (a_1s_1) erbringt, ist ein partiell basisunabhängiges Sierpinski, das eine Periode mit mehrstelligen vertikalen repetitiven Sequenzen überlagert. Es entsteht nach dem Modus m = $(a_1s_1)[(s_1a_2)(s_2a_2)(s_2a_1)](a_1s_2)_{10}$ (42) für Startzahlen der Gestalt $S_0 = 10(g-2)(g-1)$ in den Basen $g > 4$. Aber auch $g = 3$ kommt nicht zu kurz, denn in Verbindung mit $(a_1s_1)_{36}$ bringt dieser Rumpf als Modus m = $[(a_1s_2)(a_2s_2)(a_2s_1)](a_1s_1)_{36}$ (82) auch für $g = 3$ und $S_0 = 1012$ ein Sierpinski auf einer Periode mit immerhin einstelligen repetitiven Sequenzen zustande.

Zusammengesetzte Modi

Die Veränderung eines Modus bewirkt im Allgemeinen, dass auch der Strukturtyp, den dieser Modus hervorbringt, ein anderer wird. Der Strukturtyp kann jedoch – wie wir gesehen haben – erhalten werden, wenn der Modus eine modulare Spirale enthält. Es gibt indes noch eine andere Chance, wie der Strukturtyp bei

Änderung des Modus erhalten bleiben kann. Auch sie wird durch modular aufgebaute Modi möglich:

Setzt sich ein Modus aus zwei anderen zusammen, von denen jeder über eine modulare Spirale verfügt und die beide ein und denselben Strukturtyp hervorbringen, so darf man hoffen, dass auch der zusammengesetzte Modus diesen Strukturtyp hervorbringt.

Leider lässt sich nichts Bestimmteres über diese Eigenschaft zusammengesetzter Modi aussagen. Es gibt Fälle, in denen zusammengesetzte Modi durchaus nicht in dieser Weise reagieren. So ist es lediglich ein Erfahrungswert, der hier mitgeteilt wird: Hat man einen Modus mit einer modularen Spirale und will man den Strukturtyp, den dieser Modus hervorbringt, auch durch einen anderen Modus erzeugen, so lässt sich dies erreichen, indem man entweder a) die Spirale nutzt oder b) den Modus einmal mit dem Modulindex r, für den er einen bestimmten Strukturtyp hervorbringt, nimmt und ein zweites Mal mit dem Modulindex s, für den er denselben Strukturtyp erzeugt, und beide hintereinander schaltet. Eine Garantie, dass gleich der erste Versuch erfolgreich sein wird, gibt es nicht. Doch empfiehlt es sich, diesen Weg zu gehen; er führt schneller zum Ziel als das Experimentieren in anderen Richtungen.

Betrachten wir ein Beispiel.

Die beiden Modi, die bei Schrittfolge = doppelte Moduslänge verknüpft werden sollen, sind $m_1 = (s_2a_1)_{18}(s_1a_2)$ (57) und $m_2 = (s_2a_1)_{36}(s_1a_2)$ (111). Die modulare Spirale hat den Abstand sechs. Beide Modi, für sich genommen, lassen Strukturen vom Typ REPS, und zwar konvex und nach außen gekrümmte repetitive Sequenzen, entstehen (Grafik 95 und 96). Werden sie in der Reihenfolge m_2m_1 miteinander verknüpft, so entsteht eine neue Erscheinungsform des Typs REPS (Grafik 97). In der Aufeinanderfolge m_1m_2 ergibt der zusammengesetzte Modus jedoch kein REPS mehr, sondern eine Periode mit einstelligen repetitiven Sequenzen.

227

Es gibt bislang keine klare und eindeutige Regel, wann zusammengesetzte modulare Modi den Strukturtyp erhalten und wann nicht. Die Praxis der Palindromisierung bezeugt jedoch, dass durch Kombination modularer Modi, die ein und denselben Strukturtyp hervorbringen, der Typ erhalten bleiben kann, wenn man beim Kombinieren eine glückliche Hand (oder eine gute Nase?) hat.

Die Fähigkeit zusammengesetzter Modi, denselben Strukturtyp hervorzubringen wie die Teilmodi, aus denen sie jeweils zusammengesetzt sind, ist nicht unbedingt daran gebunden, dass die Teilmodi über modulare Spiralen verfügen. Das sei abschließend am Typ HSIM demonstriert.

In Basis g = 9 erzeugen die zwei Modi

$m_1 = a_6 s_5 a_5 s_2$ (18) bei Schrittfolge = 32fache Moduslänge und

$m_2 = a_6 s_5 a_5 s_4$ (20) ebenfalls bei Schrittfolge = 32fache Moduslänge je eine Struktur vom Typ HSIM.

Kombiniert man beide Modi zu $m = m_2 m_1$ (38), so ist auch die durch diesen Modus erzeugte Struktur ein HSIM; die Schrittfolge ist hier gleich der achtfachen Moduslänge.

Auch die Kombination $m = m_1 m_2$ würde ein HSIM liefern.

Überdies könnten wir uns an diesem Beispiel davon überzeugen, dass auch die folgenden Mehrfach-Kombinationen von m_1 und m_2 Strukturen vom Typ HSIM liefern: $m_1\, m_2\, m_1$, $m_1\, m_2\, m_1\, m_1$, $m_1 m_2 m_1 m_1 m_2$ u. a. Dies im Einzelnen nachzuprüfen sei jedoch dem Leser überlassen.

Eine modulare Kuriosität

Hinter den Sieben Bergen, bei den sieben Zwergen, wohnte einst das schöne Schneewittchen, dessen Haar so schwarz wie Ebenholz und dessen Lippen so rot wie das Blut waren. Mit der Sieben muss es eine eigene Bewandtnis haben, wenn es um Schönheit geht. Denn in Basis sieben ist eines der schönsten Sierpinskis zu Hause. Seine Erzeuger sind die drei Module (a_1s_2), (a_3s_2) und (a_2s_3), die in ebendieser Reihenfolge sich der Startzahl $S_0 = 1056$ bemächtigten. Grafik 98 bezeugt, dass seine Null-Löcher schwarz wie Ebenholz glänzen und in seinen Elementarzellen rotes Blut fließt. Doch wohnt es nicht hinter den Sieben Bergen, sondern auf der Modusebene, und zwar im Punkt P (6;7). Wer es sich näher besieht, der findet, dass die Null-Löcher der Elementarzellen kleinen, auf der Spitze stehenden Quadraten ähneln, die jeweils ein größeres Null-Dreieck umschließen. Das macht den besonderen Reiz dieses Sierpinskis aus. Auch verfügt es über zwei Schleifen: eine endliche subtraktive, wenn man im mittleren Modul den Index beim s von 2 auf 3 und 6 erhöht, und eine modulare der Länge 1, da der Modul (a_2s_3) mit einem beliebigen Index versehen werden kann.

Nun aber kommt das Kuriosum. Wir fügen dem Rumpf, bestehend aus besagten drei Modulen, den Modul (a_2s_2) an. Auch er bewirkt eine Schleife, in deren Ergebnis wiederum ein Sierpinski erscheint, das nicht nur als Typ SIER dem ursprünglichen gleicht, sondern auch in Größe und Form der Null-Löcher, wenn es sich auch farblich vom Ur-Schneewittchen etwas unterscheidet. Weitere Module, die wir dem Rumpf anfügen können und welche Schleifen bewirken, sind (a_2s_3), (a_3s_2) und (a_3s_3). Und in jedem dieser Fälle ergibt sich wiederum ein Sierpinski, das dem ursprünglichen in Größe und Form seiner Null-Löcher gleicht!

Doch die Kuriosität geht noch weiter. Wir können alle genannten Modi dem Rumpf auf einmal anfügen – m = $[(a_1s_2)(a_3s_2)(a_2s_3)]$ $(a_2s_2)(a_2s_3)(a_3s_2)(a_3s_3)$ (33) – und erhalten immer noch das gleiche Ergebnis.

Und wir sind noch immer nicht am Ende. Doch um das Ende vorwegzunehmen:

Dem Rumpf [$(a_1s_2)(a_3s_{2,3,6})(a_2s_3)$] können in Basis $g = 7$ und für $S_0 = 1056$ die Module (a_2s_2), (a_2s_3), (a_3s_2), (a_3s_3) in beliebiger Anzahl und Reihenfolge angefügt werden, ohne dass Größe und Form der Null-Löcher des entstehenden Sierpinski-Fraktals sich ändern.

Wenn das nicht kurios ist! Und möglicherweise ist auch das noch nicht das Ende …

Was aber die Modusebene betrifft, so geht von dem Punkt P (6;7), in dem das Ur-Schneewittchen lagert, ein Strahlenbündel aus, denn jeder dem Rumpf hinzugefügte Modul erzeugt auf der Ebene eine endlose Folge von Punkten, die alle auf einer Geraden liegen. Wie viele solcher Strahlen es sind, hängt von der Phantasie und der Ausdauer ab, mit der Sie dem Rumpf Schneewittchens besagte Module in welcher Anzahl und Reihenfolge anfügen.

Das kleine grüne Sierpinski –
Strukturen mit multipler Geschichte

Wir kehren am Schluss dieses Kapitels noch einmal zu seinem Anfang zurück, zu dem Phänomen der Cluster. Dort haben wir es lediglich registriert und es dem Phänomen der Singles gegenübergestellt. Jetzt betrachten wir es von einem anderen Gesichtspunkt aus. Dabei wird uns «das kleine grüne Sierpinski» als Demonstrationsobjekt dienen.

Mit dem «kleinen grünen Sierpinski» ist eine Struktur vom Typ SIER gemeint, die entsteht, wenn $S_0 = 1089$ in Basis $g = 10$ nach dem Modus $m = a_6s_1(a_1s_2)_4$ (19) palindromisiert wird. Grafik 99 lässt erkennen, warum es so heißt: grünliche Färbung und relativ kleine Elementarzelle. Der sequenzielle Aufbau seiner Grundzelle ist:

S_{19}: 9713**00**7711

S_{38}: 97130000000007711

S_{57}: 9713**00**7711009713**00**7711

S_{76}: 971300000000000000000000007711

S_{95}: 9713**00**77110000000000000009713**00**7711

S_{114}: 971300000000771100000000971300000007711

S_{133}: 9713**00**7711009713**00**7711009713**00**7711009713**00**7711

Diese Grundzelle und damit das Fraktal als Ganzes ist auf vielen Wegen, mittels vieler Modi erreichbar. Es folgt eine Auflistung von Modi, die alle das kleine grüne Sierpinski erzeugen:

$s_{0,1}\, a_6\, s_{1,2,3},\, \ldots\, a_{1,2,3} s_{2,3}\, (a_1, s_{2,3})_3,$

$s_1\, a_5\, s_3\, a_3\, s_5\, a_1\, s_2\, a_{2,3,4}\, s_2,\, _{3,\,4}\, (a_1 s_2)_2,$

$s_1\, a_5\, s_3\, a_3\, s_{2,3}\, (a_1 s_2)_3,$

$a_5\, s_{3,\,5,\,8,11},\, \ldots\, a_2\, (s_{2,\,3} a_1)_3\, s_{2,3},$

$a_5\, (a_1 s_3)_4\, a_1\, s_2,$

$a_5\, s_3\, a_2\, (s_3 a_1)_3\, s_2,$

$a_6\, s_3\, a_1\, (a_1 s_2)_4,$

$a_6\, s_3\, a_5\, s_2\, (a_1 s_2)_2,$

$a_6\, s_5\, a_5\, (s_2 a_1)_2\, s_2,$

$a_8\, (a_1 s_2)_5,$

$a_8\, (a_1 s_3)_4\, (a_1 s_2),$

$a_8\, s_1 a_6\, s_{2,3}\, (a_1 s_2)_2,$

$a_9\, s_1\, (a_1 s_2)_4,$

$a_9\, s_1\, a_5\, (a_1 s_2)_2,$

$a_9\, s_2\, a_5\, s_2\, (a_1 s_2)_2,$

$a_9\, s_{1,2,3},\, \ldots\, a_2\, (s_{2,3} a_1)_3\, s_{2,3},$

$a_9\, s_1\, a_3\, s_3\, (a_1 s_2)_3,$

$a_9\, s_{1,2,3},\, \ldots\, a_2\, s_2\, (a_1 s_2)_3,$

$a_9\, s_3\, (a_1 s_2)_4,$

$a_9\, (s_3 a_1)_4\, s_2,$

$a_9\, s_9\, (a_1 s_2)_4$

Es ist nicht anzunehmen, dass diese Liste vollständig ist. Doch lässt sie auch schon in ihrer Unvollständigkeit ahnen, wie viele verschiedene Kombinationen von Plus und Minus auf diese Struktur führen, oder anders gesagt, wie viele Wege in der Modusebene für die natürliche 1089 zu einem «kleinen grünen Sierpinski» führen.

Dass es viele Modi gibt, bei denen diese Struktur entsteht, ist die eine Seite der Sache. Die andere ist: Ist ein «kleines grünes Sierpinski» einmal gegeben, so ist nicht entscheidbar, woher es gekommen ist! Es kann auf vielen Wegen in die Welt gekommen sein. Seine Vergangenheit ist nicht rekonstruierbar, weil es viele mögliche Vergangenheiten hat. Es ist sozusagen eine Struktur mit einer multiplen Geschichte!

Die Situation erinnert mich an die Memoiren des Satan, wie sie Wilhelm Hauff uns überliefert hat. Dort wird von einem Herrn von Natas berichtet, der in ein und derselben äußeren Gestalt in der Vergangenheit als verschiedene Personen und unter verschiedenen Namen aufgetreten war – als Oberjustizrat Hasentreffer, als Dr. Barighi, als Privatsekretär Gruber, als Spieler Maletti, als Kapellmeister Schmalz, als lustiger Kommissär oder als junger Landwirt – und dabei doch immer der eine und Einzige gewesen war, den man schließlich erkannte, indem man seinen Namen umkehrte: Satan.[5]

Nun geht es in den palindromischen Gefilden zwar nicht satanisch, doch immerhin nichtlinear zu, sodass es hier nicht nur Strukturen gibt, deren Zukunft nicht vorhersagbar ist, sondern auch solche, deren Vergangenheit nicht rekonstruierbar ist. Das rührt an die Frage, was palindromische Prozesse möglicherweise mit natürlichen Evolutionsprozessen gemein haben und ob und wie sie als Modelle evolutionärer Prozesse infrage kommen können.

Teil 3: Betrachtungen

In Teil 1 habe ich Typen von Strukturen vorgestellt, die in Palindromisierungsprozessen entstehen. Das mehrjährige Experimentieren mit solchen Prozessen und Strukturen lässt mich annehmen, dass ich die wichtigsten oder zumindest die am häufigsten auftretenden Typen erfasst habe. In Teil 2 habe ich sodann einige Beobachtungen hinsichtlich der drei Ausgangsbedingungen eines jeden Palindromisierungsprozesses mitgeteilt: die Basis, die Startzahl und den Modus. Im abschließenden Teil 3 werden nun weder experimentelle Resultate noch Ergebnisse von Beobachtungen mitgeteilt, sondern es werden – zum Teil vielleicht spekulative – Betrachtungen *über* Palindromisierungsprozesse und die in ihnen entstehenden Strukturen angestellt.

Die Art und Weise, wie solche Prozesse verlaufen, erinnert an den Ablauf von Wachstums- und Evolutionsprozessen. Und die Strukturen, die in ihnen entstehen, haben Eigenschaften, die ebenfalls an Strukturen erinnern, die in anderen nichtlinearen Prozessen entstehen, insbesondere in natürlichen Evolutionsprozessen. Ich gehe nicht so weit zu sagen, dass Palindromisierungsprozesse als Modelle für natürliche Evolutionsprozesse dienen können, wenngleich dies nicht unmöglich scheint. Es geht mir lediglich darum, einige Betrachtungen darüber anzustellen und einige Ausblicke zu versuchen, wie Palindromisierungsprozesse und die in ihnen entstehenden Strukturen *auch* gelesen werden können, wenn man sie aus der Sicht natürlicher Evolutionsprozesse betrachtet.

Teil 3: Betrachtungen

Kapitel 11: Zelluläre Automaten

Zelluläre und palindromische Automaten

Palindromisierungsprozesse sind in gewisser Weise vergleichbar mit der Evolution zellulärer Automaten.

Ein zellulärer Automat besteht bekanntlich im einfachsten Fall aus einer linearen, eindimensionalen Anordnung von Zellen, deren jede eine endliche Menge möglicher Werte annehmen kann. Der Wert der Zellen verändert sich synchron in diskreten Zeitschritten gemäß bestimmten Regeln. Der Wert einer bestimmten Zelle zum Zeitpunkt t + 1 ist durch die Werte der Zellen in einer bestimmten Nachbarschaft von ihr zum Zeitpunkt t und ihrem eigenen Wert zum Zeitpunkt t determiniert.

Wenn die Zellen z. B. die Werte 0 oder 1 annehmen können und $a_k{}^{(t)}$ den Wert der Zelle an der Stelle k und zum Zeitpunkt t bedeutet, so könnte eine Regel lauten:

$$a_k{}^{(t+1)} = (a_{k-1}{}^{(t)} + a_{k+1}{}^{(t)}) \bmod 2$$

In diesem Fall ist der Wert einer bestimmten Zelle gegeben durch die Summe Modulo 2 der Werte ihrer beiden nächsten Nachbarzellen zum vorangegangenen Zeitpunkt. Ist der Wert der Zelle zum Zeitpunkt t selbst gleich null, der ihres linken Nachbarn ebenfalls null und der ihres rechten Nachbarn 1, so nimmt die Zelle im nächsten Zeitschritt den Wert $(0 + 1) \bmod 2 = 1$ an.

Im Allgemeinen können die Zellen auch in einem zwei- oder mehrdimensionalen Gitter angeordnet sein. Als eine weitere Verallgemeinerung mag es erlaubt sein, dass der Wert einer bestimmten Zelle zur Zeit t + 1 nicht nur von den Werten anderer Zellen in der Nachbarschaft zum Zeitpunkt t abhängt, sondern auch von Werten zu vorangegangenen Zeitpunkten t – i.[1]

Diese Charakteristika zusammenfassend, hebt Stephen Wolfram, auf dessen grundlegende Arbeiten zur Theorie und Anwendung zellulärer Automaten ich mich hier vor allem beziehe, fünf Grundmerkmale zellulärer Automaten hervor:

«1. Sie bestehen aus einem diskreten Gitter von Zellen.

2. Sie evolvieren in diskreten Zeitschritten.

3. Jede Zelle nimmt eine endliche Menge möglicher Werte an.

4. Der Wert jeder Zelle verändert sich gemäß den gleichen deterministischen Regeln.

5. Die Regeln für die Evolution einer Zelle hängen nur von einer lokalen Nachbarschaft von Zellen um sie herum ab.»[2]

Diese Charakteristika treffen auch auf die in Palindromisierungsprozessen entstehenden Strukturen zu:

1. Die n-stellige Startzahl S_0 ist – wie jede andere Ergebnissequenz – eine eindimensionale Aufeinanderfolge von n Ziffern. Die Stelle einer Ziffer entspricht einer Zelle des zellulären Automaten.

2. Die Struktur bildet sich in diskreten Zeitschritten heraus, wobei als ein Zeitschritt in der Regel die Länge des Palindromisierungsmodus m_l gilt.

3. Wenn g die Basis des Zahlensystems ist, in dem sich der jeweilige Prozess vollzieht, kann eine Ziffer den Wert $0, 1, …, (g – 1)$ haben. Ein Palindromisierungsprozess, der in einem Zahlensystem zur Basis g abläuft, entspricht mithin der Evolution eines zellulären Automaten mit g Zuständen.

4. Der Wert jeder Ziffer verändert sich gemäß ein und demselben Palindromisierungsmodus.

5. Die Spezifik von Palindromisierungsprozessen zeigt sich in der Art und Weise, wie der Wert einer Ziffer durch die Werte

237

ihrer Nachbarziffern determiniert wird. Inversion einer (n + 1)-stelligen Zahl

$$N = \sum_{k=0}^{n} a_n x^{n-k}$$

und Addition von Zahl und Umkehrzahl bedeutet ja, dass die Ziffer a_k mit der Ziffer a_{n-k} addiert werden soll. Die Automatenregel würde also lauten:

$$a_k^{(t+1)} = a_k^{(t)} + a_{n-k}^{(t)},$$

wobei eventuelle Überträge zu berücksichtigen sind. Analoges gilt für die Subtraktion.

Als ein Zeitschritt kann im Prinzip auch nur *eine einzige* Operation genommen werden. Strukturbildung durch Palindromisierung gelingt jedoch erfahrungsgemäß am besten, wenn als Zykluslänge (Zeitschritt) die Moduslänge, ein Vielfaches von ihr oder ein echter Teiler von ihr genommen wird.

In diesem speziellen Sinn können die in Palindromisierungsprozessen entstehenden Strukturen mithin als Ergebnisse der Evolution eines bestimmten Typs zellulärer Automaten aufgefasst werden. Da dieser Typ dadurch gekennzeichnet ist, dass seine Evolution durch einen Palindromisierungsprozess zustande kommt, können seine Repräsentanten auch *palindromische Automaten* genannt werden.

Als zelluläre Automaten verdienen palindromische Automaten eine gesonderte Betrachtung. In der Literatur über zelluläre Automaten kommen sie meines Wissens jedoch bisher nicht vor. Nun wäre das nicht weiter bedauernswert, wenn sich unter den palindromischen Automaten nicht auch solche befänden, die als zelluläre Automaten bisher nicht bekannt sind. Ich denke hier vor allem an den Typ HSIM oder auch an den Typ REPS (Gekrümmte repetitive Sequenzen).

Im Rahmen zellulärer Automaten verdienen palindromische Automaten auch deshalb eine gesonderte Betrachtung, weil die Regel, nach welcher der Prozess in Gang gesetzt wird und nach der die Struktur entsteht, anders vorgegeben wird, als dies bei zellulären Automaten der Fall ist. Die Regel für die Evolution eines eindimensionalen zellulären Automaten mit zwei Zuständen kann in verschiedener Weise vorgegeben werden – als Transformationstafel, als binäre Zahl, als Polynom usw.[3] Aus der Regel allein kann nicht ersehen werden, wie sich der betreffende zelluläre Automat verhalten wird. Erst wenn die Evolution des zellulären Automaten erfolgt ist, können Regel und Automatentyp einander zugeordnet werden. Das gilt auch für den Palindromisierungsmodus. Der Modus – aufgefasst als Regel für die Evolution eines palindromischen Automaten – hat jedoch einige Eigenschaften, die ihn von anderen Regelvorgaben unterscheiden. So konnten wir zeigen, dass bei gegebenem Modus sowie gegebener Basis und Startzahl bestimmte Randpermutationen des Modus den gleichen Strukturtyp erzeugen wie der ursprüngliche Modus. Auch ermöglicht der modulare Aufbau mancher Modi unter Umständen Aussagen über den zu erwartenden Strukturtyp. So konnten wir zeigen, dass der Strukturtyp REPS (Konvex oder konkav nach innen gekrümmte repetitive Sequenzen) vermutlich an den Modul $(a_1 s_1)_n$ gebunden ist.

Weiterhin empfehlen sich palindromische Automaten auch deshalb, weil es relativ einfacher sein dürfte, in einer Basis g, die – sagen wir – gleich zehn ist, zu palindromisieren, als einen zellulären Automaten in Gang zu setzen, dessen Zellen zehn mögliche Zustände annehmen können, geschweige denn zwanzig, dreißig oder noch mehr.

Unsere Beobachtung, dass in Palindromisierungsprozessen Strukturen entstehen können, die partiell basisunabhängig sind, wie wir sie in Kapitel 9 beschrieben haben, bedeutet, in die Sprache der Theorie zellulärer Automaten übersetzt, dass es zelluläre Automaten gibt, die das gleiche Verhalten unabhängig davon zeigen, wie groß die Anzahl p der möglichen Zustände ihrer Zellen ist, zumindest für p ≥ 4.

Nicht zuletzt verdienen palindromische Automaten im Rahmen zellulärer Automaten besondere Aufmerksamkeit, weil die bei ihnen anzutreffenden Strukturtypen die für zelluläre Automaten bekannten Verhaltensklassen zwar ebenfalls abdecken, sich jedoch nicht auf sie reduzieren.

Strukturtypen und Verhaltensklassen

Von zellulären Automaten sind – Stephen Wolfram folgend – vier Verhaltensklassen bekannt: Die Struktur

«(1) verschwindet mit der Zeit;

(2) evolviert zu einer unveränderlichen endlichen Größe;

(3) wächst auf unbestimmte Zeit mit gleich bleibender Geschwindigkeit;

(4) wächst und kontrahiert irregulär.»[4]

Da es sich bei palindromischen Automaten um einen speziellen Typ zellulärer Automaten handelt, lassen sich diese vier Klassen auch für sie benennen, obgleich Wolframs Verhaltensklassen und unsere Strukturtypen nicht deckungsgleich sind.

Vertreter der ersten Klasse wurden von uns gelegentlich als «Absturz in die Null» bezeichnet.

Solche «Abstürze in die Null» im Fall zellulärer Automaten als eine besondere *Verhaltensklasse* zu kennzeichnen, ist sinnvoll, eben weil das Verhalten des zellulären Automaten bewirkt, dass die Struktur mit der Zeit verschwindet. Wir haben sie jedoch nicht als einen besonderen *Strukturtyp* hervorgehoben, weil sie eine Struktur nicht *aufbauen*, sondern sie letztendlich *verschwinden* lassen.

Die zweite Verhaltensklasse bilden die von uns so genannten «Kreisläufer», d. h. periodische Strukturen mit einem Index der erweiterten Reproduktion e = 0. Auch hier kennzeichnet die Verhaltensklasse das Verhalten des zellulären Automaten, dass er nämlich bis zu einer endlichen Größe wächst, die sich dann nicht weiter verändert. Als Strukturtyp ordnen wir diese palindromischen Automaten jedoch dem Typ PER zu, da es sich bei ihnen um *periodische* Strukturen handelt. Von anderen Repräsentanten des Typs PER unterscheiden sie sich lediglich durch den Index der erweiterten Reproduktion e = 0.

Die anderen Repräsentanten unseres Strukturtyps PER, deren Index der erweiterten Reproduktion größer als null ist, gehören der dritten Verhaltensklasse zellulärer Automaten an, die Wolfram dahin gehend beschreibt, dass sie auf unbestimmte Zeit mit gleich bleibender Geschwindigkeit wachsen. Zu dieser Klasse gehören jedoch außer Typ PER mit e > 0 auch noch andere Strukturtypen: die Sierpinskis (vgl. Kapitel 2), die Similaritäten (vgl. Kapitel 3), die repetitiven Sequenzen der besonderen Art (vgl. Kapitel 5), die Miniaturen (vgl. Kapitel 6) und auch die Interaktionen, die Superpositionen sowie bestimmte Konstitutionen (vgl. Kapitel 7). Das Wolfram'sche Kriterium für die Zugehörigkeit zu dieser Verhaltensklasse – die Struktur «wächst auf unbestimmte Zeit mit gleich bleibender Geschwindigkeit» – ist jedoch so weit gefasst, dass auch manche der von uns unter Chaos eingeordneten Strukturen hierher gehören, zumindest all jene, die «Chaos mit repetitiven Sequenzen» repräsentieren (vgl. Kasten 7).

Im Rahmen dieses Kriteriums sind somit qualitativ unterschiedliche Strukturen möglich, sofern wir bereit sind, fraktale und nichtfraktale, periodische und nichtperiodische sowie chaotische und nichtchaotische Strukturen als qualitativ unterschiedlich zu akzeptieren. Wolframs Feststellung, dass «alle zellulären Automaten innerhalb jeder Klasse, unbeschadet der Details ihrer Konstruktion und ihrer Evolutionsregeln, qualitativ ähnliches Verhalten offenbaren»[5], widerspricht dieser Vielfalt qualitativ unterschiedlicher Strukturtypen keineswegs, wenn sie auf das *Verhalten* eines zellularen Automaten bezogen wird und nicht auf die *Struktur*, die er hervorbringt. Sie misst das Verhalten allein daran, dass alle zu dieser Klasse gehörenden Strukturen mit gleich bleibender Geschwindigkeit wachsen. Man kann also sagen, dass alle zur dritten Klasse gehörenden palindromischen Automaten, so qualitativ unterschiedliche Strukturtypen sie auch repräsentieren, ähnliches Verhalten zeigen. Wachstum mit gleich bleibender Geschwindigkeit liegt jedes Mal dann vor, wenn die Struktur stabile *OT*-Sequenzen oder sogar noch repetitive Sequenzen (ein- oder mehrstellige, vertikale oder schräge) ausbildet. Unter den *OT*- bzw. den repetitiven Sequenzen aber kann eine Periode laufen, kann sich ein Sierpinski aufbauen, können sich Similaritäten entfalten, können Miniaturen oder repetitive Sequenzen der besonderen Art entstehen oder kann gar «Chaos» herrschen.

Die vierte Verhaltensklasse schließlich enthält die Strukturtypen Chaos ohne *OT*- und ohne repetitive Sequenzen sowie die Mischtypen und bestimmte Interaktionen, z. B. die Konstitution «HSIM konstituiert SIER» in Grafik 78. Repräsentanten der vierten Klasse würden wir überdies finden, wenn wir Palindromisierungsprozesse betrachteten, die *mit* Stellenreduzierung ablaufen; sie werden in diesem Buch jedoch nicht berücksichtigt.

Die zellulären Automaten der vier Verhaltensklassen können – Wolfram zufolge – unter komplementären Gesichtspunkten einerseits als diskrete dynamische Systeme und andererseits als informationsverarbeitende Systeme betrachtet werden. Unter dem ersten Gesichtspunkt können für jeden zellulären Automaten quantitative Charakteristika wie Entropien, Dimensionen und Ljapunow-Exponenten bestimmt werden. Unter dem zweiten Gesichtspunkt können die Ergebnisse dieser Informationsverarbeitung in Termini der Typen formaler Sprachen, die dabei generiert werden, ausgedrückt werden.[6] Dies auch für palindromische Automaten zu zeigen, soll jedoch einer späteren Gelegenheit vorbehalten bleiben.

Strukturtyp und Vorhersagbarkeit

Was die Vorhersagbarkeit des Verhaltens oder der Struktur eines palindromischen Automaten angeht, so ist es – von Ausnahmen, auf die wir gleich zu sprechen kommen werden, abgesehen – grundsätzlich nicht möglich, ausgehend von den drei Anfangsbedingungen S_0, g und m, eine Vorhersage zu treffen, wie der Palindromisierungsprozess verlaufen und welches Ergebnis er zeitigen wird. Erst in einiger zeitlicher Entfernung von der Startzahl, die am Beginn des Prozesses steht, wird klar, welche Struktur sich da jeweils herausbildet und wie der betreffende Prozess demzufolge weiter verlaufen wird. Stürzt der Prozess zum Zeitpunkt t in die Null, so ist ab diesem Zeitpunkt sein weiteres Schicksal natürlich klar. Bildet sich ein Kreisläufer aus, so ist auch dann das weitere Verhalten vorhersagbar. Gleiches gilt für Sierpinskis und für Similaritäten. Immer dann jedoch, wenn entweder aufeinander zulaufende schräge Kerne oder Chaos in die Struktur hineinspielen, ist das Verhalten grundsätzlich nicht vorhersagbar. Das wird besonders an den Mischtypen deutlich, bei denen sich chaotische und periodische oder irgendwie anders geordnete Strukturregionen unvermittelt ablösen können, ohne dass diese Übergänge in irgendeiner Weise vorhersagbar wären.

Freilich ließe sich hier noch differenzieren. Das Gesagte bezieht sich auf Vorhersagbarkeit im strengen Sinne. Wenn diese gegeben ist, kann das weitere Verhalten der Struktur sowohl *global* als auch *regional* und *lokal* vorausgesagt werden.

Unter *globaler* Vorhersagbarkeit verstehe ich die Möglichkeit, eine Aussage darüber zu treffen, welchem Typ die betreffende Struktur zum Zeitpunkt t angehört und ob sie auf unbestimmte Zeit in diesem Typ verharren wird. Globale Vorhersagbarkeit ist für alle Strukturtypen möglich, die zum Zeitpunkt t den Wolfram'schen Klassen 1 (Absturz in die Null) und 2 (Kreisläufer) angehören. Sie ist aber auch für die Strukturtypen PER mit progressiv wachsenden einstelligen oder mehrstelligen vertikalen repetitiven Sequenzen, für Sierpinskis und für Similaritäten möglich, die der dritten Klasse angehören. Nicht möglich ist globale Vorhersagbarkeit für alle anderen Strukturtypen, vor allem natürlich für Chaos und für Mischtypen.

Regionale Vorhersagbarkeit meint die Möglichkeit, vorauszusagen, nachdem sich ein bestimmter Strukturtyp herausgebildet hat, wie eine begrenzte räumlich-zeitliche Region des betreffenden «palindromischen Universums» qualitativ beschaffen sein wird. Es versteht sich, dass globale Vorhersagbarkeit auch eine regionale impliziert. Doch auch dann, wenn globale Vorhersagbarkeit nicht möglich ist, kann unter Umständen zumindest regional eine Aussage darüber getroffen werden, wie diese Region strukturiert sein wird. Laufen z. B. in einem Null- bzw. einem $(g-1)$-Kontinuum zwei schräge Kerne aufeinander zu, so ist keine globale Vorhersage möglich, was am und nach dem Schnittpunkt der beiden passiert: Chaos, ein neues Kernmuster oder Absturz in die Null – alles ist nach einem solchen Schnittpunkt möglich. Doch kann für die Region, die räumlich jeweils zwischen dem Kern und den *OT*-Sequenzen oder vielleicht auch dem zentralen Kern und zeitlich vor dem Schnittpunkt der beiden schrägen Kerne liegt, vorausgesagt werden, dass sie Teil des Null- bzw. des (g – 1)-Kontinuums sein wird. Oder: Verläuft ein schräger Kern parallel zu den *OT*-Sequenzen und befinden sich zwischen den *OT*-Sequenzen und dem Kern repetitive Sequenzen konstanter Länge, so kann für diese Region strukturelle Stabilität vorausgesagt werden, selbst wenn im Zentrum der Figur chaotische Verhältnisse bestehen sollten.

Regionale Vorhersagen sind jedoch, falls sie nicht durch globale Vorhersagbarkeit gestützt sind, keineswegs absolut zuverlässig. Sie gründen sich lediglich auf die Erwartung, dass die betreffende Struktur sich auf unbestimmte Zeit ähnlich verhält, wie wir dies bis zum Zeitpunkt t beobachtet haben. Wenn z. B. von einem sich chaotisch verhaltenden Zentrum schräge Kerne ausgehen, die parallel zu ausgebildeten *OT*-Sequenzen verlaufen und zwischen denen sich repetitive Sequenzen konstanter Länge befinden, und wenn die Struktur als Ganzes bis zum Zeitpunkt t schneller wächst als die chaotische Region im Zentrum, kann zwar erwartet werden, dass das «Chaos» sich auch weiterhin in Grenzen hält, die unterhalb der schrägen Kerne liegen, jedoch darf diese Erwartung niemals mit Gewissheit gleichgesetzt werden.

Regionale Vorhersagbarkeit impliziert für die Region *lokale* Vorhersagbarkeit. Diese ist jedoch nur möglich, wenn globale oder regionale Vorhersagbarkeit oder beide gegeben sind. Ohne dass eine in einem Palindromisierungsprozess entstehende Struktur global oder / und regional vorhersagbar ist, ist es unmöglich vorherzusagen, welche Ziffer an einer bestimmten Stelle der Struktur stehen wird.

Es scheint somit auch nicht möglich, ein quantitatives Maß dafür anzugeben, wann ein Palindromisierungsprozess in der Null endet, in eine Periode führt, eine Similarität oder ein Sierpinski oder einen anderen der von uns vorgestellten Strukturtypen erzeugt. Für zelluläre Automaten hat Christopher G. Langton, der sich besonders um die Untersuchung künstlichen Lebens mittels zellulärer Automaten verdient gemacht hat, ein solches Maß in Gestalt des Quotienten λ = Anzahl der Nachbarschaftszustände, die eine aktive Zelle ergeben/Gesamtzahl der Nachbarschaftszustände definiert.[7] Es zeigt sich, dass, wenn λ nur wenig von null verschieden ist, isolierte periodische Strukturen erscheinen. Steigt λ weiter, ergeben sich periodische Strukturen, die sich ausbreiten, sich vermehren und miteinander wechselwirken können. Nähert sich λ dem Wert 1, wird das Verhalten schließlich chaotisch.[8] Vergleicht man Wolframs vier Verhaltensklassen mit dem Verhaltensspektrum, wie es durch λ beschrieben wird, ergeben sich folgende Korrespondenzen:[9]

1. Klasse 1 entspricht $0.0 < \lambda < 0.2$.
2. Klasse 2 und Klasse 4 entsprechen $0.2 < \lambda < 0.4$.
3. Klasse 3 ist im Bereich $0.4 < \lambda < 1.0$ zu finden.

Langton zufolge sind somit nicht vier Verhaltensklassen zu unterscheiden, sondern lediglich drei, wobei die zweite unterteilt ist in Grenzzyklusverhalten und partiell entwickeltes chaotisches Verhalten, während die dritte dem voll entwickelten chaotischen Verhalten vorbehalten ist.

Es ist also möglich, aufgrund der Transitionsregel und der Anzahl der Zustände vorherzusagen, in welchem der drei Bereiche der betreffende zelluläre Automat zu Hause sein wird, d. h., ob der Prozess in die Null stürzt, ob er in den ausgewogenen Bereich fixierter oder sich ausbreitender periodischer Strukturen fällt oder ob er im totalen Chaos endet.

Diese drei Bereiche sind gewiss durch das Aufzeigen des quantitativen Kriteriums λ geadelt, doch mehr als eine dieser drei bzw. vier Möglichkeiten lässt sich aufgrund von λ nicht angeben. Was die *palindromischen* Automaten betrifft, so lassen sich rein empirisch mehr als vier Verhaltensklassen klar unterscheiden (1. Absturz in die Null, 2. Perioden [mit e = 0 und e > 0], 3. Similaritäten [einschließlich Verborgene Similaritäten], 4. Fraktale [Sierpinskis], 5. Repetitive Sequenzen der besonderen Art [konvex oder konkav, nach außen oder nach innen gekrümmte u. a.], 6. Miniaturen, 7. Interaktionen [Superpositionen und Konstitutionen], 8. Mischtypen, 9. Chaos). Diese Klassen sind *qualitativ* klar unterschieden, entziehen sich aber – nach dem bisherigen Erkenntnisstand – einer *quantitativen* Kennzeichnung. Die *drei* Bedingungen für das Zustandekommen eines Palindromisierungsprozesses und der aus ihm hervorgehenden Struktur – Basis, Startzahl und Modus – sind zwar jede für sich einfach und übersichtlich, doch in ihrem Zusammenwirken möglicherweise so komplex, dass eine Voraussage über die Art des Ergebnisses, die sich nur auf die Kenntnis dieser drei Anfangsbedingungen stützen kann, unmöglich erscheint, selbst wenn sie nur den Struktur*typ* beträfe. Nur in einigen wenigen Fällen ist dies exakt möglich:

1. Für alle $g > 4$ und $S_0 = a(a-1)(g-a-1)(g-a)$ endet der Prozess bei $m = a_1$ im Chaos.

2. Ist $g = 2^n$ ($n = 1, 2, \ldots$) und $S_0 = 10(g-1)_r(g-2)(g-1)0_r$ ($r \geq 2$), so resultiert bei $m = a_1$ immer eine periodische Struktur mit einer Periode der Länge $l = 2(n+1)$ und einem Index der erweiterten Reproduktion $e = 2$.

3. Für $g = 2$ und $g = 4$ führt $S_0 = a(a-1)(g-a-1)(g-a)$ ($a < g$) bei $m = a_1$ ebenfalls in eine Periode.

4. In allen Basen stürzen Palindrome als Startzahlen bei einem Modus, der subtraktiv beginnt, trivialerweise in die Null.

5. Für Startzahlen $S_0 = a(a-1)(g-a-1)(g-a)$ kann in den Basen $2 \leq g \leq 32$ ein System von Perioden angegeben werden, die bei subtraktiver Palindromisierung entstehen.[10]

6. Auch für andere spezielle Modi, wie z. B. $m = a_r s$, sind bei entsprechenden Zusatzbedingungen – hier: $g \geq 2^n$ ($n = 1, 2, \ldots$) und $n = r$ – Aussagen über die resultierende Struktur möglich.[11]

In den genannten Fällen wird von ganz speziellen und denkbar einfachen Bedingungen ausgegangen: rein additive oder rein subtraktive Palindromisierung, spezielle Basen wie $g = 2^n$, spezielle Startzahlen wie $S_0 = 10(g-1)_r(g-2)(g-1)0_r$ oder $S_0 = a(a-1)$ $(g-a-1)(g-a)$. Sobald aber der Modus aus einer unregelmäßigen Folge von Plus und Minus besteht, angewandt auf beliebige Startzahlen zu einer beliebigen Basis, wird das Auftreten von benennbaren Strukturen (Perioden, Similaritäten, Sierpinskis u. a.) zu einem Zufallsereignis, dem mit etwas Glück wohl nur im Experiment beizukommen ist.

Lokale Irreversibilität, der Garten Eden, Schutzmembranen, Selbstreproduktion

Da es sich bei palindromischen Automaten um einen speziellen Typ zellulärer Automaten handelt, nimmt es nicht wunder, dass bestimmte Eigenschaften, die für zelluläre Automaten wohl bekannt sind, sich auch bei palindromischen Automaten wiederfinden.

1. So spricht Stephen Wolfram z. B. von «lokaler Irreversibilität» eines zellulären Automaten, wenn seine Regel mehrere unterschiedliche Ausgangsfigurationen in ein und dieselbe Endkonfiguration überführt.[12] Für palindromische Automaten würde das bedeuten, dass in einer bestimmten Basis ein und derselbe Modus, angewandt auf unterschiedliche Startzahlen, ein und dieselbe Struktur hervorbringt. Wir haben dieses Phänomen in Kapitel 8 behandelt, wo gezeigt wurde, dass alle Mutuanten einer bestimmten Startzahl auf ein und dieselbe Struktur führen, wenn der Modus auf a beginnt, und Kommutanten in analoger Weise, wenn der Modus auf s beginnt. Die Tabellen 1 und 2 in

Kapitel 8 ließen darüber hinaus erkennen, dass nicht nur Mutuanten (bzw. Kommutanten) bei gleichem Modus ein und dieselbe Struktur hervorbringen, sondern dass dies auch andere Startzahlen können, die keine Mutuanten (bzw. Kommutanten) sind. Den Grund für dieses Phänomen haben wir darin erkannt, dass unterschiedliche Startzahlen auf ein und dieselbe Ergebnissequenz palindromisieren können und ab dieser sodann ein einheitliches Palindromisierungsverhalten zeigen.

Für palindromische Automaten haben wir uns jedoch interessanterweise davon überzeugen können, dass gelegentlich auch unterschiedliche Modi bei gleicher Startzahl und gleicher Basis ein und dieselbe Struktur zustande bringen können. Wir haben dieses Phänomen in Kapitel 10 anlässlich des «kleinen grünen Sierpinskis» kennen gelernt. Solche Strukturen sind gewissermaßen Strukturen mit multipler Vorgeschichte: Ihre palindromische Vergangenheit ist nicht eindeutig rekonstruierbar. Auch das ist letztlich eine Form von lokaler Irreversibilität, denn auch in diesen Fällen gilt, dass eine bestimmte Ergebnissequenz zwar immer eindeutige Nachfolger hat, jedoch nicht immer auch eindeutige Vorgänger.

2. Als eine Konsequenz lokaler Irreversibilität nennt Stephen Wolfram, dass bestimmte Konfigurationen zellulärer Automaten wohl als Ausgangsbedingungen auftreten können, jedoch niemals als Nachfolger anderer Konfigurationen im Verlauf der Evolution des betreffenden zellulären Automaten erscheinen können.[13] Solche nichterreichbare Konfigurationen, von denen man nur ausgehen kann, die aber selbst nicht Ergebnis der Evolution eines zellulären Automaten sein können, werden auch «Garten Eden»-Sequenzen genannt.[14]

Das «Garten Eden»-Phänomen tritt auch in palindromischen Automaten auf. Es zeigt sich bei rein additiver Palindromisierung in Gestalt von Zahlen, die nicht im Ergebnis des Palindro-

misierungsprozesses erscheinen können, sondern nur als Startzahlen infrage kommen. Wir nennen sie deshalb ebenfalls
«Garten-Eden»- oder kurz «Paradieszahlen». Da sie im additiven Palindromisierungsprozess nur Nachfolger, jedoch keine
Vorgänger haben, sind sie Zahlen ohne additiv-palindromische Vorgeschichte.

Paradieszahlen sind alle Zahlen der Gestalt $a_0 a_1 \ldots a_{n-1} a_n$ mit
$a_i < a_{i+1}$ ($i = 0, \ldots, n - 1$). Dies einzusehen fällt nicht schwer.

Wir betrachten zunächst den Fall, dass in einer beliebigen Zahl
$a_0 a_1 \ldots a_{n-1} a_n \; a_0 + a_n < g$ ist. Dann steht in der Ergebnissequenz
S_1 am Anfang und am Ende die gleiche Zahl $a_0 + a_n < g$, bzw.
die Ergebniszahl beginnt auf einer um eins größere Zahl als a_0
$+ a_n$. Die Bedingung $a_i < a_{i+1}$ ist damit nicht erfüllt, sodass eine
Paradieszahl auf diese Weise nicht zustande kommt.

Ist hingegen $a_0 + a_n \geq g$, dann gibt es für $a_0 + a_n$ einen Übertrag,
d. h., die Ergebnissequenz S_1 beginnt auf 1. An zweiter Stelle in
der Ergebnissequenz steht jetzt entweder die gleiche Zahl wie
am Ende (wenn es an der dritten Stelle keinen Übertrag gegeben hat) oder eine um 1 höhere Zahl als die am Ende (wenn es
an der dritten Stelle einen Übertrag gegeben hat). In beiden
Fällen ist die Bedingung $a_i < a_{i+1}$ nicht erfüllt, womit gezeigt ist:
Zahlen der Gestalt $a_0 a_1 \ldots a_{n-1} a_n$ mit $a_i < a_{i+1}$ ($i = 0, \ldots, n - 1$) haben
bei additiver Palindromisierung keine palindromische Vorgeschichte.
Mit anderen Worten: Zahlen der Gestalt $a_0 a_1 \ldots a_{n-1} a_n$ mit $a_i <$
a_{i+1} können bei additiver Palindromisierung nur als Umkehr-
zahlen von Ergebnissequenzen auftreten, nicht aber als eigen-
ständige Ergebnissequenzen. Zum Beispiel kann $S_k = 12345$ in
Basis $g = 10$ nicht durch additive Palindromisierung zustande
kommen, sondern in einem additiven Palindromisierungsprozess nur als Umkehrzahl von 54321 erscheinen, sie kann also
wohl als Startzahl oder als Vorgängerin anderer Ergebnissequenzen auftreten, nicht aber als deren Nachfolgerin.

3. Als eine weitere wichtige Eigenschaft mancher zellulärer Automaten nennt Wolfram das mögliche Auftreten von «Membranen», welche die Zellen, die von ihnen umschlossen werden, vor externen Störungen «schützen».[15] In unseren palindromischen Automaten sind dies die *OT*-Sequenzen oder auch schräge Kerne, die auf die *OT*-Sequenzen zulaufen oder von ihnen wegstreben.

Die *OT*-Muster erinnern tatsächlich an eine Membran oder eine Außenhaut, welche die übrige, im Palindromisierungsprozess entstehende Struktur einhüllt, sie gewissermaßen schützend umgibt. Fehlt einer Struktur diese schützende Hülle, so hat sie kaum eine Chance, zu einer geordneten Struktur – vom Typ PER, SIM, SIER usw. – zu werden, sondern verbleibt in einem ungeordneten Zustand und zeigt chaotisches Verhalten. Das legen zumindest die experimentellen Befunde einer Vielzahl von Analysen von Palindromisierungsprozessen nahe. Bilden sich hingegen bereits zu Beginn einer palindromischen Evolution klare *OT*-Muster heraus, so darf man zuversichtlich sein, dass zwischen ihnen eine geordnete Struktur zustande kommt. Doch auch hier ist Zuversicht nicht gleich Gewissheit, denn es gibt auch Strukturen, die im Zentrum chaotisch bleiben, jedoch von einer immer dicker werdenden Schicht repetitiver Sequenzen und von *OT*-Mustern umhüllt sind. Wir haben sie «Chaos mit repetitiven Sequenzen» genannt und sind ihnen in Kasten 7 begegnet.

OT-Muster bilden jedoch nicht in dem Sinne eine «Schutzmembran», dass sie die zwischen bzw. unter ihnen entstehende Struktur in jedem Fall und total von der «Außenwelt» abschirmen. Sie können selbst verletzlich sein, z. B. wenn ein schräger Kern oder eine chaotische Störung sich vom Innern der Struktur her nach außen hin ausbreitet und auf sie trifft. Es gibt Fälle, in denen die Membran durch einen schrägen Kern, der auf sie trifft, überhaupt nicht oder zumindest nur kurzzeitig verändert wird und sich sogleich wieder restauriert; Beispiele können unter den Similaritäten oder auch unter den Sierpinskis gefunden werden. In anderen Fällen jedoch, besonders wenn eine chaotische Störung in Richtung der *OT*-Muster drängt und sie erreicht, kommt es durchaus vor, dass die Membran durchbrochen wird, quasi zerreißt und aufhört zu existieren.

Für schräge Kerne, die im Innern einer Struktur ja ebenfalls wie eine Membran zwischen zwei Gebieten repetitiver Sequenzen wirken, gilt Ähnliches. Wir haben in Kapitel 1 insbesondere vermerkt, dass schräge Kerne gewissermaßen als die Intitiatoren von Neuem im jeweiligen palindromischen Universum gelten können: Immer dann, wenn sie auf andere Strukturen (vertikale Kerne, andere schräge Kerne oder ungeordnetes Durcheinander) treffen, lösen sie Veränderungen aus – einen neuen schrägen Kern, einen vertikalen Kern oder Chaos. Die von ihnen eingeschlossene Struktur wird mithin durch eine andere abgelöst. Bei Wolfram liest sich das so: «Wenn zwei Schutzmembranen aufeinander treffen, wird die von ihnen eingeschlossene Struktur potenziell zerstört.»[16]

4. Stephen Wolfram benennt als eine potenziell wichtige Eigenschaft zellulärer Automaten die Befähigung zur «Selbstreproduktion».[17] Damit ist gemeint, dass die Evolution einer bestimmten Konfiguration einige separate identische Kopien dieser Konfiguration hervorbringen kann. Als Beispiel kann das Sierpinski-Dreieck dienen, bei dem eine Elementarzelle jeweils zwei ihr identische Zellen erzeugt. Wir konnten anhand palindromischer Automaten zeigen, dass die Elementarzelle selbst unter Umständen eine recht komplizierte und mitunter in sich chaotische Struktur sein kann.

Eine einfachere Form der Selbstreproduktion zeigen die Strukturen des Typs PER, und zwar sowohl die mit e > 0 als auch die mit e = 0, also die Kreisläufer. Bei ihnen reproduziert sich ein Kernmuster der vertikalen Länge *l* nach jeweils *l* Schritten identisch, wobei auch in diesen Fällen das Kernmuster selbst unter Umständen ziemlich kompliziert bis chaotisch sein kann. In diesem Zusammenhang sei auf die Strukturen vom Typ SIM hingewiesen. Auch sie reproduzieren ja eine Ausgangsfiguration (Dreieck, Rhombus u. a.), jedoch nicht identisch, sondern in jeweils größerem Maßstab, also mit einem Skalierungsfaktor > 1. Anstatt von Selbstreproduktion sollten wir in diesem Fall jedoch wohl besser von *similarer Reproduktion* sprechen.

Für Paradieszahlen gilt, dass sie bei additiver Palindromisierung zu keiner Selbstreproduktion fähig sind, da sie bei diesem Modus ohne palindromische Vorgeschichte sind und ihre eigene Vorgeschichte nicht selbst hervorbringen können.

Schließlich sei noch erwähnt, dass Christopher G. Langton darauf verweist, dass der Input eines zellulären Automaten, der Eintrag in seine Startzeile also, auf zwei ganz verschiedene Weisen benutzt wird: erstens als eine zu interpretierende Information, deren Ausführung im zellulären Automaten eine neue Information erzeugt, und zweitens als nichtinterpretierte Daten, die es zu kopieren gilt, um sie der neuen Konfiguration beifügen zu können. Und er merkt an: «Diese zwei verschiedenen Gebrauchsweisen von Information – als interpretierte und als nichtinterpretierte – finden sich auch im Prozess der natürlichen Selbstreproduktion; die erste ist der Prozess der Übersetzung (translation), die letztere der Prozess der Transkription.»[18]

Bei der Evolution unserer palindromischen Automaten wird die Startzahl ebenso auf zweierlei Weise genutzt: als eine Information, die in uninterpretierter Form zunächst transkribiert wird, nämlich invertiert, und sodann mit ihrer Umkehrzahl in interpretierter Form, nämlich als Zahl zur Basis g, gemäß dem vorgegebenen Palindromisierungsmodus zur nächsten Ergebnissequenz verarbeitet wird. Als sprachliches Phänomen gesehen ist die Startzahl als interpretierte Information mithin Teil der Lexik einer Sprache, während der Palindromisierungsmodus ihrer Grammatik entspricht.

Selbstorganisation

Wenn wir im Zusammenhang mit palindromischen Automaten von Selbst*reproduktion* sprechen, so meinen wir damit, dass Strukturen, die im Verlauf eines Palindromisierungsprozesses entstanden sind, sich in dessen weiterem Verlauf identisch oder similar reproduzieren. Der Begriff der Selbstreproduktion berührt aber nicht das Problem der Entstehung solcher Strukturen überhaupt. Dass Zahlen sich im Verlauf eines Palindromisierungsprozesses zu flächigen Strukturen wie Kernmustern, repetitiven Sequenzen, *OT*-Mustern, Sierpinskis, Similaritäten u. a. zusammenfügen, ist ein Phänomen, vergleichbar mit der Erzeugung kohärenten Lichts in einem Laser, der Ausrichtung der Atome in dem Aggregatzustand des Bose-Einstein-Kondensats (BEK), der Bildung von Bénard-Zellen bei thermischer Konvektion in einer Flüssigkeitsschicht oder dem rhythmischen Verhalten einer chemischen Uhr (Belousov-Zhabotinsky-Reaktion) und anderen Phänomenen natürlicher *Selbstorganisation*.

Haben wir es also mit einer Art Selbstorganisation der Zahlen zu tun? Im Folgenden sollen das Für und Wider einer solchen Betrachtung diskutiert werden.

Der Begriff der Selbstorganisation hat in den letzten Jahrzehnten des 20. Jahrhunderts eine fast inflationäre Verbreitung gefunden. Dabei kann man davon ausgehen, dass im allgemeinen Konsens unter Selbstorganisation ein irreversibler Prozess verstanden wird, «der durch das kooperative Wirken von Teilsystemen zu komplexeren Strukturen des Gesamtsytems führt».[19] Ebeling, Freund und Schweitzer definieren Selbstorganisation als «einen überkritischen Nichtgleichgewichtsprozess, bei dem ein System einen Zustand höherer Ordnung bzw. niedrigerer Symmetrie als den der Randbedingungen und der wirkenden Gesetze einnimmt. Dabei ist Entropie-Export eine ‹conditio sine qua non›.»[20] Etwas spezifischer fasst Erich Jantsch die zentralen Aspekte des Paradigmas der Selbstorganisation, die ihm zufolge 1. die «makroskopische Dynamik von Prozessen», 2. den «ständigen Austausch und damit Koevolution mit der Umgebung» sowie 3. «Selbsttranszendenz oder Selbstüberschreitung, die Evolution evolutionärer Prozesse» umfassen.[21]

Sichtet man die überaus zahlreiche Literatur zum Thema «Selbstorganisation», so stellt sich heraus, dass es zwei ganz verschiedene Bereiche von Phänomenen sind, auf die dieser Begriff angewendet wird.

Zum einen sind es *natürliche* Prozesse in offenen Systemen, in denen sich unter Einwirkung eines Energie- oder Materieflusses Strukturen bilden. Der schon erwähnte Laser ist ein Beispiel physikalischer Selbstorganisation, die sich auf atomarer Ebene vollzieht, wenn Atome durch entsprechende Energiezufuhr angeregt werden, «einen kohärenten, praktisch monochromatischen Wellenzug von fast unendlicher Länge mit definierter Frequenz und hochstabilisierter Amplitude» auszusenden.[22] Dieser kohärente Laserstrahl kann nur dann zustande kommen, «wenn die Atome gleichartig und im Takt Lichtwellen aussenden, die insgesamt den kohärenten Laserstrahl aufbauen».[23]

Im Jahre 2001 wurde der Nobelpreis für Physik an drei Wissenschaftler vergeben, die sich um die Erzeugung des Bose-Einstein-Kondensats verdient gemacht haben. Einer von ihnen, der deutsche Physiker Wolfgang Ketterle, in einem SPIEGEL-Interview befragt, wie er seinem neunjährigen Sohn erklären würde, worum es sich dabei handelt, antwortete: «Normalerweise schwirren alle Atome wild durcheinander. Aber wenn man sie ganz stark abkühlt, marschieren sie plötzlich alle im Gleichschritt, wie eine Armee. Der Unterschied ist ganz ähnlich wie der zwischen dem Licht einer Glühbirne und dem eines Lasers: Bei einer Glühbirne schwirren die Lichtteilchen umher, beim Laser marschieren sie. Deshalb konnten wir auch einen Laser bauen, der nicht Licht aussendet, sondern Materie. Eigentlich ganz einfach, oder?»[24]

Das BEK entsteht, indem eine Wolke von bestimmten Atomen extrem, fast bis auf den absoluten Nullpunkt abgekühlt wird. In diesem Zustand ordnen sich die Atome, die bis dahin ungeordnet durcheinander gewirbelt sind, zu einer streng korrelierten Struktur von Teilchen mit gleichem Bewegungsverhalten. Zahlen kann man weder Energie zuführen noch Wärme entziehen, doch man kann sie addieren, subtrahieren und spiegeln, d. h. ihre Ziffernfolge umkehren. Spiegelung, Addition und Subtraktion bringen Bewegung in die Zahlen. So wie bei der Erzeugung des BEK die eigentlichen Probleme dort beginnen, wo die benötigten Kühlstufen herzunehmen bzw. wie sie herzustellen sind, liegt das Problem bei der Erzeugung eines Gleichschritts der Zahlen darin, eine geeignete Abfolge von Additionen und Subtraktionen zu finden, welche die Zahlen stabile Strukturen ausbilden lässt. Und so wie man das etwa ein Millimeter lange Gaswölkchen, das ungefähr so klein wie eine Haarspitze und unsichtbar wie Luft ist, mit Laserlicht bestrahlen muss, um seinen Schatten messen und am Bildschirm sehen zu können, so müssen den Ziffern, aus denen die Zahlen bestehen, Farben zugeordnet werden, damit jede Zahl als eine bunte Pixelfolge auf dem Bildschirm erscheinen kann. Die Kunst, durch Palindromisierung Strukturen vom Typ PER, SIM, HSIM, SIER oder andere zu erzeugen, besteht darin, eine Startzahl S_0 in einem Zahlensystem zur Basis g einer solchen Abfolge von Additionen und Subtraktionen zu unterwerfen und die Ergebnisse mit einer solchen Zykluslänge darzustellen, dass die Zahlen eben nicht bunt durcheinander wirbeln, sondern – gegebenenfalls nach einem gewissen «Anfangsgerangel» – sich zu geordneten Strukturen fügen.

Die thermische Konvektion ist ein Beispiel hydrodynamischer Selbstorganisation, die sich auf molekularer Ebene abspielt. Dabei wird eine Flüssigkeitsschicht von unten her erwärmt, sodass eine instabile Dichteverteilung entsteht, die zur Bildung hoch geordneter Muster wie Rollen und Hexagone – nach ihrem Entdecker Bénard-Zellen genannt – führt.

Bei der Belousov-Zhabotinsky-(BZ-)Reaktion werden in einer chemischen Lösung, bestehend etwa aus Cer-Sulfat ($Ce_2(SO_4)_3$), Malonsäure ($CH_2(COOH)_2$) und Kaliumbromat ($KBrO_3$), die in Schwefelsäure (H_2SO_4) aufgelöst sind, durch Hindurchpumpen der Bestandteile mit verschiedenen Geschwindigkeiten die Verweilzeiten dieser Substanzen in der Lösung variiert. Bei kleinen Verweilzeiten legt das System Nichtgleichgewichtsverhalten an den Tag und oszilliert in rhythmischer Weise mit völlig regelmäßiger Periode und Amplitude zwischen verschiedenen Färbungen, etwa Blau und Rot, hin und her.

Oszillierende Reaktionen kommen in der anorganischen Chemie relativ selten vor, jedoch lassen sie sich im Bereich der biologischen Organisation auf allen Ebenen beobachten, angefangen mit der molekularen Ebene bis hin zum Niveau des Zellverbandes. Ilya Prigogine beschreibt z. B. Oszillationen des Stoffwechsels, die mit der Enzymtätigkeit zusammenhängen, und oszillatorische Reaktionen des epigenetischen Typs, die auf zellulärem Niveau zustande kommen.[25] Ein anderes beeindruckendes Beispiel sind die Aggregationen und Metamorphosen von Amöben der Gattung *Dictyostelium discoideum*, die sich bereits auf der Ebene ein- und vielzelliger Organismen und deren Sporen vollziehen.[26]

Auch in der Morphogenese treten Ordnungszustände der verschiedensten Art als Folge von Selbstorganisation auf. D'Arcy Thompson hat in seinem 1917 erschienenen Werk *Über Wachstum und Form* viele Beispiele biologischer Strukturbildung beschrieben, die sich heute aus der Sicht der Theorie der Selbstorganisation verstehen lassen. Er selbst hat gelegentlich den Zusammenhang solcher Strukturbildungen mit denen in der thermischen Konvektion vermerkt, in der, wie er sagt, «die herabsinkenden Strömungen beim Aufeinanderstoßen ein ‹zelluläres System› erkennen lassen. Wenn wir am Anfang die Flüssigkeit leicht in Bewegung versetzen, werden die ersten ‹Zellteilungen› in der Strömungsrichtung erfolgen; es treten lange Röhren auf – Gefäße, wie der Botaniker sagen würde. In dem Maße, wie die Strömung sich verlangsamt, erscheinen neue Zellgrenzen im rechten Winkel zu den ersten und in gleichen Abständen voneinander; parallele Zellreihen entstehen, und dieser vorübergehende Zustand partiellen Gleichgewichts oder unvollkommener Symmetrie mag den Botaniker an seine *Kambium*-Gewebe erinnern, die sozusagen eine zeitlich begrenzte Phase histologischen Gleichgewichts darstellen.»[27]

Ohne zu sehr ins Detail gehen zu wollen, sei nur vermerkt, dass Selbstorganisations- und Kooperationsphänomene auch in den Materialwissenschaften (oberflächenspannungsinduzierte Phänomene) und in der Geologie (Mineralisierungsstrukturen) sowie in der Gehirnforschung (kooperatives Verhalten der Neuronen), in der Populationsdynamik (Räuber-Beute-Modelle) und Ökologie, in der Soziologie (kollektive Meinungsbildung), aber auch in den Politik- und Wirtschaftswissenschaften zunehmend in den Vordergrund rücken.[28]

Neben solchen Prozessen natürlicher und gesellschaftlicher Selbstorganisation, die man unter den Begriff *materieller* Selbstorganisation subsumieren könnte, steht nun die Evolution zellulärer Automaten, die gelegentlich auch als *logische* Selbstorganisation bezeichnet wird.

So bemerkt Stephen Wolfram, dass zelluläre Automaten, die geordnete Konfigurationen hervorbringen, «eine einfache Form der Selbstorganisation zur Schau stellen».[29] Auch Christopher Langton trägt keine Bedenken, die Evolution zellulärer Automaten als Selbstorganisation zu betrachten; allerdings unterscheidet er die molekulare Logik des Lebens von der formalen Logik, wie sie der Evolution zellulärer Automaten zugrunde liegt. Während Erstere sich durch eine interne Dynamik auszeichnet, muss Letztere von einem Subjekt oder auch von einem technischen Konstrukt von außen auf das logische System angewandt werden.[30]

Hier scheint sich ein Widerspruch aufzutun, der bereits im Begriff «Organisation» selbst angelegt ist. Es wird nicht immer klar unterschieden, ob mit «Organisation» die Tätigkeit bzw. der Prozess des Organisierens oder das Resultat dieser Tätigkeit gemeint ist.

Im ersten Sinne ist Selbstorganisation – streng genommen – nur möglich, wenn die interne Dynamik des Systems von den Elementen des Systems selbst ausgeht, die somit im Grunde genommen nur als mit Bewusstsein und Willen begabte Leibniz'sche Monaden vorstellbar sind. Jeder der oben besprochenen Fälle materieller Selbstorganisation kommt jedoch nur durch den Ein- bzw. Zufluss äußerer Komponenten (Energie- oder Massenzufluss, Zuwachs an oder Entzug von Individuen, Kapital usw.) zustande. In diesem Sinne unterscheidet sich die Strukturbildung in zellulären Automaten in keiner Weise von der Selbstorganisation in materiellen Systemen: Hier wie da wird der Prozess letztlich von außen her in Gang gesetzt.

Diese Überlegung korrespondiert mit dem Sachverhalt, dass es – selbst bei gesellschaftlicher «Selbstorganisation» – nicht die Elemente oder Teilsysteme des Systems sind, die sich *willentlich* zu einer vorher definierten Struktur zusammenfügen. Die Strukturbildung in dynamischen Systemen ist eine *emergente* Eigenschaft; sie resultiert zwar aus Eigenschaften und Verhaltensweisen der Elemente auf der Mikroebene des Systems, stellt jedoch etwas qualitativ Neues gegenüber denselben dar. In diesem Sinne könnte man anstatt von Selbstorganisation besser von *Selbststrukturierung* sprechen.

Im zweiten Sinne, d. h., wenn «Organisation» das Resultat des Prozesses, die entstandene Struktur, meint, müsste jedwede Strukturbildung, die nicht das vorgefasste Ergebnis eines subjektiven Willens ist, als Selbstorganisation erscheinen, gleich ob sie durch materielle oder energetische Zu- und Abflüsse ausgelöst bzw. unterhalten wird. Auch in diesem Sinne würde sich Strukturbildung durch Palindromisierung nicht von anderen Fällen von Selbstorganisation unterscheiden.

Wie auch immer: Die logische (bzw. arithmetische) Selbstorganisation unterscheidet sich von der materiellen (natürlichen oder gesellschaftlichen) dadurch, dass bei ihr letztlich der Mensch den Prozess, der zur Bildung der Struktur führt, bewusst und willentlich in Gang setzt. Im Fall gesellschaftlicher Selbstorganisation sind es selbst gesellschaftliche Strukturen, die als spontanes Resultat entstehen. In zellulären und palindromischen Automaten bilden sich hingegen Strukturen auf einem neuen Emergenzniveau: Zellen bzw. Zahlen ordnen sich zu geometrischen Mustern mit unterschiedlichen Eigenschaften.

Langtons Feststellung, dass die den zellulären Automaten zugrunde liegende formale Logik im Unterschied zu der molekularen Logik des Lebens selbst keine interne Dynamik hat und die Instrumente, über die sie verfügt, nur passive sind, die immer von irgendetwas oder irgendjemand außerhalb des logischen Systems auf dasselbe angewandt werden müssen, hindert ihn nun freilich nicht, auch von zellulären Automaten als von «dynamischen Systemen» zu sprechen. Ein dynamisches System wird dabei als ein solches definiert, «in dem die Systemvariablen sich als Funktion ihrer laufenden Werte ändern».[31] In dieser Definition wird davon abgesehen, ob die Dynamik des Systems internen oder externen Ursprungs ist, d. h., ob die Systemvariablen sich selbst ändern oder von außen geändert werden. Auch in diesem Sinne ist die Strukturbildung in zellulären und palindromischen Automaten nicht von materieller Selbstorganisation unterscheidbar.

Dies wiederum korrespondiert mit der Mahnung Manfred Eigens, Fragen wie «Wer organisiert?» oder «Wer informiert wen?» nicht überzustrapazieren, denn sie «erweisen sich als ebenso sinnlos wie etwa das Suchen nach Anfang und Ende einer geschlossenen Kreislinie».[32] Eigen zufolge haben wir unter «materieller Selbstorganisation» nichts anderes zu verstehen als «die aus definierten Wechselwirkungen und Verknüpfungen bei strikter Einhaltung gegebener Randbedingungen resultierende Fähigkeit spezieller Materieformen, selbstreproduktive Strukturen hervorzubringen».[33] Auch dieses Verständnis von Selbstorganisation trifft auf Strukturbildung durch Palindromisierung voll zu, sobald man es nicht auf «spezielle Materieformen», sondern auf spezielle gedankliche Gebilde, wie es Zahlen sind, anwendet. Gewiss, Zahlen sind keine Atome und keine Moleküle, und doch verhalten sie sich im Palindromisierungsprozess wie Atome und wie Moleküle unter bestimmten Bedingungen: Sie schließen sich zu Gruppen zusammen, offenbaren einheitliche Verhaltensweisen und organisieren sich zu komplexen Verbänden.

Wie bei materieller Selbstorganisation reicht die Vielfalt der geordneten Zustände, die bei Palindromisierungsprozessen entstehen können, dabei von verhältnismäßig einfachen «räumlichen» Strukturen, wie es Repetitionseinheiten in der sequenziellen Dimension sind, oder «zeitlichen» Organisationsformen, wie es periodische Wiederholungen von Kernen oder repetitiven Sequenzen in der zeitlichen Dimension sind, bis zu komplexen «raumzeitlichen» Mustern, wie es Kernmuster und -ensembles, *OT*-Muster und -Ensembles oder doppelt repetitive Sequenzen sind.

Eine Unterscheidung zwischen Strukturbildung durch Palindromisierung und materieller Selbstorganisation ist jedoch auf der Ebene der Unterscheidung zwischen dissipativen und konservativen Strukturen möglich. Die in Palindromisierungsprozessen entstehenden Strukturen sind konservative; einmal entstanden, bestehen sie fort, auch wenn der Prozess abgebrochen wird. Dissipative Strukturen hingegen, wie etwa die bei der thermischen Konvektion entstehenden Rollen und Hexagone oder der zeitliche Wechsel der Farben in der BZ-Reaktion, sind räumliche bzw. raumzeitliche Strukturen, die nur so lange bestehen, wie der Prozess selbst durch Energie- oder Massenfluss in Gang gehalten wird.

Betrachtungen, die darauf hinauslaufen, dass Palindromisierungsprozesse viele Gemeinsamkeiten mit Prozessen materieller Selbstorganisation haben, sind bisher eher unüblich. Gewöhnlich wird der Begriff «Selbstorganisation» nur auf materielle Gebilde, höchstens noch auf zelluläre Automaten, bezogen. Eine Selbstorganisation von Zahlen ist demzufolge ein Unding. Helga Königsdorf, eine ausgewiesene Mathematikerin und bekannte Schriftstellerin, wies in einem gelegentlichen Gespräch über Palindromisierungsprozesse den Gedanken einer Selbstorganisation der Zahlen energisch von sich: Selbstorganisation finde nur dort statt, wo Materie und Energie gegeben sind, im Reich der Atome und Moleküle, der elektromagnetischen und anderer Wellen und komplexerer Materie- und Energiestrukturen, die sich aus ihnen aufbauen; da Zahlen aber nichts Materielles, sondern reine Abstraktionen seien, bar auch jeglicher energetischer Zustände, sei Selbstorganisation der Zahlen ein reiner Widersinn, eine Unmöglichkeit.

Ob Helga Königsdorf Recht hat oder nicht, ist vielleicht doch schließlich nur eine Frage der Definition und damit der Konvention. Wenn im Sinne des eingangs Gesagten unter Selbstorganisation ein irreversibler Prozess verstanden wird, der durch den kooperativen Zusammenschluss von Teilsystemen zu komplexeren Strukturen des Gesamtsystems führt, warum sollten wir den Palindromisierungsprozess dann nicht als einen Prozess der Selbstorganisation verstehen dürfen? Auch er ist nämlich ein irreversibler Prozess, der zu komplexen Strukturen führt, und zwar durch Operationen mit Zahlen nach genau definierten Regeln, wobei die Regeln, nach denen das kooperative Zusammenwirken der Teilsysteme erfolgt, vom Experimentator vorgegeben werden. Diese Regeln – der Palindromisierungsmodus – entsprechen den Naturgesetzen, die im Fall natürlicher Selbstorganisation am Werk sind, und die Entscheidung des Experimentators, einen Palindromisierungsprozess mit einem bestimmten Modus, einer bestimmten Startzahl und in einer bestimmten Basis in Gang zu bringen, entspricht der Energie, die einen materiellen Selbstorganisationsprozess in Gang hält. Entscheidend für den Prozess der Selbstorganisation muss nicht sein, dass es materielle Gebilde sind, die sich in ihm zu komplexeren Strukturen zusammenfügen, sondern dass in ihm überhaupt komplexe Strukturen auf der Makroebene zustande kommen. Genau das aber ist bei Palindromisierungsprozessen gegeben: Aus einer *Startzahl* zu einer bestimmten *Basis* ergibt sich bei geeignetem *Palindromisierungsmodus* eine klare Struktur auf der Makroebene.

Damit Selbstorganisation von materiellen, energetischen oder informationellen Gegebenheiten zustande kommt, müssen offenbar zwei Sachverhalte zusammenkommen:

1. Es muss eine Regel gegeben sein, nach der sich die materiellen (z. B. Moleküle), energetischen (z. B. Lichtwellen) oder informationellen (z. B. Zahlen) Gegebenheiten verhalten. Bei der Selbstorganisation der Zahlen ist diese Regel, die im materiellen oder energetischen Bereich eine Naturgesetzlichkeit ist, der Palindromisierungsmodus.

2. Es wird Materie, Energie oder Information benötigt, damit der Prozess überhaupt in Gang kommt und ablaufen kann. Im Fall der Selbstorganisation der Zahlen ist hierfür weniger die Energie entscheidend, die der Computer benötigt, um die entsprechenden Berechnungen auszuführen, als vielmehr die Information, die Entscheidung, dass die Regel tatsächlich ausgeführt werden soll.

Wem es jedoch absolut widerstrebt, eine Selbstorganisation der Zahlen anzuerkennen, der sei trotzdem willkommen, wenn er die Strukturbildung durch Palindromisierung als ein faszinierendes Phänomen erlebt, das der Selbstorganisation auf atomarer, molekularer, zellularer, organismischer, ökologischer, planetarischer und kosmischer Ebene in nichts an Eleganz und Schönheit, an Wunder und an Großartigkeit nachsteht.

Eine Revolution in der Wissenschaft?

Stephen Wolfram ist unverkennbar einer der Großen auf dem Gebiet der Theorie zellulärer Automaten. Begründet wurde sie in den vierziger und fünfziger Jahren des 20. Jahrhunderts u. a. durch Alan Turing (1912–1954), dem der britische Geheimdienst die Entschlüsselung der deutschen ENIGMA im Zweiten Weltkrieg verdankte, und durch John von Neumann (1903–1957), dem ungarischen Mathematiker und Pionier der Automatentheorie.

Wolfram hat die Theorie zellulärer Automaten vor allem in den achtziger Jahren enorm vorangebracht. Kürzlich erschien sein neues Buch *A New Kind of Science*.[34]

Die Zeitschrift *Nature* brachte in ihren Ausgaben vom 16. und 23. Mai 2002 gleich zwei Besprechungen dieses Werks.[35] Das ist ungewöhnlich, wird aber verständlich, wenn man erfährt, dass Wolfram darin mit dem Anspruch auftritt, eine «neue Art von Wissenschaft» kreiert zu haben, die den Schlüssel dazu liefert, eine Vielzahl biologischer und physikalischer Phänomene – von Turbulenzen, Schneeflocken und Blattformen bis zur Struktur von Raum und Zeit – zu verstehen.

John L. Casti, einer von Wolframs Rezensenten, hatte 1992 in der deutschen Ausgabe seines Buchs *Szenarien der Zukunft*[36] an einzelne Wissenschaftsgebiete Noten für den Grad an Gewissheit verteilt, mit dem sie natürliche und vom Menschen erzeugte Ereignisse anhand erkannter Gesetze erklären und vorhersagen können. Am besten hatten dabei die Himmelsmechanik und die Quantenmechanik abgeschnitten, nicht zuletzt wegen des mathematischen Apparats, auf den sich beide Gebiete stützen können, insbesondere auf Differenzialgleichungen. Die Traumnote «Eins», so Castis damaliges Fazit, wird allerdings niemals vergeben werden können. Er würde sie auch heute nicht an Stephen Wolfram vergeben, denn – in diesem Punkt stimmt er völlig mit Jim Giles, dem zweiten Rezensenten, überein – Wolfram habe ein einzigartiges Buch vorgelegt, das ebenso fasziniert wie enttäuscht.

Überraschend sei vor allem die Selbstsicherheit, mit welcher der Autor behauptet, nichts Geringeres als eine wissenschaftliche Revolution in Szene gesetzt zu haben, indem er die Forscher in allen Zweigen der Natur-, Sozial- und Geisteswissenschaften dazu ermutigt, sich von Kalkülen, Gleichungen und anderen konventionellen mathematischen Hilfsmitteln ab- und sich stattdessen dem Studium «einfacher Regeln» zuzuwenden, mit denen komplexe Strukturen erzeugt werden können, die ihrerseits als Modelle natürlicher und gesellschaftlicher Phänomene dienen können.

Was immer die über tausend Seiten des Buches an neuen Ideen bringen mögen und welche neuen Möglichkeiten zur Modellierung komplexer natürlicher und gesellschaftlicher Strukturen sich dadurch auch ergeben mögen, so dürfte der Anspruch, eine wissenschaftliche Revolution befördert und eine neue Art von Wissenschaft geschaffen zu haben, doch wohl überzogen sein. Es sei erlaubt zu zweifeln, dass zelluläre Automaten die Differenzialgleichungen, in denen Physiker, Chemiker und andere Naturwissenschaftler die Natur bisher beschrieben haben, verdrängen und ersetzen werden. Was hier aber zweifelsfrei vorliegt, ist ein Wissenschaftsgebiet, das die Computergrafik als einen wesentlichen Bestandteil des Denk-, Forschungs- und Entdeckungsprozesses ausweist, ein Gebiet, auf dem Denken und Sehen mithin gleichermaßen gefragt sind. Es bedarf keiner außergewöhnlichen prognostischen Fähigkeiten, um diesem Gebiet auch in Zukunft eine gedeihliche Entwicklung vorauszusagen.

Diese Einschätzung gründet sich insbesondere darauf, dass es eine Vielfalt spezieller zellulärer Automaten geben dürfte, die noch gänzlich unerforscht sind. Unsere palindromischen Automaten sind dafür nur *ein* Beispiel. Sie mögen eine neue Sicht bekannter Prozesse und Strukturen – physikalischer, biologischer u. a. – erlauben, doch sie bewirken keinesfalls eine Revolution in der Wissenschaft, wie sie auch nicht einen neuen Typ von Wissenschaft repräsentieren.

Kapitel 12: DNS

In diesem Kapitel soll die Aufmerksamkeit auf einige bemerkenswerte bis verblüffende strukturelle Ähnlichkeiten zwischen den in Palindromisierungsprozessen entstehenden Strukturen und solchen, die in natürlichen Wachstums- und Evolutionsprozessen zustande kommen, gelenkt werden. Dabei wird vorrangig der Strukturtyp PER im Mittelpunkt des Interesses stehen. Er offenbart in seinen drei Grundbestandteilen – Kern, repetitive Sequenzen, *OT*-Sequenzen – strukturelle Ähnlichkeiten zu Sachverhalten in der organischen Natur, insbesondere auf zellulärer und molekularer Ebene. Am bemerkenswertesten dürfte sein, dass Strukturen des Typs PER viele strukturelle Entsprechungen zum Aufbau der DNS, der Desoxyribonukleinsäure, die im Vererbungsgeschehen eine zentrale Rolle spielt, zeigen. Solche Ähnlichkeiten sind für alle drei Strukturbestandteile des Typs PER gegeben: für sich identisch reproduzierende Kerne, für sich erweitert reproduzierende repetitive Sequenzen sowie für *OT*-Sequenzen. Überdies treten in DNS-Molekülen auch Nukleotidsequenzen auf, die palindromisch strukturiert sind.

Skeptiker mögen fragen, ob das Aufzeigen struktureller Ähnlichkeiten zwischen so verschiedenartigen Gegebenheiten wie DNS-Sequenzen, die in organischen Wachstums- und Evolutionsprozessen eine Rolle spielen, und Zahlensequenzen, wie sie in Palindromisierungsprozessen vorkommen, sinnvoll, ja überhaupt zulässig ist. Strukturelle Ähnlichkeiten implizieren nicht notwendigerweise auch funktionelle Ähnlichkeiten, und wenn schon Ähnlichkeiten interessieren, dann sind es natürlich in erster Linie die funktionellen. Zu Recht unterscheidet deshalb Christopher Langton in seiner Arbeit über das Studium künstlichen Lebens mittels zellulärer Automaten zwischen funktioneller und struktureller Ähnlichkeit und fragt insbesondere nach der *funktionellen* Ähnlichkeit zwischen Biomolekülen und künstlichen Molekülen, d. h. virtuellen Automaten in zellulären Automaten.[1] Solche funktionelle Ähnlichkeit erfordert jedoch nicht auch strukturelle Ähnlichkeit.

Welches wissenschaftliche Interesse sollen also bloße strukturelle Ähnlichkeiten beanspruchen können, wenn sie nicht zugleich auch ähnliche Funktionen erfüllen? Ich weiß auf diese Frage keine bessere Antwort als die, dass das Interesse der Wissenschaft immer wach sein sollte, wenn es einen bemerkenswerten Sachverhalt zu beobachten gilt, selbst wenn noch niemand sagen kann, wieso oder gar zu welchem Zweck dieser Sachverhalt besteht. Ich muss es meinen Kollegen aus den jeweiligen naturwissenschaftlichen Disziplinen überlassen zu befinden, ob diese strukturellen Ähnlichkeiten nur wenig bis nicht interessante Zufälligkeiten sind oder ob sie zu neuen Fragestellungen anregen, aus denen möglicherweise eine neue Sicht bekannter oder auch noch unbekannter Phänomene erwachsen könnte.

Beginnen wir mit der Betrachtung von Palindromstrukturen im molekulargenetischen Bereich.

Palindromstrukturen

Das DNS-Molekül kann – auf der einfachstmöglichen Ebene – als ein eindimensionaler zellulärer Automat betrachtet werden, dessen jede Zelle vier Zustände haben kann. Die vier Zustände werden A, C, G und T genannt und repräsentieren die Basen Adenin, Cytosin, Guanin und Thymin.

Das Muster, das auf dem DNS-Molekül präsent ist, besteht aus einem sequenziellen Arrangement von A, C, G und T längs eines Stranges, der zu einer antiparallelen Doppelstrang-Helix gedreht ist. Die beiden Stränge dieser Helix sind durch Wasserstoff-bindungen der Basenpaare verbunden, wobei A immer mit T und C immer mit G verbunden ist. Die Basensequenz des einen Stranges determiniert vollständig die Basensequenz des anderen, komplementären Stranges.[2]

Im Allgemeinen hat das sequenzielle Arrangement von A, C, G und T auf einem DNS-Strang natürlich keine palindromische Struktur. Aber es gibt auch DNS-Bereiche, in denen die Nukleo-tidsequenzen spiegelsymmetrisch angeordnet sind, wodurch Palindromstrukturen möglich werden. Solche Bereiche dienen als Erkennungsstellen für bestimmte Enzyme, welche die betreffen-de DNS in ebendiesem Palindrombereich spalten. Es sind dies sog. Restriktionsenzyme vom Typ II. Sie spalten die DNS entwe-der in der Mitte der spiegelsymmetrischen Nukleotidsequenz, also längs der Symmetrieachse des Palindroms, oder ein oder zwei Nukleotide davon entfernt.

Friedrich Cramer sieht in den palindromisch strukturierten DNS-Abschnitten gewisse «Überstrukturen», die der DNS aufmo-duliert worden sind und offenbar die Bedeutung haben, auf dem relativ monotonen Informationsband der DNS bestimmte überge-ordnete Erkennungssignale zu vermitteln.[3]

Die Eigenschaft von Restriktionsenzymen, DNS-Sequenzen dort zu schneiden, wo spiegelsymmetrische bzw. palindromische Nukleotidsequenzen vorkommen, wurde 1970 von Hamilton O. Smith und Thomas J. Kelly jr. am Fachbereich Mikrobiologie der Schule für Medizin der Johns-Hopkins-Universität in Baltimore entdeckt, als sie ein Restriktionsenzym (HindII) des Bakteriums

Haemophilus influenzae untersuchten.[4] Untersuchungen von Daniel Nathans am selben Fachbereich[5] und anderen Mikrobiologen mit anderen Restriktionsenzymen haben seither zu ähnlichen Ergebnissen geführt.

Die folgende Tabelle zeigt einige Beispiele solcher Palindromstrukturen und der Restriktionsschnittstellen für verschiedene Enzyme und Herkunftsorganismen (die Schnittstellen sind durch Pfeile markiert):[6]

Enzym	Herkunftsorganismus	Palindromstruktur und Restriktionsschnittstelle
AluI	Arthrobacter lutens	↓ - A - G - C - T - - T - C - G - A - ↑
BalI	Brevibacterium albidum	↓ - T - G - G - C - C - A - - A - C - C - G - G - T - ↑
BamHI	Bacillus amybolique faciens H	↓ - G - G - A - T - C - C - - C - C - T - A - G - G - ↑
BgIII	B. globigii	↓ - A - G - A - T - C - T - - T - C - T - A - G - A - ↑
EcoRI	Escherichia coli	↓ - G - A - A - T - T - C - - C - T - T - A - A - G - ↑

Enzym	Herkunftsorganismus	Palindromstruktur und Restriktionsschnittstelle
		↓
EcoRII	Escherichia coli	- G - C - C - T - G - G - C - - C - G - G - A - C - C - G - ↑
		↓
HaeIII	Haemophilus aegyptus	- G - G - C - C - - C - C - G - G - ↑
		↓
HindII	Haemophilus influenzae	- G - T - Py - Pu - A - C - - C - A - Pu - Py - T - G - ↑
		(Py steht für Pyrimidin, Pu für Purin)
		↓
HindIII	Haemophilus influenzae	- A - A - G - C - T - T - - T - T - C - G - A - A - ↑
		↓
HpaI	Haemophilus parainfluenzae	- G - T - T - A - A - C - - C - A - A - T - T - G - ↑
		↓
HpaII	Haemophilus parainfluenzae	- C - C - G - G - - G - G - C - C - ↑
		↓
Pst	Providencia stuartii	- C - T - G - C - A - G - - G - A - C - G - T - C - ↑
		↓
SmaI	Serratia marcescens	- C - C - C - G - G - G - - G - G - G - C - C - C - ↑

Von den meisten Restriktionsenzymen ist heute bekannt, dass sie spezifische palindromische Sequenzen erkennen. Aufgrund dieser ihrer Eigenschaft, spezifische Basensequenzen lokalisieren und DNS in sehr spezifischer Weise schneiden zu können, sind Restriktionsenzyme des Typs II ein wirksames Instrument für die Analyse von DNS und die Isolierung von Genen aus DNS.

Palindrome spielen aber auch in der normalen Regulation der genetischen Botschaft durch die sog. Repressoren eine wichtige Rolle. Cramer bemerkt dazu: «Die Erbinformation wird nicht an allen Genen gleichzeitig und in gleichem Umfang abgerufen; das gäbe ein übles Durcheinander im Haushalt der Zelle. Vielmehr sind die meisten Gene durch so genannte Repressoren blockiert. Repressoren kann man vergleichen mit Steckschlössern. Sie setzen sich an bestimmten Stellen, eben den dafür bestimmten palindromischen Sequenzen, auf der DNS fest und sind nur durch ganz bestimmte, dafür passende Schlüsselmoleküle wieder von der DNS entfernbar, worauf dann die genetische Information an der betreffenden Stelle abgelesen werden kann.»[7]

Es gibt – Cramer zufolge – im Prinzip zwei Möglichkeiten, wie bzw. woran die blockierenden Proteine oder die Restriktionsenzyme gerade diese hoch symmetrischen Stellen erkennen: «Vermöge ihrer gegenläufigen Symmetrie können palindromische Sequenzen unter Wahrung der Basenpaarstruktur sich seitlich ausstülpen (Bäumchenbildung). Sie stellen dann gewissermaßen genau definierte Noppen an dem sonst gleichförmigen Band der DNS dar. Dieses ‹Noppenmuster› könnte dann spezifisch erkannt werden.»[8]

Die Symmetrie könnte aber auch «einfach zur Erkennung dienen, da die an der Reaktion beteiligten bindenden Proteine ebenfalls symmetrisch sind. Sie könnten sich also mit ihrer eigenen Symmetrie an die symmetrische DNS anlagern. Jedenfalls stellen solche Palindrome Inseln von ‹Ordnung höheren Grades› dar, die auf die Schriftinformation der DNS aufgepfropft ist.»[9]

Es gibt noch weitere, kompliziertere spiegelsymmetrische und palindromische Strukturen in DNS, z. B. Regionen zweifacher spiegelbildlicher Symmetrie in beiden DNS-Strängen oder Sequenzen dyadischer Rotationssymmetrie.[10] Auf sie näher einzugehen, würde jedoch zu detaillierte fachspezifische Kenntnisse erfordern, weshalb sie hier lediglich erwähnt seien.

Das Bemerkenswerteste an den beschriebenen palindromisch strukturierten Basensequenzen ist aus unserer Sicht, dass es sie überhaupt gibt. Dass – im Doppelstrang gesehen – die eine Sequenz die inverse der anderen ist, ist ja keineswegs selbstverständlich. Es ist genau die Situation, die auch bei uns gegeben ist, wenn wir einen Palindromisierungsprozess ablaufen lassen. Diesen Prozess zu starten ist aber unsere Entscheidung: Wir sind es, die die Palindromisierungsregel – Umkehren und Addieren/Subtrahieren – vorgeben. Im molekulargenetischen Geschehen gibt es keine Addition oder Subtraktion der Nukleotide, d. h., ein Palindromisierungsprozess in unserem Sinne findet dort nicht statt. Einzig die spiegelbildliche Anordnung ist präsent, die aber dafür gleich zweimal: Erstens, im Doppelstrang gesehen ist die eine Sequenz die inverse der anderen, also z. B. - C - T - T - A - A - G - ist die inverse Sequenz zu - G - A - A - T - T - C -. Zweitens ist, im Einzelstrang gesehen, jede der beiden Sequenzen in sich spiegelkomplementär, also im soeben betrachteten Beispiel ist - C - T - T - spiegelkomplementär zu - A - A - G -, und - G - A - A - ist spiegelkomplementär zu - T - T - C -. Beide Sachverhalte haben zur Folge, dass – im Doppelstrang gesehen – bei Inversion der einen Sequenz die inverse so unter die Ausgangssequenz zu stehen kommt, dass jedem Glied, jedem Nukleotid, das ihm komplementäre gegenübersteht. In der Natur wird die Replikation der Sequenz durch die Komplementarität der Basenpaare gewährleistet, wobei jeder

Strang als Vorlage, als Matrize, für den komplementär zu synthetisierenden auftritt.

Für Palindromisierungsprozesse ist es weder typisch noch notwendig, dass Ausgangs- und Umkehrzahl komplementär zueinander oder in sich spiegelkomplementär strukturiert sind. Doch dies ist andererseits auch nicht unmöglich. In Kasten 11 ändern wir deshalb versuchshalber den Palindromisierungsprozess dahin gehend ab, dass die Ausgangszahl nicht invertiert, sondern «komplementarisiert» wird, wobei unter «Komplementarisierung» verstanden werden soll, dass unter jeder Ziffer der Ausgangszahl die ihr komplementäre stehen soll. Obgleich uns dieses Verfahren kaum in größere Nähe zu dem molekulargenetischen Geschehen bringt, sei es als eine spielerische Variante des Palindromisierungsprozesses doch einmal durchprobiert. Jedoch führt es uns von unserem eigentlichen Anliegen weg, das darin besteht, strukturelle Ähnlichkeiten zwischen Produkten von Palindromisierungsprozessen und Sequenzbereichen in DNS aufzuspüren. Im vorliegenden Abschnitt sollte lediglich darauf hingewiesen werden, dass palindromische Strukturen von Nukleotidsequenzen in DNS nichts Ungewöhnliches sind.

Palindromstrukturen sind zu einem Gegenstand intensiver Forschungsarbeit von Molekularbiologen geworden. In drei 1996/97 ad hoc vorgenommenen Recherchen für die Jahre 1981 bis 1996, die ich Herrn Prof. Dr. Martin Grötschel vom Konrad-Zuse-Zentrum für Informationstechnik Berlin, Frau Dr. Andrea Scharnhorst vom Wissenschaftszentrum für Sozialforschung Berlin und der Staatsbibliothek Berlin verdanke und bei denen nach dem Stichwort «Palindrom» gefragt wurde, befanden sich unter den 448 zutage geförderten Titeln aus den Naturwissenschaften, den Sprach- und Literaturwissenschaften sowie den mathematischen und Computerwissenschaften 314 Titel, das sind 70 Prozent, aus dem Bereich der Molekularbiologie und Medizin.

Palindromisierung und Komplementarisierung

Wir nehmen die DNS-Sequenz

$$- G - A - A - T - T - C -$$
$$- C - T - T - A - A - G -,$$

die Escherichia coli zugehörig ist und von Eco RI an den bezeichneten Stellen geschnitten wird. Wir starten nun zunächst einen Palindromisierungsprozess. Da wir es im Fall von DNS mit einem System, bestehend aus den vier Elementen A, C, G und T, zu tun haben, lassen wir unseren Palindromisierungsprozess zur Basis g = 4 ablaufen und nehmen folgende Zuordnung vor: A soll durch 0 repräsentiert sein, C durch 1, G durch 2 und T durch 3. Durch diese Zuordnung ist gewährleistet, dass die Komplementaritätsbeziehung $a \leftrightarrow g - a - 1$ erfüllt ist. Es muss weiterhin der subtraktive Modus gewählt werden, denn Addition von Zahl und Komplementärzahl ergibt immer $(g - 1)_r$, worin sich der Prozess auch schon erschöpft.

Aus der obigen Ausgangssequenz wird die Startzahl $S_0 = 200331$. Im Folgenden sind die ersten sechs Schritte des subtraktiven Palindromisierungsprozesses zur Basis g = 4 angeschrieben:

S_0:   200331

    – 133002   (Die Spiegelzahl ist zugleich komplementär zu S_0!)
_____

    001323

  – 323100
_____

    321111

 – 111123
_____

    203322

 – 223302
_____

$$013320 \leftarrow$$
$$-\,023310$$
___

$$003330$$
$$-\,033300$$
___

$$023310 \leftarrow$$
$$-\,013320$$
___

Auf diese Weise geraten wir nach sechs Schritten in eine Periode der Länge $l = 2$ mit den beiden Doppelsträngen

013 320 und 003 330
023 310   033 300
bzw. rückübersetzt

A - C - T - T - G - A   und   A - A - T - T - T - A
A - G - T - T - C – A   A - T - T - T - A - A

Wie man sieht, sind die beiden Stränge jeweils zwar palindromisch, jedoch nicht mehr komplementär zueinander, sodass dieses Verfahren nicht geeignet ist, die Selbstreplikation von DNS-Sequenzen zu modellieren.

Wir modifizieren nun den *Palindromisierungsprozess* zu einem *Komplementarisierungs*prozess, indem wir anstelle der Iteration «Inversion und Subtraktion» jetzt die Operationenfolge «Komplementarisierung und Subtraktion» einführen, wobei unter Komplementarisierung verstanden werden soll, dass Ausgangszahl und Komplementärzahl voneinander, und zwar immer die kleinere von der größeren, subtrahiert werden sollen. Kehren wir unter dieser Voraussetzung zu unserem Beispiel zurück: Im ersten Schritt bleibt alles wie gehabt, da die Spiegelzahl von S_0 laut Voraussetzung zugleich komplementär zu S_0 ist. Dann aber wird der Prozessverlauf ein anderer und somit auch das Ergebnis ein anderes:

S_0:   200331

     − 133002 (Die Spiegelzahl ist zugleich komplementär zu S_0!)

     001323

     − 332010

     330021

     − 003312

     320103

     − 013230

     300213

     − 033120

     201033

     − 132300

S_6:   002133

     − 331200 (Die Spiegelzahl ist zugleich komplementär zu S_0!)

     323001

     − 010332

     312003

     − 021330

     230013

     − 103320

     120033

     − 213300

     033201

     − 300132

S_{12}:   **200331** ($S_{12} = S_0$!)

Wie man sieht, erscheint nach dem sechsten Schritt im Doppelstrang gesehen eine Sequenz mit ihrer Spiegelsequenz, die zugleich ihre

Komplementärsequenz ist, und nach dem zwölften Schritt erscheint wieder S_0, d. h., die Ausgangssequenz hat sich mitsamt ihrer Komplementärsequenz selbst reproduziert!

Übrigens: Nach dem sechsten Schritt steht die Sequenz

A - A - G - C - T - T
T - T - C - G - A - A

Das ist – rückübersetzt – nichts anderes als die oben angeführte palindromische DNS-Sequenz aus Haemophilus influenzae, die vom Restriktionsenzym HindIII geschnitten wird. Tun sich hier ganz neuartige Zusammenhänge auf, oder schießt nur die Spekulation zu stark ins Kraut?

Wir hätten die Zuordnung von A, C, G und T zu 0, 1, 2 und 3 natürlich auch anders vornehmen können. Es kommen jedoch nur die folgenden vier Zuordnungen mit ihren nochmals vier Komplementäranordnungen infrage, wenn die Bedingung des Komplementarisierungsprozesses – Komplementärzahl von S_0 ist zugleich Spiegelzahl von S_0 – erfüllt sein soll:

A C G T	A C G T	A C G T	A C G T
0 1 2 3	1 0 3 2	2 0 3 1	3 1 2 0
0 2 1 3	1 3 0 2	2 3 0 1	3 2 1 0

Wenn wir diese vier bzw. acht Zuordnungen ausführen, erhalten wir immer das gleiche Ergebnis: Nach zwölf Schritten erscheinen die beiden spiegelkomplementären und palindromischen Ausgangssequenzen, und nach sechs Schritten erscheint ein ebenfalls spiegelkomplementäres und palindromisches Zwischenprodukt.

Wir machen nun das gleiche Experiment mit einer anderen Ausgangssequenz, z. B. mit der aus Providencia stuartii: - C - T - G - C - A - G -. Auch in diesem Fall reproduziert sich die Ausgangssequenz bei allen zulässigen Zuordnungen von A, C, G und T zu 0, 1, 2 und 3 nach 12 Schritten und bringt auf halbem Weg das Zwischenprodukt - G - T - C - G - A - C - hervor.

Die Basensequenz - G - G - C - C - aus Haemophilus aegyptus hingegen reproduziert sich bei diesem Verfahren und bei allen zulässigen Zuordnungen bereits nach vier Schritten und bringt auf halbem Wege ein Zwischenprodukt hervor, das – im Einzelstrang gesehen – spiegelkomplementär und palindromisch und – im Doppelstrang gesehen – auch spiegelkomplementär, jedoch nicht palindromisch ist. Zum Beispiel erzeugt die Zuordnung A-0, C-1, G-2, T-3 den Prozess

S_0:   2211
         – 1122   (Ausgangszahl ist spiegelkomplementär; Ausgangs-
                  und Komplementärzahl sind komplementär zueinander
                  und palindromisch)

S_1:   1023
         – 2310

S_2:   1221
         – 2112   (Ausgangssequenz ist spiegelkomplementär und
                  palindromisch; Ausgangs- und Komplementärsequenz
                  sind spiegelkomplementär, jedoch nicht palindromisch
                  zueinander)

S_3:   0231
         – 3102

S_4:   2211   ($S_4 = S_0$)

Kerne und Gene

Strukturen des Typs PER erinnern in mancherlei Hinsicht an strukturelle Gegebenheiten im molekulargenetischen Bereich.

Da ist zunächst der zentrale Bestandteil dieses Typs, der *Kern*. Er reproduziert sich identisch von Periode zu Periode und ist in dieser Hinsicht vergleichbar mit einem genetisch aktiven Abschnitt einer DNS-Sequenz, also einem *Gen*, das von Zelle zu Zelle bzw. von Generation zu Generation ebenfalls identisch übertragen wird, sofern äußere Umstände keine Veränderung bewirken.

Gene sind auf *Chromosomen* angeordnet, und die Gesamtheit von Chromosomen, die als Chromosomensatz im Zellkern präsent ist, bildet das jeweilige *Genom*. Zum Beispiel besteht das menschliche Genom aus 22 Chromosomen (und den beiden das Geschlecht bestimmenden X- und Y-Chromosomen). Diesen Strukturebenen entsprechen in Strukturen des Typs PER 1. der Kern einer einzigen Sequenz (bei einer Zykluslänge, die gleich der Gesamtlänge der Periode ist), 2. ein *Kernmuster*, das mehrere Kerne umfasst und sich immer dann zeigt, wenn die Zykluslänge gleich der Moduslänge oder einem rationalen oder ganzzahligen Vielfachen derselben gleich ist, und 3. das *Kernensemble*, das aus der Gesamtheit aller Einzelkerne besteht, die eine Periode ausmachen und der Zykluslänge 1 bedarf.

Während das Genom für die Art eines Individuums kennzeichnend ist und die einzelnen Gene seine individuellen Merkmale bestimmen, sind Kern, Kernmuster und Kernensemble Ausdruck sowohl des Typs als auch der Individualität einer Struktur vom Typ PER. In diesem Zusammenhang sei das Phänomen erwähnt, dass bei gleicher Basis, gleicher Startzahl und leicht modifiziertem Modus Strukturen auftreten können, deren Kerne zwar aus unterschiedlichen Ziffern bestehen, die ansonsten aber gleich strukturiert sind; solche Strukturen unterscheiden sich mithin nur farblich. Zum Beispiel tritt die Struktur, die sich in Basis $g = 9$ bei dem Modus $m = a_9(s_1a_1)_{12}a_1s_n$ ($n = 2, 3, 4$) und der Startzahl $S_0 = 1078$ ergibt, in drei Ausprägungen auf. Bei $Z_l = 2m_l$ erhalten wir für

$n = 2$ bei $S_{144} = S_{216} = S_{288} = \ldots$ den Kern $\{77\ 100\ 2000\ 788\ 601\}$

$n = 3$ bei $S_{148} = S_{222} = S_{298} = \ldots$ den Kern $\{66\ 300\ 4000\ 588\ 412\}$

$n = 4$ bei $S_{152} = S_{228} = S_{304} = \ldots$ den Kern $\{44\ 700\ 8000\ 188\ 034\}$

Dieses Phänomen erinnert an das Auftreten von *Allelen* im molekulargenetischen Bereich, d. h. von mutierten Genen, die zwar noch das gleiche Merkmal steuern, etwa die Augenfarbe, es aber jeweils etwas anders prägen. Strukturen, die sich in einem Palindromisierungsprozess ergeben und besagte Eigenschaft aufweisen, könnten deshalb *allele Strukturen* heißen.

Doch strukturelle Ähnlichkeiten implizieren keineswegs mit Notwendigkeit auch solche funktioneller Art. So beinhaltet die strukturelle Ähnlichkeit zwischen Kernen und Genen – die identische Reproduktion von Periode zu Periode und von Generation zu Generation – nicht auch funktionelle Ähnlichkeit zwischen beiden. Bei Strukturen vom Typ PER werden ja nicht nur der Kern bzw. das Kernmuster oder das Kernensemble identisch reproduziert, sondern neben den repetitiven Sequenzen (die sich sogar erweitert reproduzieren) auch die *OT*-Sequenzen. Indes ist die identische Reproduktion eines Gens nur die Voraussetzung dafür, dass es seine eigentliche Funktion erfüllen kann: den Code für die Proteinsynthese zur Verfügung zu stellen. Das Gen ist somit eine Transkriptionseinheit mit Protein codierender Funktion. Der Kern einer Struktur vom Typ PER kann zwar auch als Informationsträger interpretiert werden, er codiert jedoch von sich aus nichts, es sei denn, *wir* geben eine solche Coderegel vor.

Auf der rein strukturellen Ebene gibt es zwischen Kernen und Genen noch weitere Ähnlichkeiten. Die Protein codierenden Gene bei den Eukaryonten können *unikale* Gene sein, d. h. solche, die nur als Einzelkopien vorkommen, oder *intern-repetitive* Gene, deren Codierungssequenzen vollständig oder in Teilbereichen aus repetitiven Domänen bestehen; dabei können innerhalb eines Gens verschiedene «Repeat»-Typen vorkommen.[11] Ähnliches ist im Palindromisierungsgeschehen zu beobachten. Auch hier kommen – wie wir gesehen haben – Strukturen vor, deren Kernmuster sowohl aus «unikalen» als auch aus «intern-repetitiven» Kernen besteht.

Es gibt auch repetitive Gene in dem Sinne, dass diese in geringerer oder größerer Anzahl im Genom vorliegen. Man spricht hier von Genen mit geringer oder hoher Redundanz. «Geringe Anzahl» meint 2 bis 10 Kopien, die entweder völlig identisch sein können oder als Mitglieder einer «Genfamilie» divergierende Sequenzbereiche enthalten, wie z. B. die β-Globingengruppe des Menschen. Hohe Redundanz liegt z. B. bei den Histongenen vor, die bei Seeigeln in großen Kopienzahlen vorkommen.[12] Für Strukturen vom Typ PER heißt das, dass bei Zykluslänge 1 im Kernensemble Kerne vorkommen können, die z. B. völlig identisch sind. Ein solcher Fall ist z. B. in $g = 4$ bei dem Modus $m = s_1 a_6 s_1 (8)$ und einer Zykluslänge $Z_1 = 0,5 m_l$ gegeben. Das Kernensemble besteht hier aus sechzehn Kernen; unter ihnen kommt der Kern $\{23\}$ viermal, also mit «geringer Redundanz» vor, und zwar beispielsweise in der Periode von S_{56} bis S_{72} in den Sequenzen $S_{58} = 10\ 3_7\{23\}0_6$, $S_{61} = 10\ 3_7\{23\}0_7$, $S_{66} = 10\ 3_7\ \{23\}\ 0_7$ und $S_{69} = 10\ 3_7\ \{23\}\ 0_8$.

Und selbst Gen- und Chromosomen-Mutationen haben ihre Entsprechungen im Palindromisierungsgeschehen!

Einzelne Gene können bekanntlich mutieren, indem – zumeist unter dem Einfluss äußerer Faktoren – Veränderungen in der DNS eines Gens auftreten. Dies kann erfolgen, indem ein oder einige Nukleotide irgendwo im DNS-Strang herausgenommen, eingefügt oder durch andere ersetzt werden. Welche Folgen eine solche *Punktmutation* für den betroffenen Organismus hat, lässt sich nicht immer exakt vorhersagen; auch ein letaler Ausgang ist möglich.

An einigen Experimenten soll nun demonstriert werden, was

sich in Palindromisierungsprozessen ereignen kann, wenn *punktuelle Kernmutationen* ausgelöst werden. Der größeren Nähe zum molekulargenetischen Geschehen wegen sollen die Demonstrationen in Basis $g = 4$ erfolgen, jedoch könnten wir sie auch in jeder anderen Basis $g > 4$ ablaufen lassen.

Wir wählen als Modus $m = a_2 s_1(3)$ und als Startzahl $S_0 = 103_3 230_3$; dann erhalten wir ab S_7 eine Periode der Länge $l = 6$ mit einem Index der erweiterten Reproduktion $e = 2$ (das Vorzeichen hinter der Zahl, welche die Sequenz bezeichnet, zeigt an, ob wir uns in einer positiven oder einer negativen Phase befinden):

S_7 +:	33	0	**{1000}**	3	23
S_8 −:	131	3	**{1002}**	0	22
S_9 +:	022		**{23011}**		103
S_{10} +:	33	000	**{10}**	33	23
S_{11} −:	131	33	**{021}**	00	22
S_{12} +:	022	0	**{2122}**	3	103
S_{13} +:	33	00	**{1000}**	33	23

Allgemein ausgedrückt ist das Kernensemble für diese Startzahl und diesen Modus bei der Basis g:

{1000}
{1002}
{2(g − 1)01(g − 3)}
{10}
{021}
{21(g − 2)(g − 2)}

Wir nehmen nun in einzelnen Kernen Punktmutationen vor, indem wir eine Ziffer weglassen, hinzufügen oder gegen eine andere austauschen.

Im ersten Experiment lassen wir im ersten Kern unseres Kernensembles eine Null weg. Der Prozess läuft dann wie folgt ab:

S_7 +:	33	0	100	3	23
S_8 −:	131	3	102	0	22
S_9 +:	022		2311		103
S_{10} +:	33	00	10	33	23
S_{11} −:	131	33	13	00	22
S_{12} +:	022	0	301	3	103
S_{13} +:	33	000	{10}	33	23
S_{14} −:	131	33	{021}	00	22
S_{15} +:	022	0	{2122}	3	103
S_{16} +:	33	00	{1000}	33	23
S_{17} −:	131	33	{1002}	00	22
S_{18} +:	022	0	{23011}	3	103

S_{19} +:	33	0000	{10}	333	23

Wie man sieht, eliminiert das Kernensemble ab S_{13} die Störung und stellt seine ursprüngliche Gestalt wieder her; nur die Reihenfolge der Kerne ist verändert.

Jetzt entfernen wir im Kern von S_8 eine Null und erhalten:

S_8 −:	131	3	102	0	22
S_9 +:	022		2311		103
S_{10} +:	33	00	10	33	23
S_{11} −:	131	33	12	00	22
S_{12} +:	022	0	301	3	103
S_{13} +:	33	000	{10}	33	23
S_{14} −:	131	33	{021}	00	22
S_{15} +:	022	0	{2122}	3	103
S_{16} +:	33	00	{1000}	33	23
S_{17} −:	131	33	{1002}	00	22
S_{18} +:	022	0	{23011}	3	103

S_{19} +:	33	0000	{10}	333	23

Auch hier kehrt das Kernensemble ab S_{13} zu seiner ursprünglichen Gestalt zurück; allerdings sind die repetitiven Sequenzen zum Teil etwas verändert.

Nun entfernen wir im Kern von S_9 die Drei:

S_9 +:	022		2011		103
S_{10} +:	32	33	11	33	23
S_{11} −:	131	3	22	333	12
S_{12} +:	022	0	32	3	213
S_{13} +:	1000	3	23	00	33
S_{14} −:	10	3	013222	0	100
S_{15} +:	101	33	033031		33
S_{16} +:	10	333	003002	3	00
S_{17} −:	11	3	13033102		201
S_{18} +:	01	0	32300010		230
S_{19} +:	102	333	00	3333	00
S_{20} −:	112	33	201	333	101
S_{21} +:	**010**	**33**	**2310**	**33**	**230**
S_{22} +:	**10**	**33**	**2310**	**33**	**2300**
S_{23} −:	**11**	**3**	**22212**	**3**	**22201**
S_{24} +:	**010**	**33**	**2310**	**33**	**230**

In diesem Beispiel zerfällt das Kernensemble; Kerne, repetitive und *OT*-Sequenzen lösen sich auf. Die Struktur hört auf, vom Typ PER mit e > 1 zu sein, und wird zu einem periodischen Kreisläufer mit e = 0.

Wir könnten das Experiment natürlich auch für andere Kernensembles durchführen, etwa für jene, die sich ergeben, wenn wir bei gleichem Modus als Startzahl ein Tandem unserer Ausgangszahl 103_3230_3 wählen: $S_0 = 103_3230_3103_3230_3$. Dann ist:

S_7 +:	33	0	{**1000** 3 **2333** 0 **1000**}		23
S_8 −:	131	3	{**1002** 0 **2331** 3 **1002**}	0	22
S_9 +:	022		{**23011** 10322 **23011**}		103
S_{10} +:	33	000	{**10** 333 **23** 000 **10**}	33	23
S_{11} −:	131	33	{**021** 00 **312** 33 **021**}	00	22
S_{12} +:	022	0	{**2122** 3 **1211** 0 **2122**}	3	103
S_{13} +:	33	00	{**1000** 3 **2333** 0 **1000**}	33	23

Erneut erhalten wir ein Kernensemble mit einer Periode der Länge l = 6. Seine Struktur unterscheidet sich jedoch vom vorherigen dadurch, dass dessen Kerne jetzt als Markierungen der Tandem-Kerne auftreten, zwischen denen die jeweilige Komplementärsequenz zur Markierung steht, wobei Markierung und Komplementärmarkierung durch interne repetitive Sequenzen 0 und (g−1) voneinander getrennt sind.

Wir entfernen jetzt beispielsweise in S_9 die 3 im Zentrum:

S_9 +:	022		23011		1022		23011		103
S_{10} +:	33	000	10	33	23	000	10	33	23
S_{11} −:	131	33	021	00	2133		021	00	22
S_{12} +:	022	0	2122	3	032	0	2122	3	103
S_{13} +:	33	00	{1000	33	23	0	1000}	33	23
S_{14} −:	131	33	{1002	0	312	3	1002}	00	22
S_{15} +:	022	0	{23011		1211		23011}	3	103
S_{16} +:	33	0000	{10	3	2333	00	10}	333	23
S_{17} −:	131	333	{021	0	2331	3	021}	000	22
S_{18} +:	022	00	{2122		10322		2122}	33	103
S_{19} +:	33	000	{1000	33	23	0	1000}	333	23

Mit S_{13} beginnt sich ein neues Kernensemble mit einer Periode der Länge l = 6 herauszubilden. Seine Kerne weisen zwar die gleichen Markierungen auf wie das ursprüngliche Ensemble, in ihrem jeweiligen Zentrum steht aber jetzt nicht mehr die zugehörige Komplementärmarkierung! Bei genauerem Hinsehen erkennt man freilich, dass im Zentrum jedes Kerns doch Komplementärmarkierungen stehen, jedoch sind diese gleichsam um drei Positionen nach oben verschoben, so als ob sie durch das Ensemble hindurchrotieren wollten: Zwischen den Markierungen 1000 steht nicht die Komplementärmarkierung 2333, sondern 23, der Komplementärkern zu 10; zwischen den Markierungen 1002 steht nicht die Komplementärmarkierung 2331, sondern 312, der Komplementärkern zu 021, usw.

Es folgen noch zwei Beispiele zur Einfügung und zum Austausch von «Nukleotiden» in Kernen.

Wir nehmen wieder unser Kernensemble mit den sechs Kernen $\{1000\}$, $\{1002\}$, $\{2(g-1)01(g-3)\}$, $\{10\}$, $\{021\}$, $\{21(g-2)(g-2)\}$ und fügen z. B. in S_7 an den Kern $\{1000\}$ eine 2 an:

S_7 +:	33	0	10002	3	23
S_8 −:	131	33	001	00	22
S_9 +:	022	0	2002	3	103
S_{10} +:	33	0000	10	33	23
S_{11} −:	131	33	0111	00	22
S_{12} +:	022	0	2020332	3	103
S_{13} +:	33	00	10300	33	23
S_{14} −:	131	33	11202	00	22
S_{15} +:	022	0	230311	3	103
S_{16} +:	33	000	$\{1000\}$	333	23
S_{17} −:	131	3333	$\{1002\}$	0000	22
S_{18} +:	022	00	$\{23011\}$	33	103
S_{19} +:	33	00000	$\{10\}$	3333	23
S_{20} −:	131	3333	$\{021\}$	0000	22
S_{21} +:	022	000	$\{2122\}$	333	103

S_{22} +:	33	0000	$\{1000\}$	3333	103

Mit S_{22} hat sich das Ensemble vollständig restauriert, überholt aber das ursprüngliche Ensemble um eine repetitive Sequenz.

Und nun noch ein «Nukleotid»-Austausch. Wir tauschen in S_7 die zweite Null im Kern $\{1000\}$ durch eine 1 aus:

S_7 +:	33	0	1010	3	23
S_8 −:	131	3	1112	0	22
S_9 +:	022		30001		103
S_{10} +:	33	0	$\{00010\}$	3	23
S_{11} −:	131		$\{301011\}$	0	22
S_{12} +:	022		$\{203032\}$		103
S_{13} +:	33		$\{100000\}$	3	23

S_{14} –:	131	{100002}	0	22
S_{15} +:	022	{2300011}	103	
S_{16} +:	33 00	{00010}	33	23

Im Ergebnis erhalten wir ein neues Kernensemble mit einer Periode der Länge l = 6 und e = 2, das einer neuen Struktur des Typs PER entspricht.

So weit zu «Punktmutationen».

Wir könnten solche Experimente für noch andere Kernensembles, andere Basen, andere Modi und andere Punktmutationen durchführen und würden uns so überzeugen, dass Punktmutationen in Kernensembles grundsätzlich drei verschiedene Auswirkungen haben können: 1. Das Ensemble restauriert sich, gegebenenfalls mit leichten Veränderungen in den externen repetitiven Sequenzen, 2. es verändert sich, wird ein neues Ensemble, und 3. es löst sich als Ensemble auf.

Nicht anders stehen die Dinge bei «Chromosomen-Mutationen». In der Molekularbiologie versteht man darunter Veränderungen in der linearen Anordnung der Gene in einem Chromosom. Dem entspräche bei uns eine Veränderung der Anordnung der Kerne in einem Kernensemble. Dies kann z. B. dadurch erfolgen, dass ein Kern durch ein Ensemble «hindurchrotiert». Solche Experimente habe ich bei anderer Gelegenheit ausführlich beschrieben; der interessierte Leser sei auf die Quelle verwiesen.[13]

Gewiss lassen sich noch andere strukturelle Ähnlichkeiten zwischen Kernen und Genen finden. Und es ist schon verblüffend, dass diese Ähnlichkeiten zwischen so grundverschiedenen Domänen wie dem Reich der Zahlen und dem der Biomoleküle überhaupt bestehen. Ihre unbezweifelbare Existenz aber wirft die Frage nach ihrem Woher auf: Gibt es einen gemeinsamen Hintergrund, auf dem diese Ähnlichkeiten erwachsen? Was haben der

Palindromisierungsprozess und der genetische Prozess *als Prozesse* gemeinsam? Diese Frage ist mindestens so wichtig wie die nach funktionellen Ähnlichkeiten zwischen Kernen und Genen, Kernensembles und Chromosomen. Wenn es Gemeinsamkeiten zwischen Palindromisierungs- und genetischen Prozessen gibt, dann kann man erwarten, dass auch die durch sie erzeugten Strukturen Ähnlichkeiten zeigen. So könnte man z. B. ausgehend von den Erfahrungen mit Palindromisierungsprozessen an die Molekularbiologie Fragen richten wie:

1. Wir haben strukturgleiche Kerne bei unterschiedlichen Modi kennen gelernt. Entspricht ihnen etwas in der Molekularbiologie?
2. Wir haben strukturgleiche Kerne bei unterschiedlichen Startzahlen angetroffen. Entspricht ihnen etwas in der Molekularbiologie?
3. Wir haben Strukturen vom gleichen Typ und mit gleichen Kernensembles kennen gelernt, die partiell basisunabhängig sind. Könnte das darauf deuten, dass auch Organismen mit gleichen Genomen, aber für Basen g > 4 möglich sind, d. h. Organismen, deren genetischer Code nicht auf vier Nukleotide beschränkt ist?

Repetitive Sequenzen

Das Thema «Repetitive Sequenzen» beschäftigt die Molekularbiologie seit Mitte der sechziger Jahre des 20. Jahrhunderts.

1964 entdeckten Roy J. Britten, der seinerzeitige Leiter der Abteilung für Erdmagnetismus der Carnegie Institution in Washington, und sein Mitarbeiter David E. Kohne in der DNS von Mäusegeweben sich wiederholende Segmente, die etwa ein Zehntel der gesamten Maus-DNS ausmachen und aus ca. einer Million Kopien einer Sequenz von einigen dreihundert Basenpaaren bestehen.[14] In den Folgejahren wurden repetitive DNS-Segmente auch bei allen untersuchten höheren Arten von Organismen nachgewiesen. Sie nehmen 20 bis 80 Prozent der DNS im Zellkern ein. Das Genom des Menschen besteht zu mehr als 95 Prozent aus nicht Protein codierender DNS mit etwa 35 Prozent repetitiver Sequenzen.[15] Lange Zeit und zum Teil bis heute gab und gibt es keine vollständige Klarheit über ihre Funktion im Organismus. Ein großer Teil der repetitiven Sequenzen scheint keine genetische Funktion zu haben; sie gehören zu den 85 bis 90 Prozent der DNS, die zunächst als «Schrott» betrachtet wurden. Der Theorie des «egoistischen Gens» zufolge[16] besteht die einzige «Funktion» solcher DNS darin, im Genom zu überleben.[17] Ihre weite Verbreitung, ihre Fortdauer über Millionen von Jahren der Evolution und der beobachtete Fakt, dass zumindest einige von ihnen in RNS transkribiert werden, lassen jedoch vermuten, dass sie eine wichtige Funktion innerhalb der Zelle und für das Überleben des Organismus spielen.

Britten und Kohne vermuteten 1970, dass repetitive Sequenzen eine organisatorische oder regulatorische Funktion im Zellgeschehen haben.[18] Spätere Überlegungen gehen in die Richtung, ob repetitive Sequenzen vielleicht mit der Organisation und Stabilisierung von Chromosomenstrukturen in Zusammenhang stehen.[19]

In Abhängigkeit von der Zahl der Nukleotid-Repetitionen und der Art und Weise, wie sie in der DNS angeordnet sind, lassen sich verschiedene Klassen repetitiver Sequenzen unterscheiden:[20]

1. Tandemartig repetitive Sequenzen

- Satelliten-DNS: höchst- und hochrepetitive Sequenzen. Die Repetitionseinheiten können bis zu hundert Basenpaare umfassen. Sie treten in großen Clustern auf.
- Minisatelliten-Sequenzen: Sie umfassen bis zu fünfzehn Basenpaare.
- Mikrosatelliten-Sequenzen: mäßig- bis niedrigrepetitive Sequenzen; sie bestehen aus kurzen (zwei bis fünf Basenpaare) Nukleotid-Repetitionen.

Satelliten-DNS sind nach neueren Erkenntnissen ausschließlich nichtcodierende DNS. Sie bestehen zudem aus direkten Repetitionen, d. h., die Repetitionseinheiten folgen direkt aufeinander, z. B.:

-AAGAG-AAGAG-AAGAG-AAGAG-
-TT CTC- TT CTC- TT CTC- TT CTC-

Als direkte Repetitionen gelten auch noch solche Sequenzen, in denen sich zwischen den Repetitionseinheiten noch andere, singuläre Nukleotidsequenzen (N) befinden, z. B.:

-AAGAG-NNNNN-AAGAG-NNNNNNNN-AAGAG-NNNNNNN-AAGAG-
-TT CTC-NNNNN- TT CTC-NNNNNNNN- TT CTC-NNNNNNN- TT CTC-

Über Mikrosatelliten-DNS ist inzwischen bekannt, dass sie eine extrem hohe Mutationsrate haben; das lässt sie für die Evolution besonders bedeutsam erscheinen: «Wenn sich derart kurze DNA-Stücke wie die Waggons eines Zuges aneinander reihen, können extrem leicht Mutationen auftreten – und ebendas macht Mikrosatelliten-DNA für die Evolution so wichtig.»[21] In der

menschlichen DNS könnten sie Überbleibsel von Evolutionsprozessen sein, die auf die gegenwärtigen Menschen hingeführt haben. Anhand von Mikrosatelliten-DNS lernt man heute auch,
neurologische Konditionen zu diagnostizieren. Der Fakt, dass
die Länge von Mikrosatelliten-DNS von Person zu Person variiert, liegt der Methode des «Fingerabdrucks» zugrunde, mit der
Verbrecher überführt oder Vaterschaften ermittelt werden können.[22]

2. Inverse Repetitionen

Bei ihnen folgen komplementäre Repetitionseinheiten in umgekehrter Anordnung aufeinander. Auch hier sind wie bei den direkten Repetitionen zwei Fälle möglich:

- Die gegenläufigen Sequenzbereiche sind lückenlos angeordnet, z. B.:

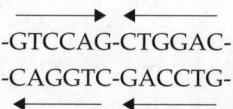

-GTCCAG-CTGGAC-
-CAGGTC-GACCTG-

- Die gegenläufigen Sequenzbereiche sind durch singuläre Nukleotidsequenzen getrennt, z. B.:

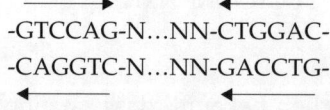

-GTCCAG-N…NN-CTGGAC-
-CAGGTC-N…NN-GACCTG-

Letztere unterscheiden sich von palindromischen Strukturen dadurch, dass hier die sequenzielle inverse Anordnung zugleich
eine komplementäre ist. Eine Palindromstruktur hingegen läge in
obigem Beispiel dann vor, wenn die Anordnung

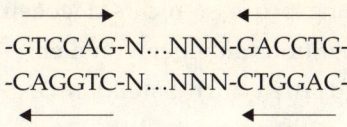

```
-GTCCAG-N…NNN-GACCTG-
-CAGGTC-N…NNN-CTGGAC-
```

gegeben wäre.

3. «Transposable elements»

Das sind mäßigrepetitive Sequenzen, die in der DNS in unregelmäßiger Weise verstreut vorkommen und mobil sind. Das kürzlich entschlüsselte Chromosom 22 des Menschen besteht z. B. zu 41,9 Prozent aus tandemartigen und verstreuten repetitiven Sequenzfamilien.[23]

Repetitive Sequenzen kommen sowohl außerhalb als auch innerhalb von Genen vor. Gene, deren Codierungssequenz vollständig oder in Teilbereichen aus repetitiven Domänen besteht, werden als periodische oder *intern-repetitive* Gene bezeichnet.[24]

Vergleicht man den heutigen Stand des Wissens über repetitive DNS-Sequenzen mit unseren Beobachtungen des Auftretens repetitiver Sequenzen in Palindromisierungsprozessen, so springen eine Reihe von strukturellen Ähnlichkeiten ins Auge.

So gibt es eine weit gehende Übereinstimmung zwischen den Klassen von repetitiven Sequenzen, die als Nukleotid-Sequenzen in DNS vorkommen, und denen, die wir als Zahlensequenzen in Palindromisierungsprozessen antreffen.

Die Einteilung der repetitiven DNS-Sequenzen in Satelliten- ($\approx$ 100 Bp), Mini- ($\approx$ 15 Bp) und Mikrosatelliten-DNS (2–5 Bp) ließe sich formal auch für Palindromisierungsprozesse durchführen, wenn sie durch inhaltliche Gesichtspunkte nahe gelegt würde, denn wir konnten Beispiele anführen, in denen die Länge der Repetitionseinheiten von 1 (einstellige repetitive Sequenzen) bis in die Größenordnung von 100 (vgl. Grafik 15) reichte. So wie im Bereich der Palindromisierungsprozesse nichts dagegen spricht, dass auch noch größere Repetitionseinheiten von mehreren hundert Ziffern möglich sind, dürften auch Satelliten-DNS mit mehreren hundert Basenpaaren nicht grundsätzlich unmöglich sein.

Repetitive Sequenzen in Palindromisierungsprozessen können – wie Satelliten-DNS – lückenlos tandemartig aufeinander folgen. Von dieser Art sind in Strukturen des Typs PER die einstelligen oder auch mehrstelligen vertikalen repetitiven Sequenzen links und rechts vom Kern. Diejenigen direkten Repetitionen hingegen, die zwischen sich noch andere, singuläre Nukleotidsequenzen zu stehen haben, finden wir in ausgeprägter Weise wiedergegeben in Strukturen des Typs SIER. Betrachten wir z. B. Grafik 47. In ihr kommen die Sequenzen 10890 sowohl als direkte lückenlose tandemartige repetitive Sequenzen vor (in S_{28}, S_{84}, S_{196}, …) wie auch als direkte tandemartige, die aber durch Nullen voneinander getrennt sind.

In Grafik 15 haben wir eine 98-stellige Repetitionseinheit kennen gelernt mit der Gestalt

$$R_s = R_d = [(8_2\ 010\ 8_{44})(0_2\ 878\ 0_{44})].$$

Sie ist – wie man sieht – in sich komplementär strukturiert. Möglicherweise gibt es auch in DNS solche in sich komplementäre Repeats, die tandemartig aufeinander folgen?

Wir haben einstellige und mehrstellige repetitive Sequenzen beschrieben, die vom Kern aus gesehen komplementär zueinander sind, aber auch solche, die beidseitig vom Kern gleich sind, und zwar entweder als Nullen oder als (g – 1)-Sequenzen, sofern es sich um einstellige handelt. Ob in DNS ähnliche Gegebenheiten anzutreffen sind, wäre zu prüfen.

Hingegen ist erwiesen, dass es sowohl in DNS als auch in Strukturen, die durch Palindromisierung entstehen, in Bezug auf den genetisch aktiven Bereich bzw. den Kern extern-repetitive und intern-repetitive Sequenzen gibt.

In Individuen ein und derselben Art existieren nicht selten mehrere verschiedene Satelliten-DNS. So konnten z. B. in der DNS von *Drosophila virilis* drei verschiedene solcher repetitiven Sequenzen separiert werden: -A-C-A-A-A-C-T-, A-T-A-A-A-C-T- und A-C-A-A-A-T-T-.[25] In Strukturen des Typs PER entsprechen ihnen die multiplen repetitiven Sequenzen (vgl. Kapitel 1, «Repetitive Sequenzen»).

Das Pendant zu «transposable elements», zu verstreuten repetitiven DNS-Sequenzen, könnten wir in Palindromisierungsprozessen darin erblicken, dass in chaotischen Strukturen in unregelmäßiger Weise Gebiete mit (einstelligen oder mehrstelligen vertikalen) repetitiven Sequenzen eingelagert sein können.

Inverse Repetitionen haben wir in Palindromisierungsprozessen bisher noch nicht gesichtet. Es dürfte jedoch nur eine Frage weiterer Experimente oder auch nur gründlicherer Durchsicht des bereits vorliegenden reichhaltigen Materials sein, um auch sie zu finden.

Andererseits haben wir bei Palindromisierungsprozessen außer einstelligen und mehrstelligen vertikalen sowie multiplen repetitiven Sequenzen auch schräge und doppelt repetitive Sequenzen gefunden, von denen mir nicht bekannt ist, ob und was ihnen in DNS-Sequenzen entspricht. Hingegen sind möglicherweise repetitive Sequenzen der besonderen Art, d. h. (nach außen oder innen) gekrümmte, geknickte, verbogene, verwackelte, alternierende und unterbrochene repetitive Sequenzen, eine Spezifik von Strukturen, die in Palindromisierungsprozessen entstehen.

Ist die Frage nach der *Funktion* von repetitiven DNS-Sequenzen noch weit gehend ungeklärt, so gilt dies in noch weit höherem Maße für die Frage nach ihrem *Ursprung*. Die Literatur zu repetitiven DNS-Sequenzen vermerkt an dieser Stelle gewöhnlich – soweit in ihr diese Frage überhaupt aufgeworfen wird –, dass es sich hierbei um ein überaus rätselhaftes Phänomen handelt; manche Autoren sprechen sogar von «mysteriösen Sequenzen».[26] Es gibt jedoch Gründe, die vermuten lassen, dass die Anzahl an repetitiven Sequenzen in einem Zusammenhang steht mit dem Evolutionsalter der betreffenden DNS, sodass «Arten, die sich langsamer entwickeln, größere Mengen an repetitiven Sequenzen akkumulieren können».[27]

In Palindromisierungsprozessen, die den Strukturtyp PER erzeugen, wird uns dieses Phänomen sozusagen in reiner Form vorgeführt: Von Periode zu Periode, mitunter auch erst nach einigen Perioden, erhöht sich die Anzahl der repetitiven Sequenzen um jeweils eine. Je länger der Prozess bereits dauert, desto größer ist die Menge der schon akkumulierten repetitiven Sequenzen, oder anders gesagt: *Je höher das «palindromische Alter» der betreffenden Struktur, desto mehr repetitive Sequenzen lagern sich links und rechts vom Kern an.*

Im Umgang mit Zahlen sind wir nicht verpflichtet, nach Funktion und Ursprung von repetitiven Sequenzen in Palindromisierungsprozessen, nach dem Wozu ihrer Existenz und dem Warum ihrer Entstehung zu fragen. Wir definieren den Prozess, lassen ihn nach der vorgegebenen Regel ablaufen und beobachten, *dass* in ihm Kern, repetitive Sequenzen, *OT*-Sequenzen oder noch andere Muster entstehen. Zugegeben, wundersam mutet es schon an zu sehen, wie sich auf dem Monitor des Computers eine überaus regelmäßige und periodische Struktur, ein Sierpinski, eine Similarität oder gar eine Verborgene Similarität aufbaut. Mystisch ist der Prozess aber keineswegs. Sein Geheimnis heißt *Iteration.* Die Regel erzeugt ein Ergebnis, auf das sie abermals angewandt wird, usw. Jede Evolution beruht letztlich auf Iteration. Vielfache Wiederholung der Regel *kann* (muss aber nicht) bewirken, dass auch im Ergebnis repetitive Phänomene auftreten. Womit wir aber nicht viel weiter gekommen sind, denn es bleibt die Frage: Wovon hängt es ab, dass bei der einen Regel der Repetitionseffekt eintritt, bei einer anderen jedoch nicht? Und wie lautet die Regel für die DNS? Und wer gibt sie vor?

OT-Muster und Telomere

In der Molekularbiologie wird als *Origin* jene Stelle einer DNS-Sequenz bezeichnet, an der die DNS-Synthese eingeleitet wird, während der *Terminator* den Ort markiert, an dem die Synthese endet.[28] Der Abschnitt vom Origin bis zum Terminator wird «Replikon» genannt. Das ist ein etwas anderer Gebrauch der Begriffe «Origin» und «Terminator» als bei uns. Wir betrachten den Kern einer Struktur vom Typ PER als jenen Abschnitt, welcher der Transkriptionseinheit Gen entspricht. An Grundkernen sind aber keine ausgezeichneten Abschnitte vorhanden, ab denen der Kern beginnt bzw. an denen er endet. Solche Abschnitte treten nur bei zusammengesetzten Kernen auf; bei ihnen sind es die Markierungen, die im Sinne der Molekularbiologie als Origin und Terminator infrage kämen. Einem Chromosom, auf dem mehrere Gene aneinander gereiht sind, entsprach bei uns ein Kernmuster, das mehrere Kerne umfasst. Im Sinne der Molekularbiologie sind Origin und Terminator Sequenzabschnitte, die jeweils auf ein einziges Gen als Transkriptionseinheit bezogen sind. Die Endabschnitte eines Chromosomes hingegen sind die Telomere.[29] Bei uns beziehen sich Origin und Terminator ebenfalls auf eine einzige Sequenz, die jedoch sowohl den Kern als auch die ihn umschließenden repetitiven Sequenzen umfasst. Was in der Molekularbiologie die *Telomere* sind, ist bei uns demzufolge ein *OT-Muster*.

So wie die Individualität einer Struktur vom Typ PER nicht durch einen einzelnen Kern allein, sondern durch ein mehrere Kerne umfassendes Kernmuster bzw. durch das gesamte Kernensemble bestimmt wird, sind es nicht die auf eine einzige Sequenz bezogenen *OT*-Sequenzen allein, die zu dem individuellen Erscheinungsbild der Struktur beitragen, sondern immer das mehrere *OT*-Sequenzen umfassende *OT*-Muster bzw. das gesamte *OT*-Ensemble.

In der Molekularbiologie wird vermutet, dass Telomere eine die Chromosomen stabilisierende Funktion haben.[30] Man sieht in ihnen «die schützenden Enden der DNS-Stränge», die «Schutzkappen gegen Enzymschäden».[31] Chromosomen sind demzufolge nur dann stabil, wenn ihre Enden intakt sind. Bei Strukturen des Typs PER beobachten wir etwas Ähnliches. *OT*-Muster bilden sich nicht selten schon etwas früher aus als das Kernmuster. Wir haben noch keinen einzigen Fall beobachtet, in dem sich ein Kernensemble mit externen repetitiven Sequenzen bereits herausgebildet hätte, ohne dass ein *OT*-Muster vorhanden ist. Der Prozess läuft vielmehr in der umgekehrten Richtung ab: Zuerst entsteht ein *OT*-Muster, dann folgen repetitive Sequenzen und Kernmuster. Im Grenzfall können *OT*-Muster, repetitive Sequenzen und Kernmuster auch mehr oder weniger gleichzeitig entstehen, indes vermutlich nicht in der Reihenfolge Kernmuster → repetitive Sequenzen → *OT*-Muster.

Wenn wir den Ablauf eines Palindromisierungsprozesses verfolgen und stellen ein *OT*-Muster am Rande der Struktur fest, während in ihrem Innern Chaos herrscht und weder repetitive Sequenzen noch Ansätze eines Kernmusters sichtbar sind, so kann es freilich passieren, dass das Chaos das *OT*-Muster wieder zerstört und sich überhaupt kein Kernmuster mit externen repetitiven Sequenzen aufbaut. Gleiches kann sich ereignen, wenn ein schräger Kern, der von repetitiven Sequenzen umgeben ist, auf ein bereits ausgebildetes *OT*-Muster trifft; auch in diesem Fall kann die Schnittstelle von *OT*-Muster und schrägem Kernmuster der Beginn von Chaos sein. Haben wir jedoch ein *OT*-Muster, unter dem sich bereits repetitive Sequenzen zeigen, und herrscht nur noch im Zentrum Chaos, so besteht eine gewisse Wahrscheinlichkeit, dass sich bei Fortschreiten des Prozesses im Zentrum der Struktur ein Kernmuster herausbilden wird. Genauer gesagt: *Das Vorhandensein eines OT-Musters scheint eine notwendige, jedoch keine hinreichende Bedingung für das Auftreten eines Kernmusters zu sein.* Hinreichend ist die Bedingung deshalb nicht, weil – wie wir zeigen konnten – auch der Strukturtyp «Chaos mit repetitiven Sequenzen» möglich ist, der ja immer auch ein *OT*-Muster enthält (vgl. Kapitel 4, «Chaos mit Inseln der Ordnung»).

Ein nicht zu übersehender Unterschied zwischen Telomeren in der Molekularbiologie und *OT*-Mustern in Palindromisierungsprozessen besteht darin, dass Telomere lineare Sequenzabschnitte sind, während *OT*-Muster zweidimensionale Gebilde sind, die in Richtung der Sequenz- und der Zeitachse existieren. In dieser Hinsicht ähneln *OT*-Muster mehr der Begrenzung eines zwei- oder dreidimensionalen Objekts als der einer linearen Sequenz. Ein *OT*-Muster hüllt eine Struktur vom Typ PER, d. h. ihren Kern und die repetitiven Sequenzen, so ein wie die Zellwand das Zellinnere, d. h. den Zellkern und das Zytoplasma.

Aus der Zellbiologie könnte sich auf den ersten Blick noch ein anderer Vergleich aufdrängen: Ein Grenzfall von Strukturen des Typs PER sind diejenigen Strukturen, die keinen Kern, sondern nur repetitive Sequenzen enthalten, die durch *OT*-Muster begrenzt werden. Der Strukturtyp «Nur repetitive Sequenzen» (vgl. Kapitel 1) existiert in drei Ausprägungen: mit einstelligen, mehrstelligen vertikalen und doppelt repetitiven Sequenzen. Der erste Subtyp tritt seinerseits in zwei Formen auf: Die *OT*-Muster begrenzen ein Kontinuum von lauter Nullen oder von $(g-1)$-Sequenzen. Diesem Strukturtyp – so könnte es scheinen – entsprechen auf der Ebene ein- und mehrzelliger Organismen die Prokaryonten. Das sind Organismen (u. a. Bakterien, Blaualgen, Viren), deren Zellen keinen durch eine Kernmembran vom Zytoplasma abgegrenzten Kern enthalten, während Eukaryonten aus Zellen mit Zellkern bestehen. Indes weist das Zellinnere der Prokaryonten keineswegs *nur* repetitive Sequenzen auf, sodass keine vollständige strukturelle Ähnlichkeit im Aufbau von Prokaryonten und Strukturen des Typs «Nur repetitive Sequenzen» gegeben ist.

Kapitel 13: Schlussbetrachtungen

«Wenn wir an manchen Stellen bei einzelnen Gegenständen verweilen und uns in Probleme vertiefen, die mit dem Gang der Darstellung nur eine lose Beziehung aufweisen, so geschieht das nicht aus einem Hang zur Weitschweifigkeit und Ausführlichkeit. Vielmehr möchten wir den Leser von der Langeweile fern halten; denn wenn die Untersuchung lange bei einem einzigen Gegenstand verweilt, führt das zum Überdruss und zur Ungeduld. Wechselt sie aber von einem Gebiet zum anderen, so befindet sich der Leser in der Lage eines Mannes, der durch Gärten spazieren geht. Er hat kaum einen durchschritten, da taucht schon ein anderer vor ihm auf und erweckt die Neugier und das Verlangen, ihn auch zu sehen.»[1]

Dies ist ein Ratschlag, den der islamische Gelehrte Al-Biruni schon vor etwa tausend Jahren vorsorglich an künftige Autoren gegeben hat, weil er wusste, was beim Leser gut ankommt. Im Sinne dieses weisen Rates möchte ich Sie einladen, in diesem letzten Kapitel noch durch einige Gärten der Wissenschaft zu streifen oder wenigstens über den Zaun hinweg, der die wissenschaftlichen Disziplinen auch heute noch voneinander trennt, ein paar Blicke zu riskieren, um zu sehen, ob die Problematik der Strukturbildung durch Palindromisierung auch in sie ausstrahlt. Neben der Theorie zellulärer Automaten und der Molekulargenetik sollen in diesem abschließenden Kapitel einige Themen aus der Theorie struktureller Information, der Kristallographie und Festkörperphysik sowie der Kosmologie anklingen.

301

Strukturelle Information

Unter rein strukturellem Gesichtspunkt kann eine beliebige Zeichenkette als potenzieller Informationsträger aufgefasst werden. Im Anschluss an Werner Ebeling, Jan Freund und Frank Schweitzer wird als *strukturelle Information* diejenige Information bezeichnet, «die mit einer vorliegenden (materiellen) Struktur zu einer bestimmten Zeit an einem bestimmten Ort gegeben ist».[2] Die Autoren verwenden dafür auch den Begriff der gebundenen Information, den sie von dem der freien Information unterscheiden: «Gebundene Information liegt grundsätzlich in jedem physikalischen System vor – sie existiert einfach.»[3]

Meines Erachtens gibt es keinen Grund dafür, dass dieser Begriff der strukturellen oder gebundenen Information nur auf materielle Strukturen oder gar nur auf physikalische Systeme anwendbar sein sollte. Wenn Information, der Auffassung von Ebeling, Freund und Schweitzer folgend, «jegliche nicht zufällige, räumliche oder zeitliche Struktur»[4] ist, dann gilt dies umso mehr für strukturelle Information.

Gebundene Information ist jedoch keine eigentliche Information im Sinne der klassischen Informationstheorie. Gebundene oder strukturelle Information dient keinerlei Zweck; sie repräsentiert sich selbst und ist eine unmittelbare Eigenschaft des betrachteten Systems, mit dessen Struktur sie untrennbar verbunden ist. Freie Information hingegen ist funktionale Information; sie ist stets Teil einer Beziehung zwischen Sender und Empfänger; sie ist symbolische Information, denn sie setzt voraus, dass Sender und Empfänger diese Symbole erzeugen und verstehen können.[5]

Zeichenketten, Zahlensequenzen, wie sie in Palindromisierungsprozessen entstehen, haben keine Codierfunktion; sie enthalten keine funktionelle Information wie genetisch aktive DNS-Abschnitte, deren Empfänger Protein synthetisierende Moleküle sind. Sie sind vielmehr reine strukturelle Information, die unabhängig von einem Empfänger existiert, der sie versteht und dessen Verhalten von ihr beeinflusst und gesteuert wird. Mit anderen Worten: Strukturelle Information ist einfach Struktur. Immer wenn in einem Palindromisierungsprozess eine geordnete Struktur entsteht, kann sie als strukturelle Information verstanden werden. Insofern *wir* die Empfänger dieser Information sind, erhält sie sogar einen semantischen Aspekt, denn sie sagt uns zumindest etwas darüber aus, welchem Strukturtyp die betreffende Struktur angehört.

Im Folgenden soll es nun nicht darum gehen, welchen Informationsgehalt oder welche Entropie im Sinne der klassischen Informationstheorie Sequenzen haben, die in Palindromisierungsprozessen entstehen. Vielmehr interessieren uns die Wege, die Art und Weise, wie Strukturen, also strukturelle Information, in Palindromisierungsprozessen übertragen bzw. reproduziert werden. Unsere Beobachtungen lassen uns zwei solcher Wege erkennen – die identische und die similare Reproduktion.

I. Identische Reproduktion

Identische Reproduktion struktureller Information ist in Strukturen des Typs PER gegeben. Sie erstreckt sich auf jeden der drei Strukturbestandteile dieses Typs – den Kern, die repetitiven Sequenzen und die *OT*-Sequenzen.

Das Kernensemble besteht aus einer Menge von p_l-Kernen, wobei p_l die Länge der Periode ist. Als raumzeitliches Muster wird das Kernensemble von Periode zu Periode identisch, und zwar nur in der zeitlichen Dimension, reproduziert. Dies impliziert, dass jeder einzelne Kern – als sequenzielles Arrangement von Zahlen < g – von Periode zu Periode identisch reproduziert wird.

Anders bei den repetitiven Sequenzen. Auch sie werden als raumzeitliche Struktur, als strukturelle Information, von Periode zu Periode identisch reproduziert. Außerdem aber wächst ihre Anzahl von Periode zu Periode um den Betrag e, der einer Reproduktion der jeweiligen Repetitionseinheit in der sequenziellen Dimension entspricht.

Die *OT*-Sequenzen schließlich werden insofern wie die Kerne reproduziert, als sie identisch von Periode zu Periode übertragen werden. Von den Kernen unterscheiden sie sich jedoch dadurch, dass sie nicht nur in der zeitlichen, sondern in der raumzeitlichen Dimension übertragen werden.

Aus jetziger Sicht lässt sich die im vorigen Kapitel erörterte strukturelle Ähnlichkeit der Reproduktion von Strukturen des Typs PER mit DNS-Sequenzen nun weiter vertiefen. DNS-Sequenzen werden von Generation zu Generation identisch reproduziert, also in der Zeit übertragen. Sie werden überdies zugleich in allen Zellen des betreffenden Organismus reproduziert, d. h. in den drei Raumdimensionen und in N-facher Ausfertigung, wenn N die Anzahl der Zellen bezeichnet, aus denen sich der Organismus aufbaut. Beim Strukturtyp PER wird die strukturelle Information des Kernensembles ebenfalls von Periode zu Periode übertragen, jedoch wird der Kern nur *einmal* reproduziert, nämlich an der gleichen Stelle im sequenziellen Arrangement wie sein zeitlicher Vorgänger. Dies gilt sowohl für den Typ PER mit der Struktur $OR_s\{C\}R_dT$ als auch für die Sonderfälle, in denen unter den *OT*-Sequenzen nur Nullen oder (g − 1) stehen, sowie für Kreisläufer, bei denen e = 0 ist.

2. Similare Reproduktion

Similare Reproduktion struktureller Information ist in Strukturen des Typs SIM gegeben. Sie bezieht sich auf die jeweilige Figur (Dreieck, Rhombus u. a.), die in diesem Palindromisierungsprozess reproduziert wird.

Die strukturelle Information (Dreieck, Rhombus u. a.) wird hier nicht identisch von Figurenebene zu Figurenebene übertragen, sondern mit einem Skalierungsfaktor, der > 1 ist. Bei dieser Art der Übertragung struktureller Information wird die jeweilige Figur beim Fortschreiten von einer Figurenebene zur nächsten in der raumzeitlichen Dimension *einfach* reproduziert.

An Strukturen des Typs SIM, in denen außer den Figuren, die *similar* übertragen werden, noch andere Muster vorkommen, die von Figurenebene zu Figurenebene *identisch* reproduziert werden, wird ersichtlich, dass die Übertragung struktureller Information in ein und demselben Palindromisierungsprozess *sowohl identisch als auch similar* erfolgen kann.

Die identische Reproduktion der zentralen Zusatzfiguren erhält deren Position in der sequenziellen Dimension. Überhaupt bleibt – rein topologisch gesehen – die Position der Zusatzfiguren in der Gesamtstruktur erhalten: Die «Spitzenfigur» bleibt an der Spitze des Dreiecks bzw. im Zentrum der Figur, die «Eckfiguren» bleiben an den Ecken. Aufgrund des similaren Charakters der Reproduktion der Gesamtstruktur rücken die «Eckfiguren» in der sequenziellen Dimension jedoch immer weiter auseinander, d. h., sie werden letzten Endes nicht nur rein zeitlich, sondern raumzeitlich reproduziert. Bei hinreichend großer Zykluslänge werden sie überdies zu neuen *OT*-Sequenzen; sie sind gewissermaßen verborgene *OT*-Sequenzen. Analog gilt für die «Spitzenfiguren», dass sie bei hinreichend hoher Schrittfolge als verborgene Kerne erscheinen.

Identisch und raumzeitlich werden auch die schrägen Kerne reproduziert, welche die similar übertragenen Figuren bilden bzw. voneinander trennen. Als schräge Kerne, die sich entweder in Richtung Zentrum oder in Richtung Peripherie bewegen, sind sie jedoch immer nur von temporärer Dauer.

Von besonderem Interesse sind in diesem Zusammenhang die Strukturen vom Typ HSIM. In ihnen werden zwei oder mehr strukturelle Informationen gleichzeitig similar übertragen. In der Normaldarstellung sieht man ihnen dies in der Regel nicht unmittelbar an; sie zeigt lediglich aufeinander folgende similare Dreiecke. Erst wenn man die Höhen der Dreiecke näher betrachtet, fällt auf, dass die Zahlenfolgen sich nicht aus der Multiplikation mit einem Skalierungsfaktor ergeben, sondern dass sie aus zwei oder mehreren ineinander geschachtelten Zahlenfolgen bestehen, deren jede ihren Skalierungsfaktor hat. Bei größeren Zykluslängen (acht- bis sechzehnfache Moduslänge) kann es überdies vorkommen, dass sich gegenüber der Normaldarstellung neue Strukturen zeigen, die ihrerseits similar reproduziert werden.

3. Fraktale Reproduktion

An dem SIM-Typ, der mit Zusatzfiguren ausgestattet ist, die identisch reproduziert werden, zeigte sich schon, dass similare und identische Reproduktion auch in ein und demselben Palindromisierungsprozess vorkommen können. Dabei werden die identisch reproduzierten «Eckfiguren» nicht – wie im Typ PER – nur zeitlich von einer Figurenebene zur nächsten übertragen, während sie in der sequenziellen Dimension dieselbe Stelle einnehmen, sondern sie verändern auch ihre räumliche Position. Allerdings nicht topologisch.

Was den Strukturtyp SIER angeht, so überträgt auch er strukturelle Information sowohl similar als auch identisch. Das zentrale Null-Loch wird similar mit dem Skalierungsfaktor 2 übertragen; die similare Reproduktion ist einfach, d. h., *ein* Null-Loch wird als *ein* similares Null-Loch auf der nächsten Hierarchieebene reproduziert. Zugleich aber wird es auch identisch übertragen, und zwar raumzeitlich und in doppelter Ausfertigung. Letzteres Prinzip – doppelte identische Reproduktion in beiden Dimensionen – ist das Grundprinzip der fraktalen Reproduktion: Die gesamte Grundzelle der Struktur wird – wie jede ihrer Zellen – doppelt reproduziert, und zwar so, dass beide Reproduktionen durch ein Null-Loch verbunden sind und dadurch die jeweils nächste Hierarchieebene bilden. Für die schrägen Kerne und die *OT*-Sequenzen, die in Strukturen des Typs SIER vorkommen, gilt das Gleiche wie im Fall der bereits besprochenen Strukturtypen.

Kristallstrukturen

Der Strukturtyp PER zeigte strukturelle Ähnlichkeit mit DNS-Strukturen und hat uns in die Molekulargenetik geführt. Von ihm aus weist jedoch auch ein Weg in die Kristallographie. Dieser geht von dem Typ PER/NET aus, von den Netz- oder Gitterstrukturen, insbesondere von denen, die nur aus doppelt repetitiven Sequenzen bestehen, wie die Grafiken 19 und 20 sie präsentieren. Sie zeigen jene Art von Symmetrie, die Hermann Weyl in seiner klassischen Arbeit über Symmetrie die «ornamentale oder kristallographische Symmetrie» nennt.[6] «Es ist die Art von Symmetrie», schreibt Weyl, «mit der sich in zwei Dimensionen die Kunst der Flächenornamentik befasst und die in drei Dimensionen die Anordnung der Atome im Kristall kennzeichnet.»[7]

Es scheint nun, als verweise uns auch der Strukturtyp SIM an die Kristallographie, an die Lehre von den Kristallstrukturen. Zumindest deutet ein Aufsatz des russischen Kristallographen A. V. Shubnikov in diese Richtung. Dieser Aufsatz wurde 1961 geschrieben und 1988 in dem Band *Crystal Symmetries. Shubnikov Centennial Papers* der Zeitschrift *Computers & Mathematics With Applications* nachgedruckt.[8]

Shubnikov stellt darin Strukturen vor, die sich durch sog. Ähnlichkeitssymmetrie (symmetry of similarity) auszeichnen. Während im klassischen Sinne Symmetrie gleiche Figuren oder Teile von Figuren voraussetzt, die entweder koinzidieren können oder spiegelsymmetrisch sind, lässt Ähnlichkeitssymmetrie auch solche Figuren zu, die durch eine multiplikative Operation auseinander hervorgehen, die jeden Teil in einen ähnlichen Teil transformiert.

Die einfachste Ähnlichkeitstransformation liegt dann vor, wenn alle ähnlichen Teile einer Figur parallel zueinander angeordnet sind, wobei die einzelnen Teile und die Abstände zwischen ihnen nach einem bestimmten Faktor n größer oder kleiner werden. In diesem Fall liegen die korrespondierenden Punkte der ähnlichen Teile auf geraden Linien. Shubnikov bezeichnet eine solche Konstruktion als *Operation K* und gibt als Beispiel die in Grafik 100a gezeigte Figur an.

Eine andere Struktur ergibt sich bei der von Shubnikov so genannten *Operation M.* Bei ihr hat man es mit zwei Mengen von similaren Objekten zu tun, die beide der Operation K unterliegen, jedoch so miteinander korrespondieren, dass die eine das genaue oder das similare Spiegelbild der anderen ist (Grafik 100b und c) oder beide in irgendeiner anderen Weise durch eine «Ähnlichkeitsachse» oder «-ebene» miteinander verbunden sind (Grafik 100d).

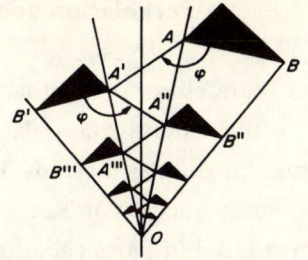

Grafik 100a: Beispiel einer Figur mit Ähnlichkeitssymmetrie K. Die Figur besteht aus einer unendlichen Menge von Dreiecken.

Grafik 100c: Allgemeine Methode zur Konstruktion einer Figur mit Ähnlichkeitssymmetrie M aus zwei gegebenen Teilen AB und A′ B′ mit spiegelbildlicher Ähnlichkeit.

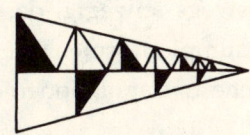

Grafik 100b: Spezialfall einer Figur mit Ähnlichkeitssymmetrie M.

Grafik 100d: Ein anderer Spezialfall einer Figur mit Ähnlichkeitssymmetrie M.

Aus diesen Abbildungen ersieht man, dass es sich in allen Fällen um Strukturen des Typs SIM handelt. Grafik 100a erinnert sogar auf den ersten Blick an eine Struktur vom Typ HSIM. Aufgrund des Konstruktionsprinzips können in der Folge der Grundlinien bzw. der Höhen der Dreiecke jedoch nicht mehrere Zahlenfolgen enthalten sein, sodass es sich um eine «reine» Similarität und nicht um eine oder mehrere verborgene in unserem Sinne handelt.

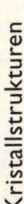

Kristallstrukturen

Perkolation und Supraleitfähigkeit

Benoit Mandelbrot bezieht sich in seiner *Fraktalen Geometrie der Natur* verschiedentlich auf Sachverhalte in der Natur und in der Technik, für die das Sierpinski-Gitter von Belang ist. So behauptet er, «dass (noch vor Koch, Peano und Sierpinski) dem von Gustave Eiffel in Paris gebauten Turm die Vorstellung von einer fraktalen Kurve voller Verzweigungspunkte innewohnt».[9] Der Eiffelturm besteht nicht aus massiven Trägern, sondern aus einem riesigen Stabwerk. Stabwerke aber können viel leichter gebaut werden als zylindrische Träger gleicher Festigkeit. Und Eiffel, so Mandelbrot, «wusste, dass Stabwerke, deren ‹Elemente› ihrerseits Substabwerke sind, noch weniger wiegen».[10] So ist es keineswegs abwegig, dass, wenn es um die Konstruktion von Weltraumplattformen mit möglichst geringem Gewicht geht, unendliche Extrapolationen des Eiffelturmschemas ins Spiel kommen.[11]

Weiterhin gibt Mandelbrot seiner Überzeugung Ausdruck, «dass Gebilde von der Art der Sierpinski-Dichtung beim Studium der Perkolation durch Gitter *unbedingt benötigt* werden», weil «die Verzweigungsstruktur der Sierpinski-Dichtung ein vielversprechendes Modell für die Struktur des Rückgrats eines Klumpens ist».[12] Mit «Klumpen» sind hier Perkolationsklumpen gemeint. An einem quadratischen Gitter illustriert, dessen Stäbe entweder aus isolierendem Plastmaterial oder aus leitfähigem Kupfer bestehen, bilden die Stäbe, die mit der oberen und der unteren Seite des Gitters im elektrischen Kontakt stehen, einen Perkolationsklumpen, während vom Strom durchflossene Stäbe das Rückgrat des Perkolationsklumpens bilden.[13] Von hier aus ist auch zu verstehen, dass Strukturen vom Typ SIER insbesondere bei der Untersuchung des Phänomens der Supraleitfähigkeit auf bevorzugtes Interesse stoßen.[14] Mandelbrot bescheinigt den betreffenden Autoren, dass sie mit dem Sierpinski-Gitter ihren Spaß hatten und aus ihm Nutzen gezogen haben.[15]

Jens Feder berichtet über Experimente von Gordon u. a. (1986), in denen die Temperatur bei Phasenübergängen von Supraleitfähigkeit zu normaler Leitfähigkeit als Funktion des magnetischen Feldes eines Aluminiumfilms mit der Struktur der zehnten Generation eines Sierpinski-Gitters gemessen wurde.[16] Elektrische Eigenschaften fraktaler Strukturen, insbesondere elektrische Modelle auf der Grundlage des Sierpinski-Gitters, sind ebenfalls Gegenstand der Untersuchungen von J. P. Clerc, G. Giraud, J. M. Laugier und J. M. Luck.[17]

Die Arten des Ursprungs, Urknall

Christopher Langton spricht von einem zellulären Automaten als einem *logischen Universum* mit seiner eigenen lokalen Physik, der Transformationsfunktion. Sobald diese Funktion und der Anfangszustand dieses Universums spezifiziert sind, kann das Universum gestartet und sein resultierendes Verhalten beobachtet werden.[18]

Diese Metapher eines logischen Universums ist auch auf den Palindromisierungsprozess und die in ihm entstehenden Strukturen anwendbar. So wie die Transformationsfunktion die «lokale Physik» des logischen Universums bestimmt, vergleichbar mit den fundamentalen Naturgesetzen des physikalischen Universums, so ist der Palindromisierungsmodus das fundamentale Gesetz eines Zahlenuniversums[19], eines palindromischen Automaten.

Jede der Strukturen, die wir in diesem Buch kennen gelernt haben, ist ja, wenn wir ihr genügend Zeit lassen, sich zu entfalten, ein unendliches Universum, bestehend aus Zahlen, die sich – periodisch oder similar oder wie auch immer – zu Substrukturen zusammenfügen, zu senkrechten oder schrägen Kernen, similaren Figuren, Miniaturen, repetitiven Sequenzen, Origin- und Termination-Sequenzen u. a. Besonders interessiert uns hier die Art und Weise, wie solche Strukturen ins Leben treten, also die verschiedenen Arten ihres Ursprungs – eine Problematik, deren inverses Gegenstück der Ursprung der Arten ist. Beide Problemkreise haben eines gemeinsam: die Schönheit und Vielfalt von Formen und Strukturen.

Darwin beschließt seine Abhandlung über die Entstehung der Arten mit dem Bekenntnis, es sei «wahrlich etwas Erhabenes …, dass, während sich unsere Erde nach den Gesetzen der Schwerkraft im Kreise bewegt, aus einem so schlichten Anfang eine unendliche Zahl der schönsten und wunderbarsten Formen entstand und noch weiter entsteht».[20] Wir könnten dasselbe für die Strukturbildung durch Palindromisierung sagen, denn für sie gilt, dass, sobald wir eine einfache Zahl palindromisieren, «aus einem so schlichten Anfang eine unendliche Zahl der schönsten und wunderbarsten Formen … entsteht».

Jedem Anfang wohnt ein Geheimnis inne. In jedem Evolutionsprozess ist es der Anfang, der Ursprung, der Urknall – wie immer man es nennen mag –, von dem aus das Neue wie durch ein Wunder in die Welt kommt. Hier ist es angebracht, an jene Verszeile aus einem der Gedichte Josef Knechts, des Magister Ludi aus Hermann Hesses *Glasperlenspiel*, zu erinnern, in der es heißt: «Denn jedem Anfang ist ein Zauber eigen»[21]; sie entspricht ganz auch dem Erlebnis der Strukturbildung durch Palindromisierung.

Verfolgt man die Entstehung von Strukturen in Palindromisierungsprozessen, so gehört es zu den faszinierenden Beobachtungen, wie aus einem ursprünglichen Zahlenknäuel, einem Pixelchaos, mehr oder weniger plötzlich eine jener wundersamen Strukturen hervorgeht, wovon einige wenige in diesem Buch vorgestellt wurden. Es kommt nur relativ selten vor, dass in einem Palindromisierungsprozess bereits die Startzahl in die betreffende Struktur mit eingeht. In der Regel aber bildet sich die entsprechende Struktur – eine Periode, eine Similarität, ein Sierpinski, Repetitive Sequenzen der besonderen Art u. a. – erst nach einer gewissen Anlaufphase heraus. Ebendiese Anlaufphase nenne ich den Ursprung der betreffenden Struktur. Ganz allgemein gesagt lassen sich vier Arten des Ursprungs unterscheiden: die Startzahl, Chaos, ein Strukturtyp oder eine Folge von Strukturtypen.

1. Die Startzahl als Ursprung

In diesem Fall reduziert sich der Ursprung auf die Startzahl; er ist also faktisch gleich null. Das Universum entsteht hier gleichsam mit all seinen Substrukturen aus dem Nichts.

Als Beispiel sei jener Kreisläufer gewählt, der in Basis $g = 10$ bei $m = s_1$ für $S_0 = 2178$ erscheint. Auch Sierpinski-Universen können unmittelbar aus der Startzahl hervorgehen. Als Beleg möge die in Kapitel 2 betrachtete Struktur dienen (Grafik 47), deren Startzahl $S_0 = 10890$ ist und deren Elementarzelle die Gestalt hat

S_0:	10890
S_{28}:	1089010890
S_{56}:	108900000010890
S_{84}:	10890108901089010890

Analoges gilt für andere Universen: Bei geeignetem Zusammenspiel von Basis, Modus und Startzahl kann aus der Startzahl ein fertiges Universum unmittelbar hervorgehen.

2. Chaos als Ursprung

In diesem Fall gleicht der Ursprung einem urknallartigen chaotischen Aufblitzen, das in ganz kurzer Zeit ein Universum eines bestimmten Typs (PER, SIM, SIER usw.) aus sich entlässt. Auch für diese Art des Ursprungs gilt, dass aus ihm Universen jeglichen Typs hervorgehen können. Grafik 101 zeigt einen solchen «Urknall» für ein periodisches Universum zur Basis g = 3, das aus einem durch *OT*-Sequenzen begrenzten und von einem Kern durchzogenen Null-Kontinuum besteht.

Ein anderes Beispiel, ein durch *OT*-Sequenzen begrenztes (g – 1)-Kontinuum, zeigt Grafik 102 in Basis g = 7.

Der «Urknall» kann mehr oder weniger ausgeprägt und von kürzerer oder längerer Dauer sein. In den gewählten Beispielen ist er relativ kurz; im ersten beträgt er fünfzehn Durchläufe des Modus, im zweiten achtundvierzig Durchläufe.

Besteht das ursprüngliche chaotische Stadium über längere Zeit hinweg, bis aus ihm ein geordnetes Universum hervorgeht, so spricht man wohl besser davon, dass am Anfang der Typ Chaos steht, dem das folgende Universum entspringt. Chaos unterscheidet sich in dieser Hinsicht in nichts von anderen Strukturtypen, die alle als Ursprünge auftreten können.

3. Der Strukturtyp als Ursprung

In diesem Fall besteht der Ursprung aus einem (evtl. selbst aus einem «Urknall» hervorgehenden) Strukturtyp, der jedoch irgendeinen «Makel» hat, nicht zu seiner stabilen Form findet und nach gewisser Zeit in ein stabiles Universum anderen Typs überwechselt. Es zeigt sich, dass jeder der von uns aufgewiesenen Strukturtypen als Ursprung auftreten kann. Auch für diese Art des Ursprungs zwei Beispiele:

Aus Grafik 103 ist ersichtlich, wie nach einer kurzen chaotischen Anlaufphase sich zunächst eine Struktur vom Typ HSIM aufbaut, die aber nicht über die erste Ebene hinauskommt und in ein stabiles Sierpinski-Universum übergeht. Dies spielt sich in Basis g = 8 ab, wobei für die Grafik die Primdarstellung gewählt wurde.

Ein anderes Beispiel ist Grafik 104 in Basis g = 5. Hier folgt auf den chaotischen Urknall zunächst ein Universum, das sich in schrägen Kernen präsentieren möchte, die zuerst zentrums-, dann peripheriegerichtet sind, jedoch schließlich in ein stabiles, periodisches Universum münden.

4. Typenfolge als Ursprung

Schließlich seien noch die Fälle angemerkt, in denen unterschiedliche Strukturtypen, die in Ansätzen aufeinander folgen, den Ursprung bilden. Sie erwecken den Anschein, als probiere der Prozess mehrere Varianten aus, bevor er sich endgültig für eine entscheidet. Diese Art des Ursprungs ist vor allem in Strukturen des Typs MIX gegeben. Die entsprechenden Beispiele sind dort zu finden. Besonders zu empfehlen ist die Grafik 80 aus Kapitel 7, in der die Typenfolge CH, SIM, CH, PER den Ursprung bildet, aus dem sich schließlich zwei schräge, parallel zu den *OT*-Sequenzen verlaufende Kerne herauslösen, die ein Null-Kontinuum umschließen.

*   *

*

Palindromische Automaten sind – um noch einmal an Christopher Langtons Metapher anzuknüpfen – weniger logische als arithmetische Universen. Dennoch offenbaren sie Verhaltensweisen, die mit den Evolutionsweisen nicht nur logischer, sondern auch möglicher physikalischer Universen vergleichbar sind. So haben wir in diesem Kapitel Arten des Ursprungs vorgestellt, die an raumzeitlich mehr oder weniger ausgedehnte Urknallbereiche erinnern. Dabei haben wir nur jene Fälle betrachtet, in denen letztlich expandierende Zahlenuniversen oder solche konstanter Breite mit $e = 0$, d. h. mit endlicher Größe in der sequenziellen Dimension, entstehen.

Mit dem Urknall oder einer anderen Art des Ursprungs wird ein zeitlich gerichteter Prozess in Gang gesetzt, in dessen Verlauf immer neue Zahlensequenzen entstehen, ohne dass diese bereits in der Startzahl enthalten, sozusagen in ihr «verdichtet» gewesen seien. Für die Bewohner eines solchen Zahlenuniversums ist die Frage, was vor dem Ursprung war, sinnlos; ihre Zeitfolge beginnt mit dem Ursprung. Strukturen, die sich in einem Zahlenuniversum bilden, sind raumzeitliche Gebilde, die entweder chaotisch durcheinander gewürfelt sind oder als Kerne oder andere Muster periodisch oder similar in unendlicher Wiederholung reproduziert werden.

Bleiben wir beim Bild von Zahlenuniversen, so haben wir bei Strukturen vom Typ MIX beobachtet, wie ein Universum sich aus verschiedenen anderen bilden, gleichsam von einem Typ zu einem anderen evolutionieren kann. Auch Übergänge eines Universums in ein anderes vom gleichen Typ waren in Strukturen des Typs HSIM und SIER zu sehen. Wir haben durchgängig Universen «mit Rand» (*OT*-Sequenzen) kennen gelernt, zumeist solche mit raumzeitlichen repetitiven Mustern, aber auch solche, die in sich strukturlos, reine Null- oder $(g-1)$-Kontinua sind, Universen mit Struktur oder mit Chaos im Zentrum u. a. m.

Unter den Zahlenuniversen sind auch solche mit multipler Geschichte; sie können verschiedenen Ursprungs sein, münden aber schließlich in ein und dasselbe Universum; als Beispiel haben wir «das kleine grüne Sierpinski» näher betrachtet. Universen mit vielen alternativen Geschichten werfen das Problem unterschiedlicher Zeitfolgen auf: Jedes der «kleinen grünen Sierpinskis» hat außer der in ihm real gültigen Zeitfolge noch viele alternative Geschichten, deren jede einer anderen Zeitfolge entspricht.

Nicht minder spannend ist es, noch einen letzten Fall von Strukturbildung in palindromischen Universen zu betrachten. Wir könnten ihn «Paralleluniversen» titulieren. Dieser Fall wäre gegeben, wenn wir eine Startzahl in unterschiedlichen Basen nach unterschiedlichen Modi palindromisieren und dabei ein und dieselbe Struktur bzw. eine Allelstruktur erhalten würden. Der Wurf gelingt tatsächlich! Hier sind die Daten:

Die Basen sind $g = 16$ und $g = 32$, die Startzahl ist beide Male $S_0 = 10(g-2)(g-1)$, die beiden Modi sind $m_1 = s_1 a_9 s_1 (a_3 s_3)_9 (65)$ für $g = 16$ und $m_2 = s_1 a_{10} s_1 (a_3 s_3)_9 (66)$ für $g = 32$. Grafik 105 zeigt das Sierpinski-Universum bei $g = 32$ und m_2. Übrigens kann der Modulindex in beiden Fällen auch 11 oder 13 sein; auch hierfür entstehen Paralleluniversen in den genannten Basen und bei den genannten Modi.

Die verschiedenartigen Ursprünge, aus denen geordnete Strukturen in Palindromisierungs- und anderen Evolutionsprozessen entstehen können, verleiten zum Nachdenken über eine Theorie der Ursprünge oder eine Urknalltheorie als Bestandteil einer allgemeinen Evolutionstheorie. Jede Evolution hat ihren eigenen «Urknall»: die kosmische Evolution den «kosmischen Urknall», die ontogenetische Evolution eines Organismus die Konzeption im Zeugungsprozess, die Entwicklung einer neuen wissenschaftlichen Theorie das Aufblitzen einer Idee usw. Jeder Evolutionsprozess, in dem eine Struktur sich verändert, hat irgendwann seinen Anfang genommen. Was auch immer am Anfang unserer Welt war – das Wort, der Sinn, die Kraft, die Tat, wie Faust die Reihe grübelnd durchgeht, in einem Punkt gebündelte Energie, die sich in einer Urexplosion entlud, wie die Physiker meinen,

Materie oder Geist, worum sich die Philosophen streiten –, unbezweifelbar ist nur der Anfang selbst. Dieses Unbezweifelbare ist zugleich das größte Geheimnis eines jeden Evolutionsprozesses.

Doch rühren wir damit an Fragen, die bereits weit über das hinausgehen, was das eigentliche Anliegen dieses Buches war: Strukturbildung durch Palindromisierung.

Ein Nachtrag

Dieses Buch befand sich bereits in Satz, als den palindromischen Gefilden in Basis g = 17 erstmalig eine Struktur entstieg, die sich nicht eindeutig einem der hier vorgestellten Strukturtypen zuordnen lässt. Sie präsentiert sich in Grafik 106. Die Struktur könnte dem Typ «Similarität» zugehören, denn die im Zentrum befindlichen Figuren – Null- und (g – 1)-Dreiecke sowie Null- und (g – 1)-Parallelogramme – reproduzieren sich similar, in größer werdenden zeitlichen Abständen und mit einem Skalierungsfaktor, der größer ist als 1 und gegen 2 strebt. Das eigentliche Zentrum aber wird gebildet von zwei temporären Kernen, die einander in similaren Abständen ablösen. Wir nennen sie *similare Kerne* oder auch *similare Perioden*. Eine similare Periode umfasst hier jeweils ein (g – 1)-Parallelogramm und ein (g – 1)-Dreieck alternierend rechts oder links vom Zentrum. Jeder der beiden Kerne reproduziert sich periodisch innerhalb eines bestimmten similaren Rahmens, der sich selbst similar vergrößert. In dieser Struktur finden wir mithin sowohl periodische und identische Reproduktionen als auch similare.

Eine weitere Neuheit sind die mehrstelligen vertikalen repetitiven Sequenzen, die diese Struktur im Zentrum umschließen. Die Similaritäten, denen wir bisher begegnet sind, waren nicht in einen Wattebausch repetitiver Sequenzen eingebettet. Hier jedoch stehen mehrstellige repetitive Sequenzen zur Verfügung, um aus ihnen similare Parallelogramme und similare Dreiecke – und damit letztlich auch similare Kerne – genetisch hervorgehen zu lassen. *Repetitive Sequenzen als genetische Reserven* – so könnte man die Funktion der repetitiven Sequenzen in diesem Strukturtyp umschreiben. So gesehen ist diese Struktur noch am ehesten vergleichbar mit dem Typ «Geknickte repetitive Sequenzen» und wäre somit den REPS zuzuordnen (vgl. Grafik 67). Wir ziehen es aufgrund der dargelegten Eigenschaften dieser Struktur dennoch vor, sie als eine Similarität anzusehen mit temporären similaren Kernen, die sich periodisch reproduzieren, und mit mehrstelligen vertikalen repetitiven Sequenzen. Wir könnten sie natürlich auch einfach dem Strukturtyp MIX zuordnen, doch dafür ist sie strukturell zu klar ausgebildet.

Im Übrigen haben wir diesen Strukturtyp nach gezieltem Suchen – der Modul $(a_1s_1)_n$ mit $n \geq 10$, ein Rumpf, der mit a_6 beginnt, und ein «Schwanz», der mit mindestens a_{11} beginnt! – auch in anderen Basen gefunden, so z. B. in $g = 18$. Für $S_0 = a_6s_1a_1s_2(a_1s_1)_{36}a_{11}s_3a_6s_6a_3$ (111) und $Z_1 = 2m_1$ erscheint dort eine Struktur, die in Grafik 107 zu sehen ist. Das Zentrum besteht aus similaren Null- und $(g-1)$-Parallelogrammen sowie aus Null- und $(g-1)$-Rechtecken.

Beide Strukturen kommen in Clustern vor. Die in Grafik 106 erscheint für $S_0 = a_6s_2(a_1s_1)_na_{14}s_1$ (53) bei $Z_1 = 4m_1$ und $n = 15$ sowie weiter bei $n = 19, 23, 27, \ldots$, während für Grafik 107 die Zahlenfolge

$$n = 36, \quad 44, \quad 64, \quad 68,$$
$$92, \quad 112, \quad 116,$$
$$140, \quad 160, \quad 164,$$
$$\ldots\ldots\ldots\ldots$$

kennzeichnend ist.

Vorwort, Einleitung

1 Vgl. Borgman, Dmitri: Language on Vacation. Scribner's 1956. Zit. bei Gardner, Martin: «Mathematical Games», in: *Scientific American*, August 1970, S. 111.

2 Vgl. *New Statesman*, 5. Mai 1967, S. 630.

3 Vgl. Dornseiff, Franz: *Das Alphabet in Mystik und Magie*. Leipzig/Berlin 1925, S. 79, 179.

4 Lindon, J. A.: «PD stands for Palindromes», in: *Competitor's Journal*, 7. Mai 1955. Zit. nach Gardner, Martin: «Mathematical Games», in: a. a. O., S. 112.

5 Vgl. Hofstadter, Douglas R.: *Gödel, Escher, Bach*. Stuttgart 1985, S. 217–221.

6 Diesen Hinweis verdanke ich Herrn Michael Cienskowski (Berlin).

7 Vgl. Oliver, Stephen G./Ward, John M.: *A Dictionary of Genetic Engineering*. Cambridge 1985, S. 76; King, Robert C./Stansfield, William D.: *A Dictionary of Genetics*. New York/Oxford 1990, S. 228.

8 Hegel, G. W. F.: *Wissenschaft der Logik*. Erster Teil. Hrsg. von Georg Lasson. Leipzig 1951, S. 200.

9 Vgl. dazu: Kröber, K. Günter: *Palindrome, Perioden und Chaoten*. Thun/Frankfurt a. M. 1997, S. 12–15.

10 Vgl.: Lehmer, D.: «Sujets d'étude», in: *Sphinx* 8, 1938, S. 12 f.

11 Über den heutigen Stand der Bemühungen, die 196 daraufhin zu untersuchen, ob sie bei fortlaufender Spiegelung und Addition jemals zu einem Palindrom führt, vgl. Kröber, K. Günter: *Palindrome, Perioden und Chaoten*, a. a. O., S. 21 f.

12 Vgl. ebenda, S. 72–74.

Kapitel 1

1 Vgl. Dickson, Leonard Eugene: *History of the Theory of Numbers*. Bd. 1, Washington 1919, S. 457.

2 Vgl. Sprague, Roland: *Unterhaltsame Mathematik*. Braunschweig 1961, S. 6, 25 f.

3 Vgl. Gabei, Hyman/Coogan, Daniel: «On Palindromes and Palindromic Primes», in: *Mathematics Magazine*, Bd. 42, November/Dezember 1969, S. 252 f.

4 Vgl. Brousseau, Brother Alfred: «Palindromes by Addition in Base Two», in: ebenda, S. 254 f.

5 Vgl. Harborth, Heiko: «On Palindromes», in: *Mathematics Magazine*, März/April 1973, S. 96–99.

6 Vgl. Bock, Frieder: «Mehr über ganzzahlige Palindrome», in: *Wurzel*, H. 9/10, 1994, S. 199 f.

7 Vgl. Johns, Glyn/Wiegold, James: «The Palindrom Problem in Base 2», in: *The Mathematical Gazette*, Bd. 78, Nr. 483, November 1994, S. 312–314.

8 Vgl. Kröber, K. Günter: *Palindrome, Perioden und Chaoten*, a.a.O., S. 148 ff.; ders.: «On non-palindromic patterns in palindromic processes», in: *Mathematical Gazette*, Bd. 80, Nr. 489, November 1996, S. 577.

9 Der Index 0 hinter einigen eckigen Klammern bedeutet, dass an dieser Stelle der Klammerinhalt leer ist. Die in der Klammer stehende Subsequenz erscheint jedoch in der nächsten Periode.

Kapitel 2

1 Christoph Kolumbus: *Schiffstagebuch*. Leipzig 1983, S. 23.

Kapitel 3

1 Vgl. Sierpinski, Waclaw: «Sur une courbe dont tout point est un point de ramification», in: *Œuvres choisies*. Hrsg. von S. Hartmann u. a. Warschau 1974, Bd. II, S. 99–106.

2 Vgl. Pascal, Blaise: *Traité du triangle arithmetique*. Paris 1665. Nachdruck in: Œuvres de Blaise Pascal. Hachette 1904–1914, Bd. 3, S. 445–503; vgl. auch in: Œuvres complètes, II, Paris 1970, S. 1176–1287 (1. Fassung), S. 1288–1332 (2. Fassung).

3 Vgl. Edwards, A. W. F.: *Pascal's Arithmetical Triangle*. London/Oxford/ New York 1987; Leiß, Knut Gregor: «Das Umfeld des Pascalschen Dreiecks. Eine Untersuchung zu Zahlen und Systemen (I), (II)», in: *Die Wurzel*, H. 2/1996, S. 32–39; H. 5/1996, S. 95–103.

4 Vgl. Rösch, Siegfried: «Neues vom Pascal-Dreieck», in: *Bild der Wissenschaft*, H. 9, September 1965, S. 758–762; Usiskin, Zalman: «Perfect Square Patterns in The Pascal Triangle», in: *Mathematics Magazine*. September/Oktober 1973, S. 203–208.

5 Vgl. a. a. O. S. 100.

6 Vgl. Wilde, Oscar: *Das Gespenst von Canterville*. Erzählungen und Märchen. Leipzig 1988, S. 5–42.

7 Stewart, Ian: «Four Encounters With Sierpinski's Gasket», in: *The Mathematical Intelligencer*. Bd. 17, Nr. 1, 1995, S. 59; vgl. auch: Englisch, H./ Englisch, R.: «Die Türme von Hanoi und ihre fraktale Dimension», in: *Die Wurzel*, H. 6/1994.

8 Vgl. Stewart, Ian: «Four Encounters With Sierpinski's Gasket», a. a. O., S. 61.

9 Vgl. Wolfram, Stephen: «Statistical mechanics of cellular automata», in: *Reviews of Modern Physics*, Bd. 55, Nr. 3, Juli 1983, S. 605.

10 Vgl. Peitgen, Heinz-Otto/Jürgens, Hartmut/Saupe, Dietmar: *Bausteine des Chaos – Fraktale*. Berlin/Heidelberg/New York 1992, S. 30–35.

11 Vgl. Hesse, Hermann: *Das Glasperlenspiel*. Bd. 1. Berlin/Weimar 1987, S. 179.

12 Vgl. Zeitler, Herbert/Neidhardt, Wolfgang: *Fraktale und Chaos.* Eine Einführung. Darmstadt 1993, S. 127 f.

Kapitel 4

1 Vgl. Kröber, K. Günter: *Palindrome, Perioden und Chaoten*, a. a. O., S. 71 ff.

2 Vgl. ebenda, S. 197 ff.

Kapitel 5

1 Vgl. Rabener, Gottlieb Wilhelm: «Versuch eines deutschen Wörter-
   buches», in: *Deutsches Lesebuch. Eine Auswahl deutscher Prosa aus dem
   Jahrhundert 1750–1850.* Hrsg. von Hugo von Hofmannsthal. Leipzig
   1984, S. 19.

Kapitel 6

1 Walter, Katya: *Chaosforschung, I Ging und genetischer Code. Das Tao des
   Chaos.* München 1992, S. 114.
2 Vgl. Leibniz, G. W.: «Essay d'une nouvelle science des nombres», in:
   Zacher, Hans J.: *Die Hauptschriften zur Dyadik von G. W. Leibniz.* Frankfurt a. M. 1973, S. 250–261.
3 Vgl. Leibniz, G. W.: «Erklärung der binären Arithmetik, die sich einzig der Zahl-Zeichen 0 und 1 bedient; mit Bemerkungen über die
   Nützlichkeit und über den Sinn, den sie den alten chinesischen Zeichen Fo-his verleiht», in: *Herrn von Leibniz' Rechnung mit Null und Eins.*
   Berlin/München 1966. S. 51.
4 Leibniz, G. W.: Niederschrift vom 15. März 1679, ebenda, S. 54.
5 Bild der Schöpfung. Rückseite eines Medaillenentwurfs, den Leibniz
   seinem vom 2. Januar 1697 datierten, an den Herzog Rudolph August
   von Braunschweig-Lüneburg-Wolfenbüttel gerichteten Neujahrsbrief
   beigefügt hat. Ebenda. Einbanddeckel.
6 Vgl. Kröber, Günter: «Structure Generation By Palindromization», in:
   Computers & Graphics, Bd. 22, Nr. 2–3, 1998, S. 307–317.

Kapitel 7

1 Hegel, Georg Wilhelm Friedrich: *Ästhetik.* Berlin 1955, S. 129.

Kapitel 8

1 Vgl. Busch, Wilhelm: «Eduards Traum», in: *Zwiefach sind die Phantasien. Erzählungen. Gedichte. Autobiographie.* Leipzig 1982, S. 43–94.

2 Vgl. Kröber, K. Günter: *Palindrome, Perioden und Chaoten,* a. a. O., S. 28.

3 Vgl. ebenda, S. 85.

4 Vgl. ebenda.

5 Vgl. ebenda, S. 36.

6 Vgl. Nagaraj, S. T.: «Oscillatory Numbers», in: *The Mathematics Education.* Bd. XV, Nr. 4, Dezember 1981, S. 65–67.

7 Vgl. Sutcliffe, Alan: «Integers that are multiplied when their digits are reversed», in: *Mathematics Magazine,* November/Dezember 1966, S. 287.

8 Zu palindromischen Netzwerken vgl. Kröber, K. Günter: *Palindrome, Perioden und Chaoten,* a. a. O., S. 131–133.

Kapitel 9

1 Vgl. Kröber, K. Günter: *Palindrome, Perioden und Chaoten,* a. a. O., S. 243 ff.

2 Vgl. ebenda, S. 208 ff. Unter der Eigenperiode l_E wird diejenige Periode verstanden, die für $a(a-1)(g-a-1)(g-a)$ zustande kommt, wenn $a = 1$ ist. Die Gesamtlänge einer g_{prim} ist immer $L = (g-1)/2$.

3 Vgl. insb. Doczi, György: *Die Kraft der Grenzen. Harmonische Proportionen in Natur, Kunst und Architektur.* Glonn 1987; vgl. auch: Kröber, K. Günter: «Fibonacci und die Folgen. Was haben die Computer des 21. Jahrhunderts mit den Kaninchen des 13. Jahrhunderts zu tun?», in: *Wissenschaft und Fortschritt,* H. 4/1990, S. 103–105; Beutelspacher, Albrecht/Petri, Bernhard: *Der Goldene Schnitt.* Heidelberg/Berlin/Oxford 1996.

4 Vgl. Graham, Ronald L./Knuth, Donald E./Patashnik, Oren: *Concrete Mathematics.* New York 1989, S. 281.

Kapitel 10

1 Zu palindromischen Netzwerken vgl. Kröber, K. Günter: *Palindrome, Perioden und Chaoten*, a. a. O., S. 131–133.

2 Zu Eisenstein'schen ganzen Zahlen vgl. Conway, John H./Guy, Richard K.: *Zahlenzauber*. Basel/Boston/Berlin 1997, S. 248–250.

3 Vgl. ebenda, S. 247.

4 Vgl. ebenda, S. 250.

5 Vgl. «Mitteilungen aus den Memoiren des Satan», in: W. Hauffs Werke. Hrsg. v. Max Mendheim. Bd. II. Leipzig/Wien o. J., S. 206 u. a.

Kapitel 11

1 Vgl. Wolfram, Stephen: «Preface», in: *Cellular Automata. Proceedings of an Interdisciplinary Workshop*. Los Alamos 1983. Physica 10D, 1984, S. VII.

2 Ebenda.

3 Vgl. Wolfram, Stephen: «Statistical mechanics of cellular automata», in: *Reviews of Modern Physics*, Bd. 55, Nr. 3, Juli 1983, S. 604 ff.; Peitgen, Heinz-Otto/Jürgens, Hartmut/Saupe, Dietmar: *Chaos – Bausteine der Ordnung*. Berlin/Heidelberg/NewYork/Stuttgart 1994, S. 571–583.

4 Wolfram, Stephen: «Cellular automata as models of complexity», in: *Nature*, Bd. 311, Oktober 1984, S. 419.

5 Ebenda; vgl. auch Wolfram, Stephen: «Universality and Complexity in Cellular Automata», in: *Physica* 10D, 1984, S. 1.

6 Vgl. Wolfram, Stephen: «Cellular Automata as Models of Complexity», a. a. O., S. 419.

7 Langton, Christopher G.: «Studying Artificial Life With Cellular Automata», in: *Physica* 22D, 1986, S. 126.

8 Vgl. ebenda, S. 128.

9 Vgl. ebenda, S. 129.

10 Vgl. Kröber, K. Günter: *Palindrome, Perioden und Chaoten*, a. a. O., S. 197–229.

11 Vgl. ebenda, S. 230 f.

12 Vgl. Wolfram, Stephen: «Statistical mechanics of cellular automata», a. a. O., S. 623.

13 Vgl. ebenda.

14 Vgl. hierzu auch Aggarwal, S.: «Local and global Garden of Eden Theorems», in: *University of Michigan Technical Report*. Nr. 147, 1973; Moore, E. F.: «Machine Models of Self-Reproduction», in: *Proceedings of a Symposium on Applied Mathematics* 14, 17, 1962, nachgedruckt in: Burks, A. W. (Hrsg.): *Essays on Cellular Automata*. University of Illinois, Urbana 1970, S. 187; sowie Gardner, Martin: «On cellular automata, selfreproduction, the Garden Eden and the game ‹life›», in: *Scientific American*, Februar 1971, S. 112–117.

15 Vgl. Wolfram, Stephen: «Statistical mechanics of cellular automata», a. a. O., S. 631.

16 Vgl. ebenda.

17 Vgl. ebenda, S. 639.

18 Langton, Christopher G.: «Self-Reproduction in Cellular Automata», in: *Physica* 10D, 1984, S. 136.

19 Ebeling, Werner / Feistel, Rainer: *Physik der Selbstorganisation und Evolution*. Berlin 1982, S. 11.

20 Ebeling, Werner / Freund, Jan / Schweitzer, Frank: *Komplexe Strukturen: Entropie und Information*. Leipzig 1998, S. 44.

21 Jantsch, Erich: *Die Selbstorganisation des Universums*. München 1984, S. 36.

22 Haken, Hermann / Wunderlin, Arne: «Synergetik: Prozesse der Selbstorganisation in der belebten und unbelebten Natur», in: *Selbstorganisation. Die Entstehung von Ordnung in Natur und Gesellschaft*. Hrsg. von Andreas Dress / Hubert Hendrichs / Günter Küppers. München / Zürich 1986, S. 49.

23 Ebenda, S. 50.

24 Vgl. «Atome im Gleichschritt», in: DER SPIEGEL, 42 / 2001, S. 288.

25 Vgl. Prigogine, Ilya: *Vom Sein zum Werden. Zeit und Komplexität in den Naturwissenschaften*. München / Zürich 1979, S. 133.

26 Vgl. Nicolis, Grégoire / Prigogine, Ilya: *Die Erforschung des Komplexen. Auf dem Weg zu einem neuen Verständnis der Naturwissenschaften*. München / Zürich 1987, S. 53 f.

27 Thompson, d'Arcy: *Über Wachstum und Form*. Frankfurt a. M. 1985, S. 141.

28 Vgl. *Jahrbuch für Komplexität in den Natur-, Sozial- und Geisteswissenschaften*. Hrsg. von Ludwig Pohlmann in Zusammenarbeit mit Hans-Jürgen Krug und Uwe Niedersen. Insbesondere Bd. 9, 1998. *Self-Organisation of Complex Structures: From Individual to Collective Dynamics*. Hrsg. von Frank Schweitzer. London 1997, 593 S. *Evolution und Selbstorganisation in der Ökonomie*. Hrsg. von Frank Schweitzer/Gerald Silverberg. Berlin 1998, 487 S. *Dynamik, Evolution, Strukturen. Nichtlineare Dynamik und Statistik komplexer Strukturen*. Hrsg. von Jan A. Freund. Berlin 1996, 292 S.

29 Wolfram, Stephen: «Statistical mechanics of cellular automata», in: a. a. O., S. 612.

30 Vgl. Langton, Christopher G.: «Studying Artificial Life With Cellular Automata», in: a. a. O., S. 122.

31 Ebenda, S. 124 ff.

32 Eigen, Manfred/Winkler, Ruthild: *Das Spiel. Naturgesetze steuern den Zufall*. München 1978, S. 296.

33 Ebenda, S. 197.

34 Vgl. Wolfram, Stephen: *A New Kind of Science*. Illinois 2002.

35 Vgl. Giles, Jim: «What kind of science is this?», in: *Nature*, Bd. 417, 16. Mai 2002, S. 216–218; Casti, John L.: «Science is a computer program», in: *Nature*, Bd. 417, 23. Mai 2002, S. 381 f.

36 Vgl. Casti, John L.: *Szenarien der Zukunft*. Stuttgart 1992, 611 S.

Kapitel 12

1 Vgl. Langton, Christopher: «Studying Artificial Life with Cellular Automata», in: a. a. O., S. 122.

2 Vgl. Casti, John L.: *Alternate Realities. Mathematical Models of Nature and Man*. New York/Chichester/Brisbane/Toronto/Singapur 1989, S. 71 f.

3 Vgl. Cramer, Friedrich: *Chaos und Ordnung. Die komplexe Struktur des Lebendigen*. Frankfurt a. M./Leipzig 1993, S. 207.

4 Werner Arber hatte 1965 am Biozentrum der Universität Basel die Existenz von Restriktionsenzymen, die DNS an einer für sie spezifischen Stelle spalten, vorhergesagt und glaubte, 1968 zusammen mit S. Linn ein solches Enzym in dem Bakterium Escherichia coli nachgewiesen zu haben. Später stellte sich jedoch heraus, dass dieses Enzym nicht an einer spezifischen Stelle spaltet, sondern ein Enzym des Typs I ist, während nur Enzyme vom Typ II, wie z. B. das besagte, von Smith und Kelly untersuchte HindII, stellenspezifisch spalten. Smith und Kelly bemerkten außerdem, dass die interessanteste Eigenschaft der Spaltungssequenz darin bestand, symmetrisch (palindromisch) strukturiert zu sein (vgl. Arber, Werner: «Promotion and Limitation of Genetic Exchange», Nobel Lecture, 8. Dezember, 1978, in: *Les Prix Nobel 1978. Nobel Prizes. Presentations, Biographies and Lectures*. The Nobel Foundation. Stockholm 1979, S. 181–192; Smith, Hamilton O.: «Nucleotide Sequence Specificity of Restriction Endonucleases», Nobel Lecture, 8. Dezember, 1978, in: ebenda, S. 223–241).

5 Vgl. Nathans, Daniel: «Restriction Endonucleases, Simian Virus 40, and the New Genetics», Nobel Lecture, 8. Dezember 1978, in: ebenda, S. 198–217.

6 Vgl. Suzuki, D. T./Griffiths, A. J. F./Miller, J. H./Lewontin, R. C.: *Genetik*. Weinheim/New York/Basel/Cambridge 1991, S. 339 f.; *Molekularbiologie*. Hrsg. von H. Bielka. Stuttgart 1985, S. 177. Weitere Beispiele vgl. Smith, Hamilton O.: «Nucleotide Sequence Specificity of Restriction Endonucleases», Nobel Lecture, 8. Dezember 1978, a. a. O., S. 229; Watson, James D.: *Molecular Biology of the Gene*. London/Amsterdam/Ontario/Sydney 1976, S. 223.

7 Cramer, Friedrich: *Chaos und Ordnung. Die komplexe Struktur des Lebendigen*, a. a. O., S. 207 f.

8 Vgl. ebenda, S. 208; vgl. dazu auch Sullivans, K. M./Lilley, D. M.: «A Dominant Influence of Flanking Sequences on a Local Structural Transition in DNA», in: *Cell* 47 (1986), S. 817–827.

9 Cramer, Friedrich: *Chaos und Ordnung. Die komplexe Struktur des Lebendigen*, a. a. O., S. 210.

10 Vgl. *Molekularbiologie*. Hrsg. von H. Bielka, a. a. O., S. 190.

11 Vgl. ebenda, S. 153 f.

12 Vgl. ebenda, S. 155 f.

13 Vgl. Kröber, K. Günter: *Palindrome, Perioden und Chaoten*, a.a.O., S. 261–288.

14 Vgl. Britten, Roy J./Kohne, David E.: «Repeated Segments of DNA», in: *Scientific American*, April 1970, S. 26.

15 Vgl. *Molekularbiologie*. Hrsg. von H. Bielka, a.a.O., S. 159.

16 Vgl. Dawkins, Richard: *Das egoistische Gen*. Heidelberg/Berlin/Oxford, 2. Aufl. 1994 (die erste englische Originalauflage erschien 1976).

17 Vgl. Doolittle, W. Ford/Sapienza, Carmen: «Selfish genes, the phenotype paradigm and genome evolution», in: *Nature*, Bd. 284, 17. April 1980, S. 601; vgl. dazu auch die Beiträge von L. E. Orgel/Francis Crick/Ricardo Wittek/Ernest Barlosa/Jonathan A. Cooper/Claude F. Garon/Hardy Chan/Bernard Moss/T. Cavalier-Smith/Gabriel Dover/Temple F. Smith/R. A. Reid/H. K. Jain in: *Nature*, Bd. 284, 17. April 1980, Bd. 285, 1. Mai 1980, Bd. 286, 26. Juni 1980, Bd. 288, 18./25. Dezember 1980.

18 Vgl. Britten, Roy J./Kohne, David E.: «Repeated Segments of DNA», in: a.a.O., S. 24.

19 Vgl. *Molekularbiologie*. Hrsg. von H. Bielka, a.a.O., S. 25.

20 Vgl. Charlesworth, Brian/Sniegowski, Paul/Stephan, Wolfgang: «The evolutionary dynamics of repetitive DNA in eukaryotes», in: *Nature*, Bd. 371, 15. September 1994, S. 215 f.; Singer, Maxine/Berg, Paul: *Genes & Genomes. A Changing Perspective*. Mill Valley 1991, S. 624.

21 Moxon, E. Richard/Wills, Christopher: «Stottertexte im Erbgut. Scheinbar nutzlose DNA beschleunigt die Evolution», in: *Spektrum der Wissenschaft*, August 1999, S. 65; vgl. auch dieselben: «DNA Microsatellits: Agents of Evolution?», in: *Scientific American*, Januar 1999, S. 73.

22 Vgl. ebenda.

23 Vgl. Dunham, I./Shimizu, N./Roe, B. A./Chissoe, S., u.a.: «The DNA Sequence of human chromosome 22», in: *Nature*, 2. Dezember 1999, Bd. 402, Nr. 6761, S. 493.

24 Vgl. *Molekularbiologie*. Hrsg. von H. Bielka, a.a.O., S. 153 f.

25 Vgl. Watson, James D.: *Molecular Biology of the Gene*, a.a.O., S. 256; vgl. auch: *Molekularbiologie*. Hrsg. von H. Bielka, a.a.O., S. 154 f.

26 Vgl. Davies, Kevin: «Reading between the genes», in: *Nature*, Bd. 369, Nr. 6476, 12. Mai 1994, S. 164.

27 Charlesworth, Brian/Sniegowski, Paul/Stephan, Wolfgang: «The evolutionary dynamics of repetitive DNA in eukaryotes», in: a. a. O., S. 215.

28 Vgl. Kaudewitz, Fritz: *Molekulargenetik*. Stuttgart 1983, S. 77 f.

29 Vgl. *Molekularbiologie*. Hrsg. von H. Bielka, a. a. O., S. 122.

30 Vgl. ebenda, S. 123.

31 Moyzis, Robert K.: «Das menschliche Telomer», in: *Spektrum der Wissenschaft*, Oktober 1991, S. 52 f.

Kapitel 13

1 Al-Biruni: *In den Gärten der Wissenschaft*. Leipzig 1988, S. 33.

2 Ebeling, Werner/Freund, Jan/Schweitzer, Frank: *Komplexe Strukturen: Entropie und Information*. Leipzig 1998, S. 54.

3 Ebenda, S. 52.

4 Ebenda, S. 54; vgl. auch Fong, P.: «Thermodynamic and Statistical Theory of Life: An Outline», in: Locker, A. (Hrsg.): *Biogenesis, Evolution, Homeostasis*. Berlin 1973.

5 Ebeling, Werner/Freund, Jan/Schweitzer Frank: *Komplexe Strukturen: Entropie und Information*, a. a. O., S. 52.

6 Weyl, Hermann: *Symmetrie*. Basel/Stuttgart 1955, S. 87.

7 Ebenda.

8 Vgl. Shubnikov, A. V.: «Symmetry of Similarity», in: *Computers & Mathematics With Applications*, Bd. 16, 1988, Nr. 5–8, S. 365–371.

9 Mandelbrot, Benoit B.: *Die fraktale Geometrie der Natur*. Berlin 1987, S. 143a.

10 Ebenda.

11 Vgl. ebenda.

12 Ebenda, S. 143b.

13 Vgl. ebenda, S. 138a, b.

14 Vgl. Gefen, Y./Mandelbrot, Benoit B./Aharony, A.: «Critical phenomena on fractals», in: *Physical Review Letters*. 45 (1980), S. 855–858;

Gefen, Y./ Aharony, A./Mandelbrot, B. B./Kirkpatrick, S.: «Solvable fractal family, and its possible relation to the backbone at percolation», in: ebenda, 47 (1981), S. 1771–1774; Stephen, M. J.: «Magnetic susceptibility of percolating clusters», in: *Physics Letters*, A 87 (1981), S. 67 f.; Rammal, R./Toulouse, G.: «Spectrum of the Schrödinger equation on a self-similar structure», in: *Physical Review Letters*, 49 (1982), S. 1194–1197; Gefen, Y./Aharony, A./Mandelbrot, B. B.: «Phase transitions on fractals: I. Quasi-linear lattices», in: *Journal of Physics* 16 (1983), S. 1267–1278; dieselben: «Phase transition on fractals: III. Infinitely ramified lattices», in: *Journal of Physics* A 17 (1984), S. 1277–1289; dieselben und Shapir, Y.: «Phase transitions on fractals II: Sierpinski gaskets», in: *Journal of Physics* A 17 (1984), S. 435–444; Gefen, Y./Mandelbrot B. B./Aharony, A./Kapitulnik, A.: «Partial-dimensional sequences and percolation», in: *Journal of Statistical Physics* 36(1984), S. 827–830; Gefen, Y./Meir, Y./Mandelbrot, B. B./Aharony, A.: «Geometric implementation of hypercubic lattices with non-integer dimensionality, using low lacunarity fractal lattices», in: *Physical Review Letters* 50 (1983), S. 145–148.

15 Vgl. Mandelbrot, Benoit B.: *Die fraktale Geometrie der Natur*, a. a. O., S. 436b.

16 Vgl. Feder, Jens: *Fractals*. New York/London, S. 25 f.

17 Vgl. Clerc, J. P./Giraud, G./Laugier, J. M./Luck, J. M.: «The electrical conductivity of binary disordered systems, percolation clusters, fractals and related models», in: *Advances in Physics*, 1990, Bd. 39, Nr. 3, S. 191–309.

18 Langton, Christopher: «Studying Artificial Life with Cellular Automata», in: a. a. O., S. 126.

19 «Zahlenuniversum» meint hier lediglich die Gesamtheit der in einem Palindromisierungsprozess vorkommenden Zahlen. In der Zahlentheorie wird dieser Begriff in einem anderen Sinn gebraucht: Ein Zahlenuniversum ist hier eine reelle Zahl, in deren unendlicher Dezimalenfolge jede mögliche Folge früher oder später auftritt (vgl. Delahaye, Jean Paul: *π – Die Story*. Basel/Boston/Berlin 1999, S. 219).

20 Darwin, Charles: *Die Entstehung der Arten durch natürliche Zuchtwahl*. Leipzig 1984, S. 39.

21 Hesse, Hermann: *Das Glasperlenspiel. Versuch einer Lebensbeschreibung des Magister Ludi Josef Knecht samt Knechts hinterlassenen Schriften.* Bd. 2, Berlin/Weimar 1987, S. 87.

Grafik Nr.	Basis g	Startzahl S_0	Modus m	Zykluslänge Z_l
1	2	10 110 100	$a_1\,(1)$	$4m_l$
2	10	$10(g-2)(g-1)$	$(a_1s_3)_2a_1(a_3s_3)_6\,(45)$	$2m_l$
3	8	$(10\,776\,700)_{10}$	$a_1\,(1)$	P_l
4	5	$10(g-2)(g-1)$	$a_1s_2a_2s_2a_1s_1a_1s_2a_2s_2a_2s_4\,(22)$	$2m_l$
5	3	"	$a_1(s_2a_1)_2(s_1a_1)_2\,(11)$	m_l
6	8	"	$a_{11}s_1a_2s_1(a_1s_1)_2\,(19)$	"
7	7	"	$a_6(s_3a_2)_2s_6a_2\,(24)$	"
8	10	"	$a_2s_1a_2s_4(a_1s_1)_8a_{11}\,(36)$	"
9	10	"	$(a_2s_1)_3(a_1s_1)_{40}s_2\,(91)$	"
10	10	"	$s_7a_5s_2a_{12}\,(26)$	"
11	7	"	$a_7s_2a_2s_2a_2\,(15)$	"
12	10	"	$(s_2a_1)_2(a_2s_2)_3\,(18)$	"
13	9	"	$a_3s_3a_1s_1(s_1a_1)_{10}a_{11}\,(39)$	"
14	9	"	$a_6s_5a_5s_4a_3s_4(a_1s_1)_{21}a_{12}\,(81)$	"
15	9	"	$a_{14}s_1(a_1s_1)_{10}\,(35)$	$2m_l$
16	10	"	$a_1s_5a_2s_4(a_1s_1)_{21}\,(54)$	"
17	10	"	$s_1a_2s_2a_1(a_1s_2)_2a_1s_1a_2\,(16)$	m_l
18	9	"	$a_3s_2a_1s_3a_2s_1a_2s_2(a_1s_2)_{16}\,(64)$	"
19	5	"	$(a_5s_1)_2a_1s_2\,(15)$	"
20	7	"	$a_5s_5a_9s_{13}\,(32)$	"
21	10	"	$a_1s_2a_2s_2a_2s_1(a_1s_2)_{18}\,(64)$	$2m_l$
22	10	"	$a_1s_2a_2s_2a_2s_1(a_1s_2)_{18}\,(64)$	1
23	7	"	$a_8s_9(a_2s_4)_2\,(29)$	m_l
24	10	"	$s_1a_2s_2a_2s_2a_1(s_1a_1)_9a_{15}\,(43)$	"
25	7	10 560	$s_6a_8(s_3a_2)_2\,(24)$	$4m_l$
26	9	$10(g-2)(g-1)$	$a_6s_6a_4s_4a_2s_{11}\,(33)$	m_l
27	7	"	$s_1a_5s_2a_6s_6\,(20)$	"
28	8	106 700	$s_{10}a_9\,(19)$	"

335

29	2	$10(g-2)(g-1)$	$a_7s_2a_4s_2$ (15)	"
30	2	"	$a_7s_2a_4s_2$ (15)	$2m_l$
31	7	"	a_5s_8 (13)	m_l
32	3	"	$s_3a_1s_1a_3s_1a_1(a_1s_1)_{12}a_3s_1a_1s_1a_4s_2$ (46)	"
33	7	"	$a_8s_4(s_1a_1)_5$ (22)	"
34	8	"	$(s_2a_6)_2(s_1a_1)_2a_2$ (22)	"
35	11	"	$a_{10}s_1a_4s_2a_2s_5$ (24)	$2m_l$
36	15	"	$a_7s_1a_8s_2a_5$ (23)	$4m_l$
37	16	"	$s_1a_1a_2s_1a_7s_2a_5s_4$ (23)	$2m_l$
38	10	"	$a_7s_{13}a_2s_5$ (27)	"
39	10	10_{100}	$a_7s_{13}a_2s_5$ (27)	"
40	9	$10(g-2)(g-1)$	$a_1s_5a_5s_4a_5$ (20)	"
41	9	"	$a_1s_5a_5s_4a_5$ (20)	$16m_l$
42	9	"	$a_1s_5a_5s_4a_5$ (20)	$32m_l$
43	3	"	$a_1s_2a_2s_1a_2s_2(s_1a_2)_2s_6a_5$ (27)	m_l
44	5	"	$a_2s_1a_2s_2a_1s_2(a_1s_1)_{16}s_1a_3s_1$ (27)	"
45	5	"	$a_2s_1a_2s_2a_1s_2(a_1s_1)_{16}s_1a_3s_1$ (27)	$32m_l$
46	9	$10_{200}78$	$a_1s_5a_5s_4a_5$ (20)	$32m_l$
47	10	10 890	$s_8(a_7s_2)_2a_2$ (28)	m_l
48	2	$10(g-2)(g-1)$	$a_7s_1a_3s_1a_7(s_1a_3)_2(s_1a_2)_2(s_1a_1)_2s_1$ (38)	19
49	3	"	$a_6s_5a_2s_7$ (20)	m_l
50	4	"	$a_{12}s_3a_6s_1$ (22)	11
51	5	"	$s_1a_8s_2a_3s_5$ (19)	m_l
52	6	"	$a_5s_2a_4s_3$ (14)	7
53	7	"	s_6a_8 (14)	m_l
54	8	"	$a_1s_2a_2s_2a_1s_2a_2s_3a_3$ (18)	$2m_l$
55	9	"	$a_5(s_1a_2s_2a_1)_3(s_1a_1)_2s_1$ (28)	7
56	10	"	$(a_5s_1)_2a_1s_1$ (14)	$2m_l$
57	10	10_{100}	$a_5(s_2a_2)_2$ (13)	m_l
58	9	$10(g-2)(g-1)$	$a_7s_1a_2s_1$ (11)	"
59	14	"	$a_1s_2a_2s_2a_2s_1(s_2a_1)_3a_5$ (24)	"
60	10	"	a_1 (1)	"
61	10	"	a_1 (1)	"
62	10	"	$(s_2a_1)_{18}s_1a_2$ (57)	$2m_l$
63	10	"	$a_1s_1a_2s_2(a_1s_2)_{23}$ (75)	"

Daten der Grafiken

64	13	"	$s_4a_1s_1a_2s_2(a_1s_1)_{18}s_1a_2$ (49)	2m$_l$
65	10	"	$a_1s_2a_3s_2(a_1s_1)_{18}a_{13}$ (57)	m$_l$
66	10	"	$a_{10}s_1a_1s_2a_1(s_1a_1)_{20}$ (55)	"
67	10	"	$a_1s_2a_1s_1a_2s_3(a_1s_1)_{13}a_{11}$ (47)	"
68	5	"	$a_6s_1a_2s_2a_1(s_1a_1)_{12}$ (36)	4m$_l$
69	10	"	$(a_1s_2)_{32}a_2s_1a_2s_2$ (103)	m$_l$
70	4	"	$(a_2s_1)_3(a_1s_1)_{35}s_2$ (81)	4m$_l$
71	5	"	$s_2a_1s_2a_2s_1a_2(s_1a_1)_{11}a_4$ (36)	2m$_l$
72	5	"	$s_2a_1s_2a_2s_1a_2(s_1a_1)_{11}a_4$ (36)	"
73	5	"	$s_2a_1s_2a_2s_1a_2(s_1a_1)_{31}a_4$ (76)	"
74	9	"	$s_3a_2s_3(a_2s_1)_2(a_1s_1)_{21}$ (56)	m$_l$
75	9	"	$s_3a_2s_3(a_2s_1)_2(a_1s_1)_{21}$ (56)	"
76	9	"	$s_2a_2s_2(a_2s_1)_2(a_1s_1)_{49}s_1$ (111)	"
77	10	"	$s_1a_1s_1s_1a_2s_2a_2s_2a_1(a_1s_1)_{20}s_4$ (57)	"
78	2	"	$a_{10}(s_1a_6)_2s_1a_3(s_1a_2)_2(s_1a_1)_2s_1$ (39)	"
79	7	"	$a_8s_4a_1s_2$ (15)	"
80	9	"	$s_1a_7s_2(a_1s_1)_2$ (14)	"
81	28	"	$s_4a_1s_1a_2s_2(a_1s_1)_{18}s_1a_3s_2a_3$ (55)	2m$_l$
82	2	10	a_1 (1)	"
83	2	10_{100}	a_1 (1)	"
84	F$_k$	$(10)_{17}(10\,101)_{10}(01)_{17}$ $(10)_{65}$	a_5s_6 (11)	1
85a	F$_k$	$1(0)_{50}(10)_{10}(100)_{20}$ $(1000)_{50}(0)_{20}$	$a_2s_4a_2s_1$ (9)	1
85b	F$_k$	"	"	m$_l$
85c	F$_k$	"	"	16m$_l$
86	F$_k$	$(10)_{95}(01)_{75}(001)_{90}$	s_2a_2 (4)	m$_l$
87	F$_k$	$(1\,010\,100)_2 10(1000)_3$ 100	$a_2s_3a_1$ (6)	"
88	Modusebene			
89	2	$10(g-2)(g-1)$	$a_{10}s_1a_6s_1a_4s_1a_3(s_1a_2)_2(s_1a_1)_2s_1$ (37)	"
90	2	"	$a_{10}s_1a_8s_1a_4s_1a_3(s_1a_2)_2(s_1a_1)_2s_1$ (39)	"
91	2	"	$a_{10}s_1a_{20}s_1a_4s_1a_3(s_1a_2)_2(s_1a_1)_2s_1$ (51)	"
92	2	"	$a_{10}s_1a_{50}s_1a_4s_1a_3(s_1a_2)_2(s_1a_1)_2s_1$ (81)	"
93	3	"	$(a_1s_2)_8(a_2s_2)$ (28)	"

94	3	"	$(a_1s_2)_{50}(a_2s_2)$ (154)	"
95	10	"	$(s_2a_1)_{18}s_1a_2$ (57)	$2m_1$
96	10	"	$(s_2a_1)_{36}s_1a_2$ (111)	"
97	10	"	$(s_2a_1)_{36}s_1a_2(s_2a_1)_{18}s_1a_2$ (168)	"
98	7	"	$a_1s_2a_3s_2a_2s_3$ (13)	m_1
99	10	"	$a_6s_1(a_1s_2)_4$ (19)	"
100a–d	Shubnikov			
101	3	"	$(s_2a_1)_2s_3a_1(s_1a_1)_5s_3a_9s_1$ (33)	m_1
102	7	"	$s_1a_5s_6a_2$ (14)	"
103	8	"	$(a_2s_4a_2s_2)_5a_7$ (57)	19
104	5	"	$s_1a_1s_2a_1a_1s_3a_1s_4a_2s_3$ (19)	m_1
105	32	"	$s_1a_{10}s_1(a_3s_3)_9$ (66)	"

Addition 29 f. (→ Palindromisierung, additive; Zahl und Umkehrzahl)

Ähnlichkeitssysmmetrie 308 f.

alineare Wahrnehmung 146

Allele 281

Anfangsbedingungen 128 f.

Anfangsmarkierung 54

Anfangssequenz 40 (→ repetitive Sequenzen)

Atome, abgekühlte 256

Attraktor 46

Ausgangsbedingung 128 f., 235, 243, 247

Ausgangszahl 274, 276

– spiegelkomplementäre 278 f.

Bach, Johann S. 16 f.

Backrezepte 131–134 (→ Chaos)

Barnsley, Michael 113

Basis 10, 29, 31, 40 f., 45–47, 49, 56, 96, 111, 116, 131, 166, 176, 181, 183–185, 188, 204, 229, 235, 253, 263, 288, 313

– binäre 118

– Potenzen 186

– variierende 181

Belousov-Zhabotinsky-Reaktion 254, 257, 262

Bénard-Zellen 254, 257

binäres System 29, 147 (→ Zahlensystem, binäres)

Bock, Frieder 44

Bose-Einstein-Kondensat (BEK) 254–256

Britten, Roy J. 289 f.

Brousseau, Alfred 44

Busch, Wilhelm 163

Canterville, Gespenst von 112 f.

Casti, John L. 265

CH (Chaos) → Strukturtypen, CH

Chaos 10, 46, 130 , 133, 135, 159, 166, 168, 171, 177, 189, 194 f., 222, 243–245, 252, 298, 313 (→ Ordnung)

– aufgelockertes 132

– Backrezepte für 131–134

– Bedingung für 128

– Beginn 299

– erzeugbares 126 f., 131

– genetisches 21 (→ Gene)

– Kernbereiche, temporäre 132 (→ Kern-...) → repetitive Sequenzen 241, 251, 299

– zentrales 134, 142

Chaosspiel 115

Chromosomen 280, 288 f., 297 (→ DNS-Sequenz)

– tandemartige Sequenzen 293 f.
Chromosomen-Mutationen 282,
288
Chromosomenstrukturen 290
Cluster 155, 196, 198 f., 202, 210 f.,
213, 215 f., 230, 319
– mutationsbedingte 202
Coogan, Daniel 44
Cramer, Friedrich 269, 272

dehnende Nullen 122, 178
Dickson, Leonard Eugene 43
DNS-Sequenz 10, 20 f., 147,
267–269, 272 f., 282, 290, 292, 294,
298
– 55 Atome der Basenpaare 147
(→ I Ging)
– Doppelstrang 273, 276 f.
– Evolutionsalter 296
– mäßigrepetitive 293
– palindromisch strukturierte
20 f., 278
– repetitive 290, 295 f. (→ repetitive Sequenzen)
– «Schrott»-Bestandteil 290
– Selbstreplikation 276
– Überstrukturen 269
Drachenviereck 91
Dreiecke 85 f., 110 f., 305
– als verborgene Ellipsen 95
– arithmetische 108 f., 113
– chaotische 189
– durchlöcherte 108
– (g−1) 86–89, 105
– komplementäre 86, 92, 95

– sierpinskiartige 190
(→ Sierpinski-Dreieck)
– Verdopplung der Größe 87
– weiße 101
Dreiecke, similare 92, 94, 306
(→ Similarität)
– gestreifte 97 f., 100
Duncan, D. C. 44

Eckfigur 305 f.
Eduard 163–166
Eiffel, Gustave 310
Eigen, Manfred 261
Einlaufkurve 209
Elementarzelle 114, 118 f., 121,
123, 195, 229, 252, 313
– als Substruktur 117
Endmarkierung 54
Endpalindrom 129
Ergebnissequenz 59, 64, 83,
249 f.
– nichtpalindromische 44
→ Umkehrzahl von 250
Ergebniszahl 31, 33 f., 38, 41,
117 f., 169
– Umkehrung 31 (→ Zahl und
Umkehrzahl)
Escher, M. C. 17–19

Feder, Jens 311
Fibonacci-Zahlensystem 10, 109,
185–188, 191 → Palindromisierung im 192
Figurenebene 86 f., 89, 91 f., 94,
96, 105, 190, 305

Fraktal 115, 121, 130, 159, 241, 247
  (→ Sierpinski-Fraktal)
fraktale Kurve 310
fraktale → Reproduktion 307

(g – 1) 170
(g – 1)-Kontinuum 64, 151, 190,
  244, 314, 316
(g – 1)-Loch 124
(g – 1)-Parallelogramm
(g – 1)-Sequenzen 63, 65 f., 124,
  294
(g – 1)-Sierpinski 125 (→ Sierpinski-Dreieck)
Gabei, Hyman 44
«Garten Eden»-Sequenz 249 f.
  (→ Paradieszahlen)
Gedicht, palindromisches 15 f.
Gene 272, 280, 288
– intern-repetitive 281 f., 293
  (→ repetitive Sequenzen)
– mutierte 281 f.
– unikale 281
genetischer Code 29 f., 149, 152–154
Genom 280, 282
Gestalt 40–42, 44, 49, 69, 93, 97,
  120, 130, 136, 139, 183 f., 195 f.,
  201, 225 f., 250, 294, 313
Giles, Jim 265
Gitter 72 f., 237, 307, 310
– mehrdimensionales 236
Goldener Schnitt 185 f.
Grötschel, Martin 274
Grundkerne 51–53, 55, 60, 177
  (→ Kern-…)

Grundmodus 208 (→ Modus)
Grundzelle 114, 231

Harborth, Heiko 44
Hauff, Wilhelm 232
Hesse, Hermann 116, 312
Hexagramme 147 f., 151 f.
  (→ I Ging)
– der Alten Familie 153
hidden similarities → Struktur-
  typen, HSIM
Hierarchieebene 114 f., 119, 122
Hofstadter, Douglas 16

I Ging 147, 149, 151 f., 154, 164
  (→ Hexagramme)
Informationstheorie 302 f.
Inversion → Umkehrung
INTER → Strukturtypen, INTER
Irreversibilität, lokale 248 f.
Iteration 28, 31, 108, 114, 128, 276,
  296
iterative Inversion 115
Jantsch, Erich 255
Johns, Glyn 44
Jürgens, Hartmut 113

Kelly, Thomas J. 269
Kern 46 f., 50, 58, 60, 157, 191, 279,
  296, 298, 316 (→ Linien, vertikale)
– doppelt markierter 178
– dreistelliger 49 f.
– fünfstelliger 70
– geschützter 56, 60

– markierter 52, 55, 60
– nackter 56 f., 78
– nichttrivialer 56 f., 59f.
– palindromischer 50
– periodisch sich wiederholender
  143, 262
– sich reproduzierender 41 f., 77,
  143, 303 f., 306
– similarer 318 (→ Similarität)
– strukturgleicher 289
– trivialer 56, 60
– und → Gen 281, 288 f.
– vertikaler 60–62, 64, 69, 77, 130,
  159, 177, 189, 252, 312
– vierstelliger 48, 50, 150
– zentraler 75
– zusammengesetzter 297
Kerne, schräge 60 f., 63, 69, 87,
  89 f., 130, 133 f., 159, 177, 217,
  243, 245, 251, 298, 306 f., 312
– nicht parallel verlaufende 62
– paarweise auftretende 61
– temporäre 133, 137, 140–142,
  318
– wechselwirkende 62
Kernensemble 46–49, 51, 68, 73,
  77 f., 262, 280, 282–289, 298, 303
  → Chromosomen 288 f.
– markiertes 52
– partiell basisunabhängiges 289
– rotiertes 55
– schräges 75, 80 (→ Kerne,
  schräge)
– sich reproduzierendes 80
– temporäres 88

– vertikales 74, 88
– zentrales 81, 83
– zerfallendes 285
«Kernmuseum» 52, 56
Kernmuster 39, 59, 75, 77, 244,
  254, 262, 280
– chaotisches 253
– periodisches 40, 62, 70
– schräges 299
– vertikale Länge 78 f., 81, 252 f.
Kernmutation, punktuelle 283
Ketterle, Wolfgang 255
Klumpen 131
Knick 140, 142 f., 319
Knopfdrehen 168–170, 174, 193,
  208, 210, 215
Knotenpunkte 176
Kohne, David E. 289 f.
Kolumbus, Christoph 84 f.
Kommutanten 169 f., 172, 248 f.
komplementäre Repeats 294
Komplementarisierung 275 f.
Komplementaritätsbeziehung 43,
  52, 124, 273 f.
Komplementärkern 55, 286
  (→ Kern-…)
Komplementärmarkierung 286
Komplementärsequenz 53–55, 58,
  150, 278 (→ repetitive Sequenz)
Komplementärzahl 276, 278 f.
Königsdorf, Helga 262 f.
Konstitution 156 f.
Kontinuum 41 (→ Null-Kon-
  tinuum)
Krebskanon 16 f.

Kreisläufer 32 f., 56 f., 78, 180, 184,
  189, 195, 216 f., 241, 243, 253, 304,
  313
– dreistelliger 168
– periodischer 32, 189
– subtraktiver 32
Krümmung 136–139 (→ repetitive Sequenzen, gekrümmte)
künstliches Leben 246
Kurve 107 f., 110
– fraktale 310 (→ Fraktale)
  → Verzweigungspunkt 113

Lalbagh-Zahl 175, 196
Langton, Christopher 246, 253,
  260, 268, 268, 311, 315
Laserstrahl, kohärenter 255 f.
Lehmer, D. 23, 44
Leibniz, Gottfried Wilhelm 147,
  149, 154, 164, 259
Lemoine, E. 44
Leonardo von Pisa (Fibonacci)
  185
Lindon, J. A. 15
Linien, vertikale (→ Kern)
– einfarbige 41, 57, 68, 77, 81 f.
– schräge 72, 77

magisches Quadrat 15
Mandelbrot, Benoit 110, 310
Mehrfach-Verkleinerungs-Kopier-
  Maschine 113
Membrane 251 f.
Michie, James 15
Mikrosatelliten-DNS 292 f.

(→ DNS-Sequenz; Satelliten-
  DNS)
Miniaturen → Strukturtypen,
  MIN
MIX → Strukturtypen, MIX
Modul 195, 200, 202, 221 f., 224 f.
– als Strukturgenerator 221
– Erhöhung des Index 207
Modus 29 f., 52, 67, 96, 136, 166,
  171, 173, 178, 181, 184 f., 189,
  193 f., 203, 235–237, 248, 254, 263,
  280, 283, 288
– additiver 168, 174
  → Basis 182
– durchlaufener 193, 197 f.
– gebrochene Linie 194
– modular aufgebauter 224, 227
– subtraktiver 168, 174
– veränderter 204, 226
– wiederhergestellter ursprüng-
  licher 216
– zusammengesetzte Modi 227 f.
Modusebene 194 f., 199, 215 f.,
  229
Moduslänge 31, 61, 69 f., 89, 94,
  100, 238 (→ Zykluslänge)
– doppelte 59, 74, 93, 99 f., 120,
  227
– erweiterte 97, 105
Monster, mathematische 107 f.
Musterbildung 33 f., 44
  (→ Strukturbildung ...)
Musterlänge 38
Mutuanten 27, 169–173, 175,
  201 f., 248 f.

Nagaraj, S. T.   174 f.
Nagaraj-Zahl   175, 196
Neptun   95 f.
NET → Strukturtypen, NET
Netz   73 f., 307
Neumann, John von   264
nichtlinearer Prozess   127, 129
Nukleotidsequenzen   20, 30, 267, 293
– singuläre   292
– spiegelsymmetrische   269
Null   146, 155, 170, 177 f., 194 f., 294, 313
– Absturz in die   40, 171, 180, 189, 217, 221 f., 240, 243 f., 246 f.
– intrigante   163
NULL → Strukturtypen, NULL
Null-Dreieck   88, 105, 229
    (→ Dreiecke; Sierpinski-Dreieck)
Null-Kontinuum   42 f., 63 f., 94, 97, 100 f., 103, 105, 143, 150 f., 159, 189, 191, 217, 221, 244, 299, 314–316
– internes   56
– linkes   66, 204
– lokales   190
– rechtes   66, 206
– vertikale Punktreihen   206
Null-Loch   114, 121–124, 208, 229 f., 307

Ordnung, Inseln der   131, 133 f., 222, 273 (→ Chaos)
Origin-Sequenzen   40, 77, 79, 297
– einzeilige   82

– vertikale Reproduktion von   78
OT-Muster   297–299
OT-Sequenzen   42, 47, 52, 62 f., 65, 68–71, 77, 79 f., 130–132, 142, 159, 182 f., 191, 242, 244, 251, 254, 267, 281, 285, 296 f., 304 f., 307, 314–316
– 20-zeilige   133
– sich reproduzierende   81

Palindrom   9, 18, 26
– in der Natur   19
– Sätze   13–15
– Tänze   18 f., 121
Palindromien   37, 40, 43, 72, 81, 85
palindromische Automaten   238–243, 246, 248 f., 251–254, 261, 311, 315 (→ zelluläre Automaten)
palindromische Gefilde   39 f., 64, 66, 89, 92, 124, 126, 130 f., 142, 158, 163, 166, 182, 232
palindromische Ordnung   9, 26, 31, 172
– additive   204
– endliche   25
– Null   23
palindromische Struktur   21, 292
– Restriktionsschnittstelle   270 f.
– spiegelsymmetrische   273
palindromische Ungewissheit   26, 129 f.
– Tor in die   26–28, 46, 129 f.
palindromisches Alter   296
palindromisches Netzwerk   193 f.

Palindromisierung 39, 115, 174, 188, 275, 294 (→ Struktur-typen)
– additive 33 f., 37, 40, 42, 44, 46 f., 49 f., 52, 55, 58, 85, 111, 120, 128, 130, 169, 172, 176, 184, 202, 248–250, 253
– subtraktive 32–34, 57, 57, 78 f., 184, 202, 247 f.
Palindromisierungsmodus → Modus
Palindromisierungsprozess 9 f., 13, 28, 32, 56, 70–72, 77, 115 f., 119 f., 130, 152, 154 f., 158, 198, 207, 235–237, 245, 251, 262 f., 273–276, 281, 294 f., 302, 306, 311, 313, 317
– additiver Zweig 193
– Ausgangsbedingung 235, 243, 247
– basisabhängige Strukturen 180
– iterativer 28
  → Sierpinski-Dreieck 115
– Stellenreduzierung 31
– subtraktiver Zweig 193
Palindromisierungsverhalten 27, 170
– kollektives 169
Paradieszahlen 250, 253
Pascal, Blaise 108
Pascal'sches Dreieck 109 f.
– mod 2 * 110, 113
Peitgen, Heinz-Otto 113
Periode 32, 39–41, 49, 53, 59, 68, 72 f., 81, 120, 130, 151, 155 f.,

158 f., 177 f., 190, 202, 216, 241, 245, 248, 283, 296, 304, 313
  → Kern 221
– similare 318
Periodenlänge 67 f., 143, 201, 216, 286
Periodensystem 209
Perlokationsklumpen 310
Permutation 216, 218
Pluto 95 f.
Prigogine, Ilya 257
Primzahlen 213–215
Punktmutation 282 f., 288
Punktreihe, vertikale 97, 103

Quadrate-Satz (von Fermat) 213 f.

Randdreieck 86, 88
– komplementäres 88
Randpermutation 216 f., 239
Repetitionsbausch 65, 76
Repetitionseinheit 64, 67, 69, 73, 132, 137, 139, 143 f., 261, 292 f., 304
– 15-stellige 294
repetitive Sequenzen 39–43, 47 f., 50, 52, 56, 62 f., 71, 77, 82, 130, 141, 156, 158, 184, 222, 241 f., 247, 251, 254, 281, 284–286, 289 f., 296, 299, 313 (→ Strukturtypen, REPS)
– als Bestandteile des → Kerns 64–66
– als genetische Reserven 319
– alternierende 144

– dreistellige 67 f., 82
– einstellige 39, 59, 63–66, 70 f.,
 73–75, 152, 159, 190, 226 f., 293 f.,
 299
– externe 64 f., 288, 295, 298
– geknickte 140, 142 f., 319
– interne 52, 64 f., 159, 178, 295
– komplementäre 43, 66, 73–75,
 82, 217
– mehrstellige 66 f., 69, 71–74, 76,
 133, 138 f., 226, 294, 299, 318
– peripherieorientierte 69–71
– schräge 69–71, 76, 133
– tandemartige 293 f. (→ Tandem)
– uneigentliche 83, 224, 226
– unterbrochene 150f., 223
– verbogene 141–143
– vertikale 67, 69 f., 73–76, 133,
 127, 138 f., 143, 151, 318
– verwackelte 142 f., 224, 226
– vierstellige 132
– wellenförmige 133, 140–143
– zentrumsorientierte 69 f.
repetitive Sequenzen, gekrümmte
 136 f., 139, 141, 223, 239
– gegen → Null gehende 137f.
– konkav 136, 139, 141, 223, 247
– konvex 136 f., 139, 159, 223f.,
 227, 247
Reproduktion 81, 121
– erweiterte 56, 67 f.
– identische 88, 303–306
– similare 88, 253, 303, 305 f.
 (→ Similarität)
– vertikale 78

Restriktionsenzym 269, 272
Rhombus 89, 305
Rumpf 222, 225, 229 f.
– strukturbildender 224 f.

Satelliten-DNS 293–295 (→ DNS-
 Sequenzen)
Saupe, Dietmar 113
Schleifen 207 f.
– additive 199, 203 f.
– modulare 199, 201
– subtraktive 199 f., 202, 208
Selbstorganisation 254 f., 257, 259,
 262
– als irreversibler Prozess 263
– der Zahlen 264
– logische 259 f.
– materielle 258, 261, 263
Selbstreproduktion 252–254
 (→ Reproduktion)
Selbststrukturierung 260
Sequenzen, repetitive → repetitive
 Sequenzen
Sequenzenraum 130
Shubnikov, A.V. 308
SIER → Strukturtypen, SIER
Sierpinksi-Dichtung 310
Sierpinski(-Dreieck) 107–110,
 112 f., 115 f., 118–120, 122, 171 f.,
 194 f., 197 f., 209–212, 217, 229,
 241, 243, 245, 247 f., 252, 254, 296,
 313 (→ VS)
– durchlöchertes 122
– kleines grünes 230–232, 249,
 316 f.

– konstituiertes 157 f.

– partiell basisunabhängiges
226

– regelrechtes 122

– Reproduktionsprinzip 121

– schleifenreiches 208
(→ Schleifen)

– ursprüngliches 202

– verallgemeinertes 189, 225
(→ VS)

Sierpinski, Waclaw 107

Sierpinski-Cluster 214

Sierpinski-Fraktal 157, 180, 207,
223, 226 (→ Fraktal)

Sierpinski-Gitter 310 f.

Sierpinski-Universum 313–315

SIM → Strukturtypen, SIM

Similarität 85 f., 88, 95, 130, 155,
157, 190, 226, 241, 243, 245, 248,
252, 254, 296, 306 f., 313, 318
(→ Reproduktion)

– bilaterale 96, 99, 104

– reine 309

– Schlankheitsgrad 92
→ verborgene 96 f., 99, 247, 296
(→ Strukturtypen, HSIM)

Single 198, 210

Skalierungsfaktor 87, 92 f., 96, 98,
138 f., 253, 305 f.

– gegen eins strebender 93

– kleiner als 1 * 139

Smith, Hamilton O. 269

spiegelbildliche Ähnlichkeit 308 f.
(→ Similarität)

Spiegelsequenz 175

Spiegelzahl 165 f., 188, 256,
275–277

Spirale 207 f.

– modulare 208, 226–228

Spitzenfigur 305

Sprague, Roland 44

Startzahl 10, 29–31, 34, 37, 40, 42,
46 f., 49, 58, 67 f., 79, 91, 96 f., 116,
118, 120, 122, 128 f. 131 f., 166.
168, 173 f., 176, 180, 184, 189,
196 f., 204, 210, 226, 235, 249, 256,
263, 280, 283, 313 (→ Gestalt)

– binäre 46

– strukturierte 184

– zu sich selbst zurückgekehrte
32

Stewart, Ian 113

Streifen, weiße 98–100

Strukturbildung

– durch → Palindromisierung 32,
43, 51, 123, 301, 318

– partiell basisunabhängige
180–182

strukturelle Information 302–305,
307

– similar übertragene 306 f.

Strukturtypen 34, 46, 145, 170,
173, 188, 194, 196, 204, 208, 217,
300, 303 f., 313 (→ Chaos;
Fraktale; Periode; Similaritäten)

– CH 130 f., 157, 163 f., 180, 195,
315

– HSIM 95–97, 100, 102, 106, 120,
157, 165, 205, 228, 238, 242, 256,
306, 309, 315 f.

– INTER 156 f., 163, 181
– MIN 144, 149–151, 154 f., 157, 163, 166, 224, 226
– MIX 150 f., 156, 163, 315 f., 319
– NET 181, 307
– NULL 195
– PER 46 f., 64, 73, 76–78, 82, 88, 124, 130, 157, 159, 163, 166, 180 f., 195, 221, 241, 244, 251 f., 256, 267, 279–282, 294–296, 298, 303, 307, 314 f.
– REPS 135–137, 139, 150 f., 155, 163, 166, 223, 227, 238 f., 319 (→ repetitive Sequenzen)
– SIER 116 f., 120, 122–124, 134, 155 f., 163, 166, 171, 208, 217, 229 f., 242, 251, 256, 294, 306, 314, 316 (→ Sierpinski(-Dreieck))
– SIER auf PER 181, 183
– SIM 87 f., 91 f., 124, 155, 159, 163, 166, 195, 251, 253, 256, 307, 309, 314 f.
– SIM/Dreieck 88 f., 91, 120
– SIM/Rhombus 89
Subsequenzen 150
– komplementäre 52
– mehrstellige 144
Subtraktion → Palindromisierung, subtraktive; Zahl und Umkehrzahl
Superposition 156 f., 181, 241

Tandem 58, 285 f., 293 f. (→ Kern-…)
Telomere 297–299

Termination-Sequenzen 40, 42, 77–79, 177, 297 (→ OT-Sequenzen)
Torpalindrom → palindromische Ungewissheit
transposable elements 295
Trigramme 147, 151 (→ I Ging)
Turing, Alan 264

Umkehrung (Inversion) 16, 23
Umkehrzahl 9, 31 f., 43 f., 174, 253 (→ Zahl und Umkehrzahl)
Unendlichkeit 146 (→ palindromische Ungewissheit)
– drei Schritte vor der 24, 26
Urknall 314, 316 f.

Verallgemeinerte Similaritäten 123 (→ Similaritäten)
Verborgene Similaritäten → Strukturtypen, HSIM
Verzweigungspunkt 107, 113, 193, 310 (→ Fraktale)
Vierer-Tandem 117 (→ Tandem)
virtuelle Automaten 268
Vorhersagbarkeit 244 f.
VS (Verallgemeinerte Sierpinskis) 121, 123 f., 183, 189, 225 (→ Sierpinsiki(-Dreieck))

Walter, Katya 146, 149, 164
Weyl, Hermann 307
Wiegold, James 44
Wolfram, Stephen 237, 240–242, 248 f., 251, 259, 264 f.

Wolfram'sche Klassen 244
    (→ zelluläre Automaten)
Wortpalindrom 14 f.

Zahl und Umkehrzahl 22–28, 34,
    37, 153 (→ Umkehrzahl)
– addierte 23–28, 34, 37, 43 f., 115,
    169, 238
– subtrahierte 28, 37, 115, 238
Zahl, palindromische Ordnung
    23, 43
Zahlen 22, 27
– dyadische 44
– kollektives Verhalten 25
– oszillatorische 174
– palindromisierte 9, 23, 85
    (→ Startzahl)
– zu → Chaos verarbeitete 126
– zu sich selbst zurückkehrende
    32 (→ Palindromisierung,
    subtraktive)
Zahlen, natürliche 22 f., 28 f., 40,
    45, 93, 100, 170 f., 186
– 196 * 23–26, 85, 168
– 1544 * 186 f.
– dreistellige 27, 172
– Summe von → Fibonacci-Zahlen
    186 f.
– zweistellige 27, 171 f.
Zahlenchaos 131
Zahlen-Sierpinski 117 (→ Sierpin-
    ski(-Dreieck))

Zahlensystem 10, 152, 154, 175,
    186
– binäres 30, 147, 186 f.
Zahlenteig 126 f.
Zahlenuniversum 311, 316
– multiple Geschichte 316
Zauner, M. 188
Zeckendorf 187
Zehnersystem 29 f., 32, 186
zeitliche Dimension 86
Zeitschritt 237 f. (→ Zyklus-
    länge)
zelluläre Automaten 10, 113, 115,
    236–241, 246, 248, 252, 261 f.,
    264–266, 301, 311
– eindimensionale 239, 268
– Evolution 237
    → Selbstorganisation 259
– Selbstreproduktion 252 f.
– vier Verhaltensklassen 240–242
zelluläres System 258
Zierleiste 88 f.
Zusatzfiguren 306
Zykluslänge 59, 61, 68–70, 74, 83,
    95 f., 98, 102, 118, 257, 280, 282,
    305
– Veränderung 87, 91, 118
– Vergrößerung 89, 92 f., 136
Zykluslänge und Moduslänge
– doppelte 93, 177
– gleiche 89, 94, 104 f.
– mehrfache 224, 306

rororo science

Kopfnüsse für Querdenker

John D. Barrow
Ein Himmel voller Zahlen
*Auf den Spuren
mathematischer Wahrheit*
3-499-19742-1

Pierre Basieux
Abenteuer Mathematik
*Brücken zwischen Wirklichkeit
und Fiktion*
3-499-60178-8

Beck-Bornholdt/Dubben
Der Hund, der Eier legt
*Erkennen von Fehlinformation
durch Querdenken*
3-499-61154-6

Dietrich Dörner
Die Logik des Misslingens
*Strategisches Denken
in komplexen Situationen*
3-499-19314-0

László Mérö
Die Logik der Unvernunft
*Spieltheorie und die Psychologie
des Handelns*
3-499-60821-9

Gero von Randow
Das Ziegenproblem
Denken in Wahrscheinlichkeiten
3-499-19337-X

Tschernjak/Rose
**Die Hühnchen von Minsk
und 99 andere hübsche
Probleme**

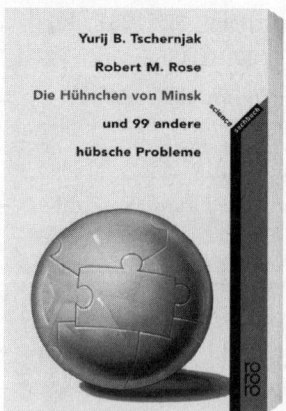

3-499-60363-2

Christoph Drösser

Stimmt's, Herr Drösser, dass Ihre Bücher süchtig machen?

Stimmt's?
Moderne Legenden im Test
3-499-60728-X
«Bier auf Wein, das lass sein – Wein auf Bier, das rat ich dir.» Stimmt's? Alltagsweisheiten auf dem Prüfstand.

Stimmt's?
Noch mehr moderne Legenden im Test
3-499-60933-9

Stimmt's?
Freche Fragen, Lügen und Legenden für clevere Kids
3-499-21163-7
Stimmt's, dass Pinguine umfallen, wenn Flugzeuge über sie hinwegfliegen? Gähnen ansteckend ist? Pupse brennbar sind? Schokolade süchtig macht? Christoph Drösser, Redakteur der «Zeit» und science-Buchautor, macht Schluss mit Lügen und Legenden. Das Buch macht einfach Spaß – und nebenbei gibt's viel zu lernen!

Stimmt's?
Neue moderne Legenden im Test
«Mit 75 neuen, hoch vergnüglichen Texten steht Christoph Drösser ein weiteres Mal souverän Rede und Antwort ... zum Staunen, Schmunzeln oder Kopfschütteln.»
www.wissenschaft-online.de

3-499-61489-8